"十二五"国家科技支撑计划项目资助出版

《中国农业防灾减灾理论与实践》学术专著系列

北方主要作物干旱和低温灾害防控技术

◎ 杨晓光　李茂松　等 著

中国农业科学技术出版社

图书在版编目（CIP）数据

北方主要作物干旱和低温灾害防控技术／杨晓光等著．—北京：中国农业科学技术出版社，2016.2

ISBN 978－7－5116－2424－6

Ⅰ．①北… Ⅱ．①杨… Ⅲ．①粮食作物－旱害－灾害防治－研究－中国 ②粮食作物－低温伤害－灾害防治－研究－中国 Ⅳ．①S42

中国版本图书馆 CIP 数据核字（2015）第 308322 号

责任编辑　　李　雪　　徐定娜
责任校对　　贾海霞

出　版　者　中国农业科学技术出版社
　　　　　　北京市中关村南大街 12 号　邮编：100081
电　　　话　（010）82109707（编辑室）　（010）82109702（发行部）
　　　　　　（010）82109709（读者服务部）
传　　　真　（010）82109707
网　　　址　http://www.castp.cn
经　销　者　各地新华书店
印　刷　者　北京富泰印刷有限责任公司
开　　　本　787 mm×1 092 mm　1/16
印　　　张　16.5
字　　　数　280 千字
版　　　次　2016 年 2 月第 1 版　2016 年 2 月第 1 次印刷
定　　　价　60.00 元

《北方主要作物干旱和低温灾害防控技术》
著 作 人 员

主　　著：杨晓光　李茂松

副 主 著：郑殿峰　刘荣花　樊廷录　曹铁华　姚树然　刘志娟
　　　　　王春艳

著　　者：（按姓氏笔画排序）

马青荣　王洪君　王淑英　代立芹　冯乃杰　冯利平

权　畅　成　林　刘子琪　杜吉到　李志宏　李尚中

李建英　张玉先　张丽华（河北）　张丽华（吉林）

张建军　张盼盼　陈　阜　陈宝玉　金喜军　赵　刚

赵　锦　赵洪祥　赵黎明　胡程达　柯希望　姜文洙

贾秀领　徐　晨　殷丽华　高玉山　黄彬香　崔洪秋

梁烜赫　彭记永　董朝阳　韩毅强　褚庆全　解文娟

慕臣英　潘学标　薛昌颖

贡献著者：（按姓氏笔画排序）

王　畅　王春雷　王晓煜　王潇潇　石　英　白　雪

冯宇鹏　吕　硕　伍　露　刘　洋　刘　涛　刘小雪

刘文彬　刘春娟　孙　爽　李　东　李孟蔚　杨　萌

何天明　何　斌　张兰庆　张春阳　张金平　张洪鹏

张梦婷　郑冬晓　赵晶晶　耿金剑　徐延辉　高继卿

龚　屾　蔡光容

前　言

北方农业在我国粮食安全中的地位与日俱增，干旱和低温灾害是影响北方粮食生产主要农业气象灾害。全球气候变化背景下，农业气象灾害风险进一步加剧，粮食安全面临新的挑战。研究北方干旱和低温灾害发生规律、时空分布特征及其对作物影响程度新变化，研发应对北方干旱和低温灾害的防控技术，对确保国家粮食安全、促进农民增收具有重要意义。

在"十二·五"国家科技支撑计划项目"重大突发性自然灾害预警与防控技术研究与应用（2012BAD20B00）"第四课题"北方突发性灾害应急防控技术集成与示范（2012BAD20B04）"支持下，以我国东北、华北和西北为研究区域，以影响小麦、玉米和水稻等主要作物的干旱和低温冷害为研究对象，中国农业大学、黑龙江八一农垦大学、河南省气象科学研究所、甘肃省农业科学院、吉林省农业科学院、河北省气象科学研究所等单位一批科研人员和研究生，基于田间试验和灾情调研，联合开展了干旱和低温灾害分布特征及灾害风险评估研究，构建了作物干旱和低温形态和生理指标，研发了干旱和低温冷害防御技术、应急减灾技术和灾后补救技术，集成了北方地区干旱和低温灾害防控技术模式。

本书共分6章，第1章绪论重点介绍了相关领域研究进展，第2章和第3章介绍了北方地区主要作物干旱和低温灾害分布特征以及作物干旱和低温灾害形态和生理指标，第4章和第5章介绍了主要作物防旱减灾技术和抗低温减灾技术，第6章介绍了主要作物抗旱抗低温综合技术模式。

第1章和第2章由杨晓光、刘志娟等执笔，第3章由姚树然、刘荣花等执笔，第4章由郑殿峰、刘荣花、樊廷录、曹铁华、姚树然、潘学标、褚庆全等执笔，第5章由郑殿峰、曹铁华、姚树然、潘学标等执笔，第6章由郑殿峰、樊廷录、曹铁华、姚树然、潘学标、褚庆全等执笔。全书由杨晓光、李茂松和王春艳组织编写，杨晓光、李茂松和刘志娟负责统稿。感谢各参与单位的大力协助，感谢参加课题研究及书稿撰写所有人员的辛勤工作。书中疏漏与不足之处，敬请批评指正。

杨晓光　李茂松

2015 年 12 月

目　　录

第1章 绪 论

1.1 北方地区在我国农业生产中的重要地位

我国北方包括东北、华北和西北地区,从行政区上涵盖了黑龙江省、吉林省、辽宁省、北京市、天津市、河北省、河南省、山东省、山西省、陕西省、甘肃省、青海省、宁夏回族自治区、内蒙古自治区和新疆维吾尔自治区15个省(区、市)[①]。

我国北方地区地形以平原为主,兼有高原和山地。该区有中国最大的平原—东北平原,位于长白山和大兴安岭、小兴安岭之间,由松嫩平原、三江平原和辽河平原3部分组成,拥有肥沃的黑土地资源,土壤有机质含量高,团粒结构好,土壤以黑土、黑钙土、草甸土为主,主要作物有玉米、水稻、大豆、小麦等。华北平原位于燕山以南、太行山以东、淮河以北,东面濒临海洋。华北平原是地质历史时期黄河、海河所挟带的泥沙沉积作用形成的冲积平原,土壤为潮土和褐色土,为我国典型的一年两熟区,主要作物为冬小麦和夏玉米。

北方地区主要是温带季风气候,气候特点为四季分明,夏季温热多雨,冬季寒冷干燥。年降水量多在400~800 mm,且集中在7、8两月。

中国统计年鉴2000—2013年的数据显示,北方地区人口约5.5亿,占全国总人口的41.6%。北方地区是我国经济的重要组成部分,该区国内生产总值达128 107亿元,约占全国国内生产总值的42.6%;其中农业总产值达22 224亿元。北方地区是我国重要的粮棉油和畜产品生产基地,耕地面积6.95亿 hm^2,占全国耕地的57.2%,农作物平均播种面积为0.78亿 hm^2,其中粮食作物的播种面积占72.7%,其次为蔬菜占9.2%,油料作物和棉花的播种面积分别占7.4%和4.6%(图1.1)。

2000—2013年的数据显示,北方地区粮食作物播种面积达0.57亿 hm^2,粮食作物产量达2.64亿 t,粮食作物播种面积和产量分别占全国的53%和52%,且从2000年开

---

① 宁夏回族自治区、内蒙古自治区、新疆维吾尔自治区全书分别简称宁夏、内蒙古、新疆。

始，北方地区粮食作物播种面积占全国粮食作物播种面积的比例由 51% 增加至 55%；同时粮食作物总产亦不断增加，由占全国的 46% 增加至 56%（图 1.2）。北方地区是我国玉米和小麦主产区，玉米和小麦年均种植面积分别为 0.22 亿 hm^2 和 0.16 亿 hm^2，分别占全国玉米和小麦种植面积的 77.6% 和 67.6%（图 1.3）。

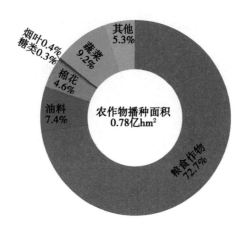

图 1.1　2000—2013 年北方地区农作物平均播种面积及各类作物所占的比例

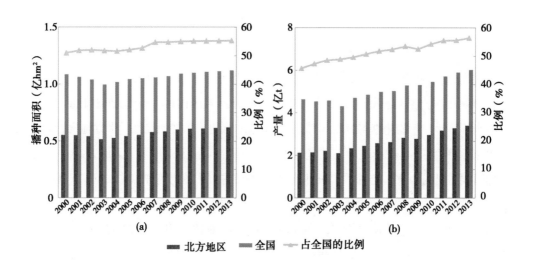

图 1.2　2000—2013 年北方地区粮食作物播种面积（a）和产量（b）及其占全国的比例

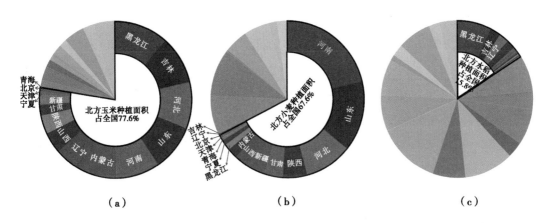

图1.3 北方玉米（a）、小麦（b）和水稻（c）种植面积占全国种植面积的比例

1.2 北方地区干旱和低温灾害对粮食产量的影响

干旱是影响我国北方地区粮食生产的主要农业气象灾害，具有分布地域广、发生频率高、影响范围大、危害损失重等显著特点，因旱减产粮食占所有气象灾害的60%。近60年来，北方主要农区干旱范围明显扩大，旱情日益严重。20世纪90年代以来，北方地区受旱面积超过3 000万 hm^2 的年份有1992年、1994年、1997年、1999年、2000年和2001年；其中1999—2001年连续3年干旱，影响范围达10多个省（区、市）。1998年北方冬麦区秋旱，仅河南省受旱面积就有250多万 hm^2，其中严重受旱面积160万 hm^2，已播麦田有120万 hm^2 未能正常出苗或缺苗断垄；山西晋中地区玉米等作物受旱30万 hm^2，减产粮食30万~40万 t。2001年北方地区发生的严重春夏干旱，农作物因旱受灾面积385万 hm^2，其中成灾237万 hm^2，绝收642万 hm^2，因旱损失粮食5 480万 t。2003年冬季到2004年春季，宁夏中部连续170多天未有有效降水，2004年秋天到2005年夏天，出现了秋、冬、春、夏连旱，为60年来罕见的特大干旱，导致农作物绝收、人畜饮水困难，给当地人民生活带来极其严重的影响（亢艳莉，2007）。

低温灾害是导致北方地区粮食减产的另一主要农业气象灾害。20世纪60—70年代东北地区发生了几次大范围的严重低温冷害，对农业生产造成严重的损失。20世纪80年代以来低温冷害的强度和频率虽有所下降，但仍有发生；2002年8月上中旬黑龙江省中东部地区发生水稻低温冷害，导致哈尔滨东部和三江平原大部分地区水稻空秕率达30%左右（王萍等，2003）。2002年4月下旬，山东省43个县（市、区）遭受严重霜冻灾害，果树、桑苗、烟叶和冬小麦、蔬菜普遍受冻，农作物受灾面积达51万 hm^2，造成直接经济损失64亿元（秦大河，2008）。

全球气候变暖背景下，北方地区干旱常态化趋势明显，进入 21 世纪以来，华北、内蒙古和西北东部农业干旱明显加重，东北也有加重趋势；已经持续 30 多年的华北地区干旱问题在未来 10 多年仍看不到缓解迹象（周广胜，2015）。气候变暖背景下种植界限北移、春玉米中晚熟品种、冬小麦弱冬性品种种植区域扩大带来承灾体的变化，导致低温冷害发生频率反而呈增加趋势，尤其是东北地区近 10 年冷害发生频率为上世纪的 2 倍，黄淮海小麦晚霜冻害也有上升的趋势，低温灾害的不确定性和突发现象明显增多（杨晓光等，2010a 和 2011；刘志娟等，2010）。已有研究表明，未来气候情景下极端天气气候事件增多、增强，干旱、低温灾害危害的程度、范围亦呈加重、扩大态势（陈德亮，2012）。因此，急需深入开展北方地区干旱、低温灾害应急防控技术及其优化集成与示范应用研究，加强农业防灾减灾体系建设，以确保国家粮食安全、促进农民增收、农业增效和保持农村社会经济稳定。

1.3 国内外研究现状

1.3.1 北方地区干旱和低温灾害发生规律研究现状

随着气候持续变暖，极端气候事件发生的频率增加，北方地区干旱和低温灾害对农业影响日益凸显。因此，揭示北方地区主要农作物干旱和低温灾害发生变化规律是进行灾害应急防控的基础，不仅可实现从源头上认识和避减，降低灾害风险，同时可为有针对性地开展区域灾害的应急防控技术研制及其优化集成提供基础依据。

1.3.1.1 北方地区干旱发生规律研究现状

我国干旱灾害面积广，但是空间分布不均匀，农业干旱主要发生在东北、西北、华北和江淮、江汉及四川盆地等地区，以北方地区尤为严重（王春乙等，2007），尤其是在干旱半干旱地区，土壤水分亏缺明显抑制了作物根系和地上部的生长，显著降低了作物生物量及产量（钱正安等，2001）。西北地区的干旱灾害最为严重，干旱、半干旱面积约占全区总面积的 80% 以上，发生旱灾的面积较大，程度严重、次数频繁、持续时间长为中国其他地区所罕见（刘引鸽，2003），平均每 2 年就要发生一次重旱以上的干旱，其次为内蒙古地区、华北地区和东北地区，重旱以上的旱灾发生频率分别为 28.8%、25.4% 和 23%（顾颖等，2010）。中国北方主要农区发生干旱的面积在春、夏、秋、冬 4 个季节均呈上升趋势。冬、春季干旱的发展速率大于夏、秋季，而从干旱范围的平均状况来看，夏、秋季的干旱要重于冬、春季（秦大河，2009）。

陈方藻等（2011）以我国近 60 年来（1950—2008 年）农业干旱受灾、成灾和绝收面积的统计数据为基础，分析了农业干旱的基本特征，结果表明，近 60 年来我国干旱发生整体呈上升趋势；其中黄淮海地区旱灾平均受灾面积占全国受灾面积的比例最高，达 28%；东北地区为 19%，西北地区为 16%。且黄淮海地区平均成灾面积、绝收面积分别占全国的比例均在 23% 以上；东北地区干旱成灾面积占全国的 22%，但绝收面积却达到了 25%，表明东北地区对干旱承受能力较弱。西北地区干旱成灾及绝收面积分别占全国的 17% 和 18%。高晓容等（2012a）基于东北地区 48 个农业气象观测站 1961—2010 年逐日气象资料、近 20 多年玉米生育期资料及近 10 年农业灾情多元数据，以作物水分盈亏指数为评价指标，分析了近 50 年东北玉米不同生育阶段的旱涝分布及演变。结果表明，玉米播种—七叶期，中旱及以上灾害频率较低；后 3 个生育阶段，中旱及以上灾害频率较高，且区域旱涝现象呈明显的年代际变化特征，从 20 世纪 80 年代起区域中旱及以上次数明显增加。成林等（2014）利用华北地区 64 个气象台站 1961—2010 年逐日降水资料，以降水负距平或降水量表征的干旱指标，通过经验正交分解法提取了冬小麦、夏玉米全生育期和关键生长阶段的特征向量和时间系数，分析了干旱频率、站次比及干旱强度的变化特征，并通过构建冬小麦夏玉米轮作期综合干旱指数，探讨了华北地区农业干旱的总体状况。结果表明，冬小麦全生育期、苗期及拔节抽穗期干旱的高强度中心主要分布在冀中南、豫北及鲁西北地区，而灌浆成熟期干旱则以豫东为中心；夏玉米全生育期干旱的高强度中心主要位于冀南和鲁北地区，初夏旱以冀北大部为高强度区，而卡脖旱以豫西和鲁南为高强度区。从时间系数和区域干旱强度及站次比的时间变化趋势看，冬小麦全生育期干旱、灌浆成熟期干旱及夏玉米初夏旱、卡脖旱均表现为递减趋势，但未通过显著性检验，而冬小麦播种期、拔节抽穗期干旱，以及夏玉米全生育期干旱为不显著的递增趋势。整个冬小麦夏玉米轮作期干旱威胁较高的地区主要位于京津局部、冀中南、豫北和鲁北等地区。张存杰等（2014）基于气象干旱综合监测指数（MCI 指数），分别计算了 1981—2010 年我国北方地区冬小麦全生育期干旱日数及干旱发生频率，结果表明：冬小麦全生育期平均干旱日数 95 d，干旱发生频率为 29%，干旱日数及发生频率总体呈北多（高）南少（低）分布。就生育期各阶段而言，冬小麦从播种至拔节各阶段的干旱发生频率总体上也呈北高南低分布，但孕穗—成熟期的干旱发生高频率区向中西部转移，陕西关中和陇东干旱频率较高。

1.3.1.2 北方地区低温灾害发生规律研究现状

我国低温灾害的种类较多，北方地区农作物低温灾害主要包括冻害、冷害和霜冻。冻害是指农作物在越冬期间遭受 0 ℃ 以下的强烈低温或剧烈降温，或长期持续在 0 ℃ 以下的温度，引起植物体冰冻甚至丧失生理活力，造成植株死亡或部分死亡的灾害，常发生于冬季或早春、深秋，危害主要粮食作物是冬小麦。低温冷害是指作物在生长季内因热量不足或温度下降到低于当时作物所处生长发育阶段的下限温度时，影响作物正常生长发育，引起农作物生育期延迟，或使生殖器官的生理受阻，从而导致作物受害造成减产的现象，主要危害喜温作物玉米和水稻。霜冻害多发生在冬春和秋冬之交，此时冷空气突然入侵或地表骤然辐射冷却，土壤表面、植物表面温度降到 0 ℃ 以下，植物原生质受到破坏，导致植物受害或者死亡的一种短时间的低温灾害（李茂松等，2005a；杨晓光等，2010b）。

低温冷害是制约东北水稻高产、稳产的主要农业气象灾害。随着该地区水稻种植面积扩大和产量增加，低温冷害造成损失的风险增加，直接影响东北乃至全国水稻粮食安全。为此研究该地区的水稻低温冷害发生规律对于防灾减灾具有重要意义。已有研究表明，东北三省水稻花期障碍型冷害高值区位于三江平原一带，发生频率高于40%，其次为吉林省中东部和黑龙江省南部稻区，发生频率在 25% ~ 40%，低值区为辽宁省和吉林省西部地区，发生频率低于 20%（北方主要作物冷害研究协作组，1981）。潘铁夫和方展森（1988）通过对历史资料的整理和实地考察，将我国东北地区分为四个冷害区，其中，极重冷害区主要包括黑龙江省黑河、伊春一带、三江平原北部和吉林省长白山区，冷害频率为 30% ~ 40%；重冷害区包括黑龙江省中南部、吉林省吉林、通化、延边一带，冷害频率约为 30%；中度冷害区包括吉林省长春、四平、白城一带、黑龙江省西南部和辽宁省东部山区，冷害频率为 20% ~ 25%；轻度冷害区包括辽宁省中部、西部和南部，冷害频率低于 20%。姜丽霞等（2010）、纪仰慧等（2011）采用气候统计方法得出黑龙江省北部、东部和中部为障碍型冷害高发区，南部次之，西部最轻，且三江平原冷害发生频率要高于松嫩平原。马树庆等（2011）研究认为，空间分布上东北地区北部和东部是冷害高风险区，南部冷害风险较低。从时间分布趋势上来看，20 世纪水稻障碍型冷害在我国东北地区平均 3 ~ 5 年发生一次（杨英良等，1993）。黑龙江省因喜温作物生长季内热量资源不足，水稻障碍型冷害时有发生，1961—2006 年，黑龙江省稻作区共有 17 年水稻发生障碍型冷害，尤以 20 世纪 80 年代冷害发生次数最多，减产最严重；90 年代相对较少。虽然全球气候变暖使黑龙江省可利用热量资源增加，但在 21 世纪初期，黑龙江省接连发生由盛夏低温引起的水稻障碍型冷害，导致水稻产量及品质下降（矫江等，2004）。姜丽霞等（2009）利用气候统计分析方法得出黑龙江省 20 世纪 80 年代是障碍型冷害由多到少的转折期，孟祥君等（2012）应用 M-K 检验同样计算得出东北地区水稻各类型冷害在 20 世纪 80 年代频次减少趋势显著。王雨和杨修（2007）认为自 20 世纪 90 年代水稻气象灾害损失极少。

低温冷害也是影响东北地区玉米的主要农业气象灾害之一，是导致玉米产量不稳、品质不高的主要原因（马树庆等，2008）。东北地区玉米以延迟性冷害为主。玉米孕穗期之前若遇到较长时间的低温，削弱植株的光合作用，减少养分的吸收，影响光合产物和矿物养分的运转，使作物生育期显著延迟，不能正常生育而减产。赵俊芳等（2009）根据东北三省1961—2007年47年的逐日气象资料，结合玉米生长季温度距平冷害指标，分析了气候变暖对东北三省春玉米严重低温冷害的影响，结果表明，气候变暖背景下东北三省严重低温冷害发生频率呈减少趋势。马树庆等（2008）在前人有关玉米冷害指标及冷害致灾因素及风险分析的基础上，建立了玉米低温冷害风险指数和风险概率等风险评估指标和模式，并综合多种因素，进行东北地区玉米低温冷害的气候风险区划和灾害经济损失（灾损）风险区划，结果显示，东北地区的北部、东部玉米低温冷害的风险性最大，中部、西部部分县市居中，吉林省西南部及辽宁省大部风险性最小。高晓容等（2012b）利用东北地区48个农业气象观测站1961—2010年逐日温度资料和近20多年玉米生育期资料，基于热量指数构建生育阶段冷害指数，分析了近50年东北玉米4个生育阶段低温冷害时空分布及周期特征。结果表明：整个生育期全区平均冷害强度呈极显著的减弱趋势，地区间冷害变化趋势呈现差异化特征，冷害强度减弱趋势由西南向东北方向呈阶梯状递增；冷害强度呈较明显的减弱趋势，且冷害强度具有较强的周期性，出苗—七叶阶段和出苗—抽雄阶段存在明显的23年、25年周期，出苗—乳熟阶段和出苗—成熟阶段均具有较明显的3年周期振荡。

随着气候变化背景下，冬季气温和负积温的变化，我国冬小麦种植北界呈现不同程度的北移西扩（郝志新等，2001；杨晓光等，2010a），不同冬春性小麦的北界也呈北移趋势（李克南等，2013），许多地区栽培品种亦发生了改变（李茂松等，2005b）。因此，气候变化背景下，我国冬小麦冻害在发生时期和空间分布上也有所变化。1978年以来河南省冬小麦冻害面积有明显的上升趋势（王记芳等，2007）。河北北部地区冬小麦冻害的发生频率明显多于中部和南部，发生在严冬期的频率逐渐降低，发生在初冬期和早春期的频率逐渐升高，即长寒型冻害发生频率逐渐减少，初冬温度骤降型和融冻型冻害发生频率逐渐增加（代立芹等，2010；高玉兰等，2011），且出现与干旱并发型，如2009年春天我国黄淮海和南方主要麦区发生干旱和冻害并发型灾害，直接损失达数十亿元人民币（王夏，2012）。气候变化背景下冬小麦冻害原因主要是冬前积温过高、麦苗抗寒锻炼不足、冷暖交替突变、抗寒性较弱小麦品种的引入及栽培管理不当（李茂松等，2005b；代立芹等，2010）。

霜冻害是影响冬小麦生产的一种常见农业气象灾害，霜冻害以植株受到伤害为标准（冯玉香等，1999）。黄淮平原作为小麦主产区，也是中国遭受霜冻害最严重的地区之一。罗新兰等（2011）选取小麦拔节期后日最低温度及距拔节期天数为指标，构建霜冻害灾度函数，利用该函数得到各个地区的冬小麦霜冻害灾度值，根据灾度值进行霜冻害的等级划分，计算各级霜冻害的发生频率，结果表明：在时间上，各级霜冻害的发生频率随年代呈减少趋势，轻霜冻害发生最为频繁，在各个年代频率值都在15%左右，重霜冻害次之发生频率约为6%左右，中霜冻害最轻；在空间上，该区的霜冻害多发地区以河南省和山东省霜冻害发生最为频繁且受灾较严重，其发生频率可达30%以上，最高可达70%。总体上北部地区霜冻害的发生频率高于南部地区。代立芹等（2014）根据河北省1971—2010年冬小麦春季霜冻害灾情资料、逐日气象资料，建立了以气温稳定通过12℃为临界期的冬小麦霜冻害判别指标；分析了霜冻害时空变化特征。结果表明：河北省霜冻害以轻度为主，90年代以后发生霜冻害的站点数年际间变化幅度较90年代以前明显增大，站点数量明显增多；霜冻害高发区分布在邯郸、邢台、保定西北部以及沧州和衡水两市的部分地区，低发区分布在唐山、秦皇岛地区。

1.3.2 干旱和低温灾害指标研究现状

1.3.2.1 干旱指标研究现状

干旱指标一般分为4类：以降水指标为主的气象干旱；以地表径流和地下水指标为主的水文干旱；以土壤水分和作物指标为主的农业干旱；以供水和人类需水指标为主的社会经济干旱（刘庚山等，2004）。在农业生产上常考虑的是气象干旱和农业干旱。

（1）气象干旱指标

气象干旱是指某时间段内由于降水量和蒸发量的收支不平衡，水分支出大于水分收入而造成水分短缺的现象（张强等，2006）。气象干旱的实质是缺水，与气象干旱最密切的要素就是降水，降水的多少基本反映了天气的干湿状况，是影响干旱的主要因素之一。气象干旱指标主要有降水单因素干旱指标和多因素干旱指标。其中降水单因素干旱指标具有简便、直观、资料准确丰富的特点，在干旱分析评价和干旱研究中应用较多，但由于其没有考虑其他因素对于干旱的影响，在实际应用中存在一定的局限性，常见的指标有降水量距平百分率和标准化降水指数（王志兴等，1995；冯平和朱元生，1997）。多因素干旱指标不但考虑了某时段内的降水量，同时还考虑了气温、蒸发量和前期降水量的影响。常见的指标有相对湿润度指数和Palmer指数（孙荣强，1994）。

（2）农业干旱指标

农业干旱是指农业生产季节内因长期无雨或少雨，造成空气干燥、土壤缺水，农作物生长发育受抑制，导致明显减产甚至绝收的一种农业气象灾害（冯定原等，

1992）。它以土壤含水量和植物生长形态为特征，反映土壤含水量低于植物需水量造成植物水分亏缺的程度。气象干旱是农业干旱的先兆，降水与蒸散不平衡使土壤含水量下降、供给作物水分不足，最终影响到农作物正常的生长发育。在灌溉设施不完备的地区，气象干旱是引发农业干旱的最重要因素（张强等，2009）。

农业干旱指标根据研究对象的不同，可以分为降水量指标、土壤含水量指标、作物旱情指标、作物供需水指标和综合干旱指标（姚玉璧等，2007）。其中，降水量指标是反映某地区某一时段内的降水量与该地区该时段多年平均降水量相对多少的一个定量指标，简便实用，可以大致反映出干旱发生的程度，它适用于地下水位较深且无灌溉条件的旱作农业区，但无法表征农作物遭受干旱影响的程度，常见的指标有降水距平百分率法、无雨日数（张叶和罗怀良，2006）。土壤含水量指标主要是考虑根系从土壤中吸水，土壤中水分的多少会直接影响农作物的生长发育和产量，能较好地反映作物旱情状况，土壤含水量指标简便直观、资料易于获取，常见指标有土壤湿度、土壤有效水分存储量（王志兴等，1995）。作物旱情指标包括作物的形态指标和生理指标，该指标利用作物的长势、长相以及作物生长发育过程中的生理指标来反映作物的需水状况，直接反映作物水分供应状况，特别是随着各种配套仪器和测试手段的不断完善和发展，利用作物生理指标判别作物水分亏缺的方法有了很大的发展，常见指标有叶水势、气孔导度、冠层温度（Kramer，1985；董振国，1985；王志兴等，1995；Duff, et al，1997；胡继超等，2004）。作物供需水指标是通过计算土壤水分充足、作物正常发育状况下的标准蒸散量，再经过作物系数的订正，算出实际作物需水量，通过比较供水与需水来反映农业干旱的指标，常见指标有作物水分亏缺指数（王密侠等，1996；黄晚华等，2009）。综合干旱指标是综合考虑了各种干旱因素和各种干旱指标，通过合理加权综合得到的全面反映农业干旱的发生及其影响的干旱指标，常见的综合干旱指标、Palmer 干旱指标等（李星敏等，2007）。

农业干旱的发生与发展有着极其复杂的机理，受气象条件、水文条件、农作物布局、作物品种及生长状况、耕作制度及耕作水平的影响（王密侠等，1998）。因此，农业干旱指标的确定必然要涉及与大气、作物、土壤有关的因子。作物水分亏缺指数（Crop Water Deficit Index，CWDI）综合考虑了土壤、植物、气象三方面因素的影响，能较好地反映各站点作物生长季水分亏缺与农业干旱情况，对监测不同区域的农业干旱具有较好的适用性（李应林和高素华，2010）。该方法是基于各地区主要气象站点逐年的地面气象观测资料，采用 FAO 于 1998 年推荐的 Penman-Monteith 方法（Allen, et al，1998），计算各地区作物各生长发育阶段的参考作物蒸散量、作物需水量，通过计算降水与需水之间的差值来反映作物水分亏缺程度。张艳红等通过计算 1971—2000 年全国 18 个站点的作物水分亏缺指数对其在我国不同农区的适用性进行了探讨，表明不同站点、不同季节差异明显，采用作物水分亏缺指数距平作为农业干旱监测指标，其监测结果与实际情况基本吻合，能较好地反映干旱的发生与演变过程，但同时该指标存在较强的地域性，针对不同地区进行相关研究时要结合当地实际情况，需要进行相关试验来确定（张艳红等，2008）。黄晚华等利用作物水分亏缺指数对湖南省季节性干旱进行时空特征分析（黄晚华等，2009）。董秋婷等利用作物水分亏缺指数分析了近 50 年东北地区春玉米干旱的时空演变特征（董秋婷等，2011）。张淑杰等人利用作物水分亏缺指数对东北地区玉米不同生育期的干旱进行了计算，同时结合干旱频率对干旱的时空分布特征进行分析（张淑杰等，2011）。综上所述，作物水分亏缺指数这一干旱指标计算简便，所需要的气象要素易于获取，可以为农业干旱研究提供一种便于应用的方法。

1.3.2.2 低温灾害指标研究现状

（1）冻害指标

冻害多发生于冬小麦越冬期，是指冬小麦越冬期间长时期的 0 ℃ 以下较强低温所造成的伤害，主要有 3 种类型：初冬温度骤降型、冬季长寒型和冻融型冻害。冬小麦冻害指标研究方面，国内外大多以冬小麦分蘖节临界致死温度（LT_{50}）作为其冻害的生理指标（Fowler, et al, 1999；Allen, et al, 2006），且认为冬小麦冻害的生物学温度是分蘖节最低温度 −15 ~ −18 ℃（北京农业大学农业气象专业农业气候教学组，1987）；崔读昌根据冬小麦分布的北界，研究得出最冷月平均最低气温 −15 ℃、极端最低气温 −22 ℃ 为越冬冻害指标（郑大玮等，1985）。目前学术界普遍认为，冬小麦所能经受的年最低气温是 −22 ~ −24 ℃，最冷月份的平均最低气温是 −12 ℃。而不同冬小麦品种间抗寒能力差异很大，一般情况下，各品种的抗寒性表现为强冬性 > 冬性 > 弱冬性 > 春性。河北省根据分蘖节最低温度观测资料，对比死苗情况，提出强冬性品种分蘖节受冻最低温度指标是 −12 ~ −14 ℃，冬性品种为 −10 ~ −12 ℃，半冬性品种为 −8 ~ −10 ℃（北京农业大学农业气象专业农业气候教学组，1987）；新疆农业科学院吴锦文等测定了小麦分蘖节的临界致死温度，指出当地抗寒性强的品种临界值为 −17 ~ −19 ℃，抗寒性弱的品种为 −15 ~ −18 ℃（郑大玮等，1985）；北京农业大学农业气象专业农业气候教学组给出不同冬春性品种的抗最低温度值，强冬性品种为 −20 ~ −24 ℃，冬性品种为 −16 ~ −20 ℃，半冬性品种为 −12 ~ −16 ℃，春性品种为 > −12 ℃（北京农业大学农业气象专业农业气候教学组，1987）。

前人对影响小麦冻害的冬前积温和冬季负积温指标也进行了研究。龚绍先等（1982）使用冷冻箱模拟的方法，以不同的低温水平对盆栽麦苗进行处理，研究了冬小麦冻害死苗率与低温强度和低温持续时间的关系，并用 logistic 曲线进行了拟合。北京农业大学在北京地区多年试验表明，冬前积温小于 400 ℃·d 难以形成壮苗，大于 750 ℃往往造成冬前旺苗，另有试验表明，在黄淮地区，适宜的冬前积温指标为半冬性品种 650 ~ 700 ℃·d，春性品种 550 ~ 600 ℃·d（李茂松等，2005b）。巴特尔等（2006）研究表明，北京地区越冬期负积温小于-300 ℃·d 对小麦安全越冬十分不利，可以作为越冬冻害的重要指标。

冬小麦冻害的气候指标有多种：北京市农林科学院农业气象室以 11 月平均气温、抗寒锻炼天数和入冬降温幅度作为冻害程度的指标；大连市气象科学研究所以 1 月份平均最低气温、极端最低气温及最低气温 < －18 ℃ 的天数作为冬季长寒型冻害指标；河北省气象科学研究所于玲提出，以 11 月上中旬降温幅度及最低气温作为秋季冻害指标，以有害负地积温为冬季长寒型冻害指标；新疆维吾尔自治区气象局以有无积雪和积雪形成时间，以及年极端最低气温，作为积雪不稳定条件下的冻害指标（金善宝，1996）；郑大玮提出以日际或日内地面温度变幅及降温后的最低温度，作为融冻型冻害的指标（郑大玮等，1985）。

（2）冷害指标

按冷害对作物危害特点及作物受害症状，可将低温冷害分为延迟型冷害、障碍型冷害和混合型冷害 3 类（中国气象局，2010）。延迟型冷害指在作物生育前期遇较长时间低温，削弱植株光合作用，使作物生育期显著延迟、不能成熟而减产。障碍型冷害指在作物生殖生长期（主要是孕穗和抽穗或抽雄、开花期）遭遇短时低温，植株生理机能受破坏形成空秕粒而减产。混合型冷害指既有延迟型冷害发生，又有障碍型冷害发生，导致作物严重减产。

日本水稻冷害频发且危害重，日本研究水稻低温冷害主要始于 1935 年，基于人工气候箱实验模拟水稻冷害发生过程，并形成水稻作物形态生理指标（亓来福，1979）。佐竹彻夫指出：水层管理可减少低温冷害，原理是温水可减缓水稻形成空秕粒（佐竹彻夫，1978）。竺可桢先生 1964 年发表"论我国气候的几个特点及其与粮食作物生产的关系"，指出，夏季作物可能因受到低温和寒害的影响而减产（竺可桢，1964）。同年，冯邵印和朴昌一开始研究吉林省延边地区水稻低温冷害，并指出导致延边地区水稻减产的主要因素是 6—7 月的低温。1969—1972 年东北地区相继发生多次严重低温冷害，致使东北地区水稻、高粱、玉米多种作物减产 30% 以上，我国开始组织学者对低温冷害进行系统研究，并取得初步研究成果，如水稻障碍型冷害发生机理——水稻花粉母细胞减数分裂时期和抽穗开花期是水稻对低温最敏感时期。祖世亨（1980）基于 1977—1978 年两年寒地水稻盆栽实验，得出水稻结实率与抽穗前 9 ~ 11 d≥10 ℃有效积温的关系，以结实率为指标判断是否发生障碍型冷害，即应用公式计算出的结实率低于该品种的正常结实率时，发生障碍型冷害。同年，丁士晟（1980）在研究东北地区低温冷害时，将作物生长季 5—9 月月平均温度和的负距平（ΔT_{5-9}）作为冷害年的温度指标。1982 年，王书裕指出不同年份 5—9 月月平均温度不同时，即使其负距平（ΔT_{5-9}）相同，但对作物造成减产程度不同，因而结合各地不同积温类型，得出 5—9 月不同平均气温条件下的指标（王书裕，1982）。冯国清等通过水稻盆栽试验确定减数分裂期或花期温度与水稻空壳率的关系，并指出水稻孕穗期障碍型冷害指标为连续两天以上日平均温度低于 17 ℃，抽穗开花期障碍型冷害指标为连续两天以上日平均气温低于 19 ℃（北方主要作物冷害研究协作组，1981）。胡芬等（1981）基于人工气候箱实验提出以水稻开花后日最高温度 27 ℃为水稻开花受精的适宜温度下限，当持续 3 天低于这个温度时即发生障碍型冷害。20 世纪 80 年代孙玉亭等研究认为水稻种植区日平均气温在 18 ℃以下时，水稻的结实率随着温度的降低而显著减少（孙玉亭等，1986）。马树庆等结合试验、资料统计及生产实践建立了水稻空壳率与日冷积温的关系（马树庆等，2003）。部分学者曾尝试用水稻空壳率来划分水稻障碍型冷害指标，但这种指标并未能准确判断障碍型冷害发生情况（邱上深，1994），王春乙和毛飞（1999）考虑了低温冷害指标的地域差异，经统计分析得出，各地的低温冷害指标与当地的纬度和海拔高度存在很好的线性关系。

前人依据人工气候实验模拟作物生长阶段发生低温冷害特征，总结了大量有关低温对作物生长发育影响，对作物产量形成的作用及作物生长对低温响应的模型，并依据冷害发生频率、灾害风险做出东北地区玉米低温冷害损失风险分区。霍治国等（2003）通过对 1961—2000 年东北地区逐日气象资料与产量、灾情资料的相关分析研究，筛选出东北水稻花期障碍型冷害致灾因子为花期前后 20 d 内连续 2 d 以上的日平均气温，当该温度低于 19 ℃时，发生障碍型低温冷害，减产率大于 10%。高山等（2008）针对黑龙江省水稻冷害展开研究，结果表明水稻开花期日平均温度为 25 ℃时空壳率较小，而当日平均气温为 18 ℃左右时，空壳率显著增高；赵明兴等（2011）提出寒地水稻出现明显不育、空秕粒的临界温度为 15 ~ 17 ℃，完全不育的临界温度为 11 ~ 13 ℃；曲辉辉等（2011）通过人工控制实验得出寒地水稻一般障碍型冷害的临界时长为 4 d，严重障碍型冷害的临界时长为 5 ~ 8 d，朱海霞等（2012）通过对黑龙江省寒地水稻不同品种的控制实验得出，不同耐冷性品种发生障碍型冷害的指标为 15 ~ 18 ℃。霍治国、马树庆等综合前人研究成果，在不同地区、不同热量条件下，选取气温及其距平、日最低气温及其持续天数等因子，构建水稻冷害指标，即中国气象行业标准（QX/T101—2009）（中国气象局，2009），该指标能很好地反映我国东北三省低温冷害的发生情况。

（3）霜冻害指标

霜冻害是一种短时间的低温灾害，多发生在初冬和春季。小麦遭受晚霜冻害多在拔节以后，且伴随着作物的生长发育，小麦的耐寒能力逐渐降低，其遭受晚霜冻害的程度会逐渐严重（曾正兵等，2006）。其中以拔节后 10～15 d 小麦雌雄蕊分化期耐寒能力最差（即低温敏感期），若此时出现低温，则受冻最重（张雪芬等，2009）。陶祖文和琚克德（1962）提出运用最低气温和最低叶面温度作为小麦霜冻害的气象指标。但是叶温通常需要通过实验获得，若研究区域较大，叶温不易获取。何维勋等（1993）通过对叶温和最低气温关系的研究，发现二者之间存在统计学关系，这一研究使得在进行霜冻害指标选取时，可以选取较易获取的最低温度作为霜冻害指标。目前研究中应用较多的霜冻害指标为拔节后的最低温度（陈怀亮等，2006；张雪芬等，2009；罗新兰等，2011）。

1.3.3　干旱和低温灾害防控技术研究现状

针对气候变化背景下我国东北、华北和西北地区主要农作物干旱和低温灾害发生特征，各区域已经开展了大量干旱和低温灾害应急防控技术的研究，积累了丰富的研究成果。

1.3.3.1　干旱防控技术研究现状

目前干旱防控技术主要有抗耐旱品种筛选、基于改变田间小气候环境的防控技术（如留茬、地膜覆盖等）、基于化控技术的干旱调控措施（如施用植物激素及生长调节剂）、农业集水抗旱技术等。

（1）抗耐旱品种筛选

自 20 世纪 80 年代以来，美国、以色列、印度等国家相继通过杂交技术培育了一批高产、优质作物新品种，其中不乏高产的抗旱品种。例如美国选育的高粱品种具有较高的水分利用效率，已在大田生产中推广应用。以色列培育出适宜咸水灌溉的小麦、番茄、棉花等作物品种。印度推广应用优良杂交品种 45 个，覆盖率达 38%。墨西哥选育的矮秆小麦品种，比老品种在不增加耗水量的情况下，增产 2～3 倍。

我国提高作物水分利用效率及抗耐旱能力已成为新的育种方向，即选育有一定抗旱性、高水分利用效率和高产量的品种。中国农业科学院作物科学研究所的研究表明，作物种质资源中蕴藏着丰富的抗旱节水遗传变异，有的小麦品种的幼苗可以在低至占田间持水量 17% 的土壤水分条件下存活，而一些品种在占田间持水量 35% 的条件下全部死亡。有些谷子品种可以在占田间持水量 15% 的极端土壤水分胁迫下存活（山仑等，

2000）。我国已选育出了一系列抗旱、节水、优质的农作物品种，这些品种不仅抗旱，并且具有稳定的产量性状和优良的品质特性，在农业生产中发挥了重要的抗旱增效作用。

（2）基于改变田间小气候的防控技术研究

通过采取留茬、覆膜等农艺措施，改变农田小气候环境，从而减少地表水分蒸发，亦是防御干旱的主要途径之一。

秸秆覆盖技术是将作物残茬、秸秆、粪草、树叶等覆盖于土壤表面，利用秸秆覆盖层疏松多孔的性质改变土壤—大气水分交换界面，使土壤水分不容易到达蒸发界面，从而达到保墒效果（刘超等，2008；王维等，2009）。大量研究表明，秸秆覆盖技术可以蓄水保墒，降低土壤蒸发（王昕等，2009；翟治芬等，2010）；调节土壤表层温度（方文松等，2009；张俊鹏等，2009；王兆伟，2010）；改善土壤结构，减少水土流失（唐涛等，2008）。研究表明，秸秆覆盖可以抑制夏玉米苗期棵间蒸发，减少全生育期耗水量，有效的应对水分亏缺，从而达到抗旱的目的（鲁向晖等，2008）。

我国于1979年从日本引进覆膜栽培技术，该技术通过利用塑料薄膜等材料覆盖土壤表面或作物冠层上方，人为控制农田局部环境的温、光、水、养分、耕层结构和微生物等因素，是实现作物高产稳产的一项农田生态工程综合技术。经过几十年的实践，曾红远等（2012）将多种形式的覆膜栽培技术按两种方式进行分类：一是根据覆膜材料分类，如按厚度分普膜、微膜、超微膜等，按颜色与用途分为有色（透明、白色、黑色、彩色）膜、反光膜、除草膜、光降解膜、耐老化膜等；二是根据覆膜方法分类，如按覆盖高度分为平铺、底拱、高拱覆膜等，按覆盖层数分为单层、双层与多层复合覆膜，按整地方式分平畦、高畦、沟畦、沟种、穴坑、低垄、高垄、行上与行间覆膜等，按时间长短分为全程、季节性、生长期覆膜等。覆膜后的物理阻隔作用主要是通过减少膜内土壤水分蒸发，增加作物的蒸腾耗水，增强土壤供水能力，从而提高作物对土壤水分的利用率，达到增水保水、抗旱保苗的作用。覆膜可减少土壤氮素的损失，促进作物对氮、钾等养分的吸收利用。此外，覆膜能提高作物的根系活力、叶片的叶绿素含量、叶片气孔导度、胞间 CO_2 浓度、光合速率和蒸腾速率，延缓叶片衰老，促进光合产物的合成和花后同化物向籽粒的转运（任书杰等，2003；杨俊峰等，2007；龚月桦等，2007）。

目前，覆膜栽培技术已经在我国各地推广应用，并取得了良好的效果，其与集水措施（如穴播、膜侧种植、双垄沟集流增墒种植、周年覆膜、全程覆膜等种植方法）相结合的综合栽培技术在干旱和半干旱地区得到大力推广。

（3）基于化控技术的干旱调控措施研究

目前关于提高作物的抗旱性方面的研究，已从关键栽培措施调控转到生化调控（顾万荣等，2005），应用化控技术提高作物的抗旱性已逐渐被人们认知和应用（李国芸等，2007）。化学调控是以应用植物生长调节剂为手段，通过调控植物内源激素系统影响植物生长发育的技术。作物化学控制技术不但可以充分发挥良种的潜力，还可以增强作物对环境变化的适应能力，提高抗逆性（杨兴洪等，1999），使作物增产潜力充分发挥。目前我国化学控制技术在提高作物抗旱方面已经发挥了巨大作用。随着人们对作物化学调控理论认识的深入，调节剂在农业上的应用越来越广泛。

在农业抗旱领域，应用较多的调节剂主要有 6-苄氨基嘌呤（6-BA）、脱落酸（ABA）、烯效唑（S-3307）、水杨酸（SA）、茉莉酸（MeJA）和黄腐酸（FA）等。张爱军等（2000）研究表明，干旱胁迫下，小麦扬花期叶面喷施 $10 \sim 5$ mol $\cdot$ L^{-1} 的 6-BA 有助于提高小麦旗叶甘油醛-3-磷酸脱氢酶的活性，对小麦旗叶的光合速率和气孔阻力也有一定的影响。近年有研究表明，在小麦水分临界期干旱时，叶面喷施黄腐酸（fumic acid）和腐殖酸（humic acid），叶片气孔开度减少，蒸腾失水在 $3 \sim 7$ d 内低于对照组，总耗水量减少 $6.3\% \sim 13.7\%$，最后产量可接近临界期不断补充水分的处理，说明应用黄腐酸和腐殖酸可提高小麦抗旱性。研究认为，脱落酸（ABA）通过对植物气孔保卫细胞中 K$^+$、Ca^{2+} 离子浓度的调节促使叶片气孔关闭，降低水分蒸腾。在干旱条件下 ABA 提高了相对含水量，蒸腾失水量减小，提高了抗旱性（卢少云等，2003）。Zhang 等（2014）利用外源 ABA 生物合成抑制剂 fluridon 抑制植物体内 ABA 的合成后，水分胁迫引发的苹果砧木幼苗叶片细胞氧化损伤加重，叶片膜脂过氧化程度加重，质膜相对透性增加，而添加外源 ABA 处理能减轻幼苗叶片细胞的氧化损伤程度，说明ABA 可以减轻干旱胁迫对作物的伤害。宋胜等（2008）研究发现用 50 mg $\cdot$ L^{-1} 的 S-3307 叶面喷施，大豆叶片的过氧化物酶、超氧化物歧化酶、过氧化氢酶活性增强，丙二醛含量降低，可见化控技术提高了大豆幼苗的抗逆性。袁振等（2015）采用 S-3307 处理模拟 PEG-6000 连续干旱条件下对干旱敏感型济黑 1 和耐旱济薯 21 的苗期根系生理生化特性影响，烯效唑在干旱条件下对济黑 1 的 SOD、POD、APX 和根系活力增幅较大，MDA 降幅较大，对 IAA、ZR 和 ABA 增幅也大于耐旱济薯 21。罗明华等（2010）以丹参幼苗为试验材料，研究了叶面喷施 0.75 mmol $\cdot$ L^{-1} 的 SA 对干旱胁迫下丹参幼苗抗氧化能力的影响，结果表明，SA 处理提高了丹参幼苗抗氧化酶活性，增强了植株对干旱胁迫的抵抗能力。杨伟等（2015）研究表明，SA 处理改善了青花菜根系生长特性，降低根冠比，提高结球期抗氧化酶活性。汤日圣等（2002）研究得出，MeJA 有减缓 SOD、CAT 活性的降低和减少 MDA 积累的作用，并认为这是 MeJA 提高水稻秧苗抗旱能力的主要生理基础。

综上所述，在干旱条件下化控技术通过引入植物生长调节剂调控了作物细胞质膜透性、渗透调节物质及抗逆关键酶活性，从而提高了作物的抗旱性。目前化控技术已经成为一项关键抗旱技术之一，今后应进一步加大研究，大面积推广和应用作物化控抗旱技术，从而减轻旱灾对农业生产造成的损失，以促进农业增产增收。

（4）集雨节灌和微集雨种植技术研究

在灌溉无法保证的干旱和半干旱地区，雨水集流农业是农业集水的主要途径，利用非耕地集水面收集径流贮存在水窖中，在作物干旱季节、抗旱播种保苗、需水关键期有限补灌，对防御干旱十分有效。农田微集水种植技术又是集水农业的主要组成部分，它将集水原理与传统的栽培耕作技术相结合，把农田的蓄水、保水、供水和用水融为一体，形成一套田间集水的农业技术，其基本原理是通过在田间修筑沟垄，垄面覆膜，沟内集水保墒，实现降水由垄面（集水区）向沟内（种植区）的汇集，沟垄种植这种集雨措施对于提高土壤水分含量、改善作物需水状况、提高产量品质具有重要作用（Evenari, *et al*, 1968；Sharma, *et al*, 1982；Reiz, *et al*, 1988；Gupta, *et al*, 1999）。

曹玉琴和刘彦明（1994）研究表明旱地地膜垄沟种植有增墒作用，平均增墒0.75%～1.8%。根据韩思明等（1993）研究，2 m 土层垄作覆膜盖草较平作含水量高63 mm，垄作覆膜较平作高43.5 mm。我国北方旱地农田中，30%～40%的降水通过作物蒸腾逸失，50%左右的通过蒸发逸失（山仑等，2000）。研究表明针对干旱半干旱地区垄膜沟植技术可在农田小尺度下实现集水和保墒，具有显著的增产和抗旱作用（Li, *et al*, 2000, 2001）。垄膜沟植技术通过在田间修筑沟垄，垄面覆膜，沟里种植作物，使降水由垄面向沟内汇集，改善作物水分供应状况，该技术降低了作物的干旱胁迫，可以在旱平地和缓坡旱地使作物增产。垄膜沟植既能集水又能减少土面蒸发。王琦等（2004）研究表明膜垄的平均集水效率为90%，远高于土垄的16.8%。秦舒浩等（2011）通过试验研究了覆膜及不同沟垄种植模式对黄土高原西部干旱半干旱区旱作马铃薯的影响，结果表明平畦覆膜、全膜双垄沟播、全膜双垄垄播、半膜膜侧种植（即垄膜沟植）和半膜沟垄垄播种植方式的产量分别比传统平畦不覆膜方式高50.1%、75.9%、86.8%、69.6%和60.6%，起到非常好的抗旱作用。

1.3.3.2 低温灾害防控技术研究现状

20世纪80年代以来，全球变暖成为人们共识，在气候变暖背景下，低温灾害发生不仅没有减轻、反倒加重。究其原因：一方面，全球变暖是一个长时间、缓慢的过程，且变暖趋势存在空间差异性，中纬度地区，气候变暖小麦拔节提早，抗寒能力降低，一旦遇到倒春寒天气，容易发生霜冻害；另一方面从承灾体本身的变化，气候变暖作物种植界限北移，中晚熟品种种植区域扩大，发生低温灾害风险加大。因此，气候变暖背景下低温灾害防控技术研究仍然十分重要。目前针对低温灾害的防控技术主要有抗耐寒品种筛选、调整播期躲避低温灾害、基于改变田间小气候的低温灾害调控技术（如地膜覆盖）、基于化控技术的调控措施（如喷施植物生长调节）、耕作整地措施（如土壤深耕深松、垄作）等。

（1）抗耐寒品种筛选

选育抗耐寒品种是防御低温灾害的最有效途径之一。陈书强等（2012）提出对于寒地水稻而言，在易发生冷害地区最安全措施就是降低晚熟品种的种植比例，以早、中熟为主栽品种，品种搭配应考虑熟期和抗冷害的能力；同时选择耐冷性强的早中熟品种2~3个同时种植，以保证常温年高产、低温年稳产。黑龙江省根据生产实际，提出在高温年份主栽品种占70%~80%，搭配20%~30%偏晚熟品种（指需≥10 ℃的活动积温比主栽品种多100 ℃·d）；在常温年，全部种植主栽品种；在低温年，主栽品种占20%~30%，搭配70%~80%早熟品种（陈书强等，2012）。

一般认为小麦品种的抗寒性强弱依次为冬性、半冬性、春性、弱春性品种。小麦拔节越早，受霜冻程度越重，因此拔节较晚、抽穗成熟期正常的小麦品种是抗霜冻的首选品种；分蘖力强、叶色深绿的品种抗霜冻能力较强。因此选择小麦品种时，应尽量选择小麦返青后发育缓慢、拔节晚、分蘖力强的竖叶型品种（李茂松等，2005a）。

（2）调整播期躲避低温灾害

气候变暖背景下北方很多省份提出了采用适宜品种、延长玉米生长期、小麦适当晚播的措施，以提高玉米产量、减少小麦冬前旺长造成的冻害和倒伏危害。小麦播期越晚，可推迟小麦拔节前对低温的敏感期，躲过晚霜冻的多发时段，使霜冻害程度减轻。但以上适应性调整也同样造成了目前小麦的大面积冻害，如：河北省地处小麦—玉米一年两熟的最北端，冻害风险相对较高。气候变暖使得河北省秋季作物有效积温增加。但是播期过迟，苗弱苗小也会导致冻害，且会使小麦遇到后期的高温而导致生育期缩短，产量受到影响。因此，适宜的应对策略应该是"适时晚播"（李茂松等，2005a）。

对于东北寒地水稻而言，要充分利用生长季前期积温，提倡和推广育苗移栽，延长生长季。适时早插秧。当日平均气温稳定通过12~13 ℃、地温达14 ℃时，就可开始插秧，使稻株尽早抽穗，以躲避后期冷害（耿立清等，2004）。

（3）基于改变田间小气候的防控技术研究

深水灌溉是防御水稻障碍型冷害最有效的方法之一，由于水的比热大，汽化热高和热传导性低，水稻遇低温冷害时，可采取以水调温，改善田间小气候。冷害危险期幼穗所处位置一般距地表 15 cm，灌水深 17~20 cm 基本可防御障碍型冷害。为了确保是否深灌，最重要的是掌握低温危害的指标，在孕穗期以连续 3 d 平均气温 17 ℃作为可能发生障碍型冷害的临界期。根据气象预报在寒潮来临之前深灌，气温回升时可继续间歇灌溉。出穗前 3~4 d 晾田 1~2 d，进入出穗期保持浅水。齐穗后由浅水层转入间歇灌溉，到出穗后 30 d 以上进入蜡熟末期停灌，到黄熟初期排干，避免过早停灌影响品质和产量。通过加强田间水管理，为水稻生长发育创造良好的环境条件，增强其抗御自然灾害的能力（陈书强等，2012）。

（4）基于化控技术的低温灾害调控技术研究

植物生长调节剂影响植物内源激素系统，调控植物的生长发育和生理代谢过程，可以有效改变源库活性和物质分配，以发挥对作物源库的调控作用，增强源的抗逆性，提高作物的品质与产量，最终达到人们预期的目标。目前关于水稻冷害化控技术已有诸多研究，如通过浸种或叶面喷施适宜浓度的植物生长调节剂可降低冷害水稻幼苗的电解质渗漏（王三根和梁颖，1995），提高冷害水稻幼苗的存活率，提高膜保护酶 SOD、CAT 活性，降低 MDA 积累，增加可溶性糖、可溶性蛋白质和脯氨酸含量（宗学凤，1997；宗学凤等，1998；梁颖，2003），抑制光合色素含量的减少，提高 Rubisco 活性和光合效率（Chernyad'ev，2000）。应用较为广泛的几种化控制剂有 DTA - 6，油菜素内酯（BR），激动素（KT）等（赵黎明等，2011）。其中 DTA - 6 是一类新型细胞分裂素类植物生长调节剂，化学名称为 2-N，N - 二乙氨基乙基己酸酯，与其他细胞分裂素类物质一样，具有促进植物生长，延缓衰老，提高作物产量和品质的作用。王三根和梁颖（1995）研究表明，适宜浓度的 DTA - 6 浸种可降低冷害水稻幼苗的电解质渗漏，减轻低温对质膜的损伤，这与细胞分裂素类物质有保护细胞完整性的功能相符。油菜素内酯（BR）是一类油菜素甾醇类化合物，可以提高植物的抗逆性。王炳奎（1993）研究表明，BR 浸种 24 h，既能促进水稻幼苗在 18 ℃下的生长并使低温胁迫（5 ℃ ±1 ℃，48 h）后在 28 ℃下迅速恢复生长。有效地降低相对电导率，维持较高的超氧化物歧化酶（SOD）活性。

（5）耕作整地措施研究

通过田间增施有机肥，改善土壤结构，从而增强土壤保墒以及植株抗旱防寒能力；也可通过增施磷肥，调整氮磷比例，从而促进根系发育，提高植株的吸收机能以及受害后的恢复功能（李茂松等，2005a）。

耕地粗糙、没有浇冻水的麦田，会导致麦田底墒不足，导致小麦干旱缺水，加重冻害死苗。若翌年小麦返青后进行镇压、划锄、喷施延缓剂，可抗御早春冻害和晚霜冻害。

黄淮麦区秋冬干旱发生频率较高，浇越冬水不仅可以紧实土壤，利用水热容量大，可稳定地温，有利于小麦安全越冬，而且可以促进次生根的生长发育，提高分蘖成穗率；缓解春季土壤干旱，对防御低温有一定作用。霜冻来临前灌溉对减轻小麦冻害效果明显。

综上所述，在农业干旱防控技术方面，前人研发了灌溉技术、集水技术、抑蒸技术以及集水技术等干旱防控技术；近20年来，在低温灾害防控技术方面，气象、农业等多部门联合攻关，探索主要作物低温冷害防控技术，总结提炼了主动防御、被动防御及应急防御相结合技术体系，特别是在玉米、水稻低温冷害和霜冻害等方面取得明显进展。但仍存在着技术标准化程度不够、区域防控技术集成与示范方面薄弱等问题。

1.4 小 结

北方地区在我国粮食安全中占有举足轻重的地位，干旱和低温灾害是影响该地区粮食生产的主要农业气象灾害。气候变暖背景下，干旱发生范围扩大、影响程度加重，低温灾害的不确定性和突发现象明显增多，急需深入开展北方地区干旱和低温灾害应急防控技术及其优化集成与示范研究。

课题依托"十二五"国家科技支撑计划项目，以小麦、水稻、玉米等主要作物干旱和低温灾害为研究对象，在"生物抗灾、结构避灾、技术减灾"总体思想指导下，在北方地区重点开展了干旱和低温灾害分布特征及影响研究，构建了作物干旱和低温形态和生理指标，研发了干旱和低温灾害防御技术、应急技术和补救技术，并综合集成了针对北方地区干旱和低温灾害的应急与防控技术，本书汇总了课题各研究团队多年研究成果与长期相关研究积累，为指导区域农业防灾避灾，促进农业可持续发展，提供科技支撑。

参考文献

巴特尔·巴克，郑大玮，肉孜·阿基，等.2006.北京地区冬小麦冻害预报系统初探［J］.中国农业气象（4）：79-82.

北方主要作物冷害研究协作组.1981.东北地区粮食作物冷害规律的研究［J］.气象：20-22.

北京农业大学农业气象专业农业气候教学组.1987.农业气候学［M］.北京：农业出版社.

曹玉琴，刘彦明.1994.旱作农田沟垄覆盖集水栽培技术的试验研究［J］.干旱地区农业研究，12（1）：74-77.

成林，张广周，陈怀亮．2014．华北冬小麦夏玉米两熟区干旱特征分析［J］．气象与环境科学，37（4）：8-16．

陈德亮．2012．气候变化背景下中国重大农业气象灾害预测预警技术研究［J］．科技导报，19：3．

陈方藻，刘江，李茂松．2011．60年来中国农业干旱时空演替规律研究［J］．西南师范大学学报（自然科学版），36（4）：111-114．

陈怀亮，邓伟，张雪芬，等．2006．河南小麦生产农业气象灾害风险分析及区划［J］．自然灾害学报，15（1）：135-143．

陈书强，杨丽敏，赵海新，等．2012．寒地水稻低温冷害防御技术研究进展［J］．沈阳农业大学学报，43（6）：693-698．

代立芹，李春强，姚树然，等．2010．气候变暖背景下河北省冬小麦冻害变化分析［J］．中国农业气象，（3）：145-149．

代立芹，于长文，康西言，等．2014．河北省冬小麦春季霜冻害发生规律及风险分析［J］．干旱区资源与环境，28（5）：134-139．

丁士晟．1980．东北地区夏季低温的气候分析及其对农业生产的影响［J］．气象学报，38（3）：234-242．

董秋婷，李茂松，刘江，等．2011．近50年东北地区春玉米干旱的时空演变特征［J］．自然灾害学报，20（4）：52-59．

董振国．1985．对土壤水分指标的研究［J］．气象（1）：32-33．

方文松，朱自玺，刘荣花，等．2009．秸秆覆盖农田的小气候特征和增产机理研究［J］．干旱地区农业研究，27（6）：123-128．

冯定原，邱新法，李琳一．1992．我国农业干旱的指标和时空分布特征［J］．南京气象学院学报，15（4）：508-516．

冯平，朱元生．1997．干旱灾害的识别途径［J］．自然灾害学报，6（3）：42-47．

冯玉香，何维勋，孙忠富，等．1999．我国冬小麦霜冻害的气候分析［J］．作物学报，25（3）：335-340．

高山，于永辉，廉洪伟，等．2008．黑龙江水稻花期障碍型冷害及其防御研究［J］．安徽农业科学，36（29）：12763-12764，12767．

高晓容，王春乙，张继权，等．2012a．近50年东北玉米生育阶段需水量及旱涝时空变化［J］．农业工程学报，28（12）：101-109．

高晓容，王春乙，张继权．2012b．东北玉米低温冷害时空分布与多时间尺度变化规律分析［J］．灾害学，27（4）：65-70．

高玉兰，杨凤书，赵翠媛，等．2011．河北省农业气象灾害的时空分布与减灾对策分析［J］．安徽农业科学（15）：231-233．

耿立清，张凤鸣，许显滨，等．2004．低温冷害对黑龙江水稻生产的影响及防御对策［J］．中国稻米

（5）：33.

龚绍先，张林，顾煜时 . 1982. 冬小麦越冬冻害的模拟研究 [J]. 农业气象（11）：32 - 34.

龚月桦，杨俊峰，王俊儒，等 . 2007. 覆膜对小麦 14C 储备物在灌浆期转运分配的影响 [J]. 中国农业科学，40（2）.

顾万荣，葛自强，陈源，等 . 2005. 中国作物化控栽培工程技术研究进展及展望 [J]. 中国农学通报，07：400 - 405.

顾颖，刘静楠，林锦 . 2010. 近 60 年来我国干旱灾害特点和情势分析 [J]. 水利水电技术，41（1）：71 - 74.

韩思明，史俊通，杨春峰，等 . 1993. 渭北旱塬夏闲地聚水保墒耕作技术的研究 [J]. 干旱地区农业研究，（增刊）：46 - 51.

郝志新，郑景云，陶向新 . 2001. 气候增暖背景下的冬小麦种植北界研究——以辽宁省为例 [J]. 地理科学进展（3）：55 - 62.

何维勋，冯玉香，朱巨龙 . 1993. 晴夜作物叶片温度的变化特点及其在霜冻防御上的应用 [J]. 中国农业小气候研究进展（4）：321 - 325.

胡芬 . 1981. 水稻花期低温冷害的气象指标与机理 [J]. 中国农业科学（2）：60 - 64.

胡继超，姜东，曹卫星，等 . 2004. 短期干旱对水稻叶水势\光和作用及干物质分配的影响 [J]. 应用生态学报，15（1）：63 - 67.

黄晚华，杨晓光，曲辉辉，等 . 2009. 基于作物水分亏缺指数的春玉米季节性干旱时空特征分析 [J]. 农业工程学报，25（8）：28 - 34.

霍治国，李世奎，王素艳，等 . 2003. 主要农业气象灾害风险评估技术及其应用研究 [J]，自然资源学报，18（6）：692 - 703.

纪仰慧，王晾晾，姜丽霞，等 . 2011. 黑龙江省 2009 年水稻障碍型冷害评估 [J]. 气象科技，39（3）：374 - 378.

姜丽霞，李帅，申双和，等 . 2010. 近 46a 黑龙江水稻障碍型冷害及其与气候生产力的关系 [J]. 大气科学学报，33（3）：315 - 320.

姜丽霞，李帅，闫平，等 . 2009. 黑龙江水稻冷害（九）冷害的空间分布规律 [J]. 黑龙江农业科学（6）：12 - 15.

矫江，许显滨，孟英 . 2004. 黑龙江省水稻低温冷害及对策研究 [J]. 中国农业气象，25（2）：26 - 28.

金善宝 . 1996. 中国小麦学 [M]. 北京：中国农业出版社 .

亢艳莉 . 2007. 气候变化对宁夏农业的影响 [J]. 农业网络信息（6）：125 - 128.

李国芸，李志伟，甄焕菊，等 . 2007. 水分胁迫条件下烟草生理生化响应研究进展 [J]. 中国农学通报，23，（9）：298 - 301.

李克南，杨晓光，慕臣英，等 . 2013. 全球气候变暖对中国种植制度可能影响 VIII. 气候变化对中国冬小麦冬春性品种种植界限的影响 [J].中国农业科学 (8)：1 583 - 1 594.

李茂松，王道龙，钟秀丽，等.2005a. 冬小麦霜冻害研究现状与展望 [J].自然灾害学报，14 (4)：72 - 78.

李茂松，王道龙，张强，等.2005b.2004 - 2005 年黄淮海地区冬小麦冻害成因分析 [J].自然灾害学报 (4)：55 - 59.

李星敏，杨文峰，高蓓，等.2007.气象与农业业务化干旱指标的研究与应用现状 [J].西北农林科技大学学报 (自然科学版)，35 (7)：112 - 115.

李应林，高素华.2010.我国春玉米水分供需状况分析 [J].气象 (技术交流)，28 (2)：29 - 33.

梁颖.2003.DA - 6 对水稻幼苗抗冷性的影响 [J].山地农业生物学报，22 (2)：95 - 98.

刘超，汪有科，湛景武，等.2008.秸秆覆盖量对农田土面蒸发的影响 [J].农业工程学报，5 (24)：448 - 451.

刘庚山，郭安红，安顺清，等.2004.帕默尔干旱指标及其应用研究进展 [J].自然灾害学报，13 (4)：21 - 27.

刘引鸽.2003.西北干旱灾害及其气候趋势研究 [J].干旱区资源与环境，17 (4)：113 - 116.

刘志娟，杨晓光，王文峰，等.2010.全球气候变暖对中国种植制度可能影响Ⅳ.未来气候变暖对东北三省春玉米种植北界的可能影响 [J].中国农业科学，43 (11)：2 280 - 2 291.

卢少云，陈斯曼，陈斯平，等.2003.ABA 多效唑和烯效唑提高狗牙根抗旱性的效应 [J].草业学报，12 (3)：100 - 104.

鲁向晖，高鹏，王飞，等.2008.宁夏南部山区秸秆覆盖对春玉米水分利用及产量的影响 [J].土壤通报，39 (6)：1 248 - 1 251.

罗明华，罗英，王璞.2010.水杨酸处理对干旱胁迫下丹参幼苗抗氧化能力的影响 [J].干旱地区农业研究 (4)：102 - 105.

罗新兰，张彦，孙忠富，等.2011.黄淮平原冬小麦霜冻害时空分布特点的研究 [J].中国农学通报，27 (18)：45 - 50.

马树庆，王琪，沈亨文，等.2003.水稻障碍型冷害损失评估及预测动态模型研究 [J].气象学报，61 (4)：507 - 512.

马树庆，王琪，王春乙，等.2008.东北地区玉米低温冷害气候和经济损失风险分区 [J].地理研究，27 (5)：1 169 - 1 177.

马树庆，王琪，王春乙，等.2011.东北地区玉米低温冷害气候和经济损失风险分区 [J].地理研究，30 (5)：931 - 938.

孟祥君，吴正方，杜海波，等.2012.1961—2010 年吉林省 5 - 9 月各月发生的低温冷害变化特征 [J].东北师大学报 (自然科学版)，44 (3)：112 - 117.

潘铁夫，方展森.1988.中国东北地区农作物冷害发生规律及防御途径 [J].中国农业气象 (1)：48 - 50.

亓来福.1979.东北低温冷害的分析研究 [J].气象科技,3:25-28.

钱正安,吴统文,宋敏红,等.2001.干旱灾害和我国西北干旱气候的研究进展及问题 [J].地球科学
　　进展,16 (1):28-38.

秦大河.2008.影响我国的主要气象灾害及其发展态势 [J].中国应急救援,6:4-6.

秦大河.2009.气候变化与干旱 [J].科技导报,27 (11):3.

秦舒浩,张俊莲,王蒂,等.2011.覆膜与沟垄种植模式对旱作马铃薯产量形成及水分运移的影响
　　[J].应用生态学报,22 (2):389-394

邱上深.1994.水稻冷害机制探讨 [J].中国农业气象,5:41-44.

曲辉辉,姜丽霞,朱海霞,等.2011.孕穗期低温对黑龙江省主栽水稻品种空壳率的影响 [J].生态学
　　杂志 (30):489-493.

任书杰,李世清,王俊,等.2003.半干旱农田生态系统覆膜进程和施肥对春小麦耗水量及水分利用
　　效率的影响 [J].西北农林科技大学学报,31 (4):1-5.

山仑,邓西平,苏佩,等.2000.挖掘作物抗旱节水潜力——作物对多变低水环境的适应与调节 [J].
　　中国农业科技导报,2 (2):60-67.

宋胜,冯乃杰,郑殿峰.2008.烯效唑浸种对大豆种子萌发及保护性酶系的影响 [J].大豆科学,27
　　(2):259-266.

孙荣强.1994.干旱定义及其指标评述 [J].灾害学,9 (1):17-21.

孙玉亭,曹英,祖世亨,等.1986.黑龙江省农业气候资源及其利用 [M].北京:气象出版社:
　　327-328.

汤日圣,王红,曹显祖.2002.MeJA 对水稻种子萌发和秧苗生长的调控效应 [J].作物学报,28 (3):
　　333-338.

唐涛,郝明德,单凤霞.2008.人工降雨条件下秸秆覆盖减少水土流失的效应研究 [J].水土保持研
　　究,15 (1):9-11,40.

陶祖文,琚克德.1962.冬小麦霜冻气象指标的探讨 [J].气象学报,32 (3):215-223.

王炳奎.1993.表油菜素内酯对水稻幼苗抗冷性的影响 [J].植物生理学通讯,19 (1):38-42.

王春乙,娄秀荣,王建林.2007 中国农业气象灾害对作物产量的影响 [J].自然灾害学报,16 (5):
　　37-43.

王春乙,毛飞.1999.东北地区低温冷害的分布特征农作物低温冷害综合防御技术研究 [J].北京:气
　　象出版社:9-15.

王记芳,朱业玉,刘和平.2007.近 28a 河南主要农业气象灾害及其影响 [J].气象与环境科学,
　　(B09):11-13.

王密侠,胡彦华,熊运章.1996.陕西省作物旱情预报系统的研究 [J].西北水资源与水工程,7
　　(2):52-56.

王密侠,马成军,蔡焕杰.1998.农业干旱指标研究与进展 [J].干旱地区农业研究,16 (3):

119 – 124.

王萍, 王桂霞, 石剑, 等. 2003. 黑龙江省 2002 年农业气象灾害综述 [J]. 黑龙江气象 (3): 24 – 25.

王琦, 张恩和, 李凤民. 2004. 半干旱地区膜垄和土垄的集雨效率和不同集雨时期土壤水分比较 [J]. 生态学报, 24 (8): 1 820 – 1 823.

王三根, 梁颖. 1995. 6 – BA 对低温下水稻幼苗细胞膜系统保护作用的研究 [J]. 中国水稻科学, 9 (4): 223 – 229.

王书裕. 1982. 东北地区作物冷害区划 [J]. 气象: 26 – 28.

王维, 郑曙峰, 路曦结, 等. 2009. 农田秸秆覆盖技术研究进展 [J]. 安徽农业科学, 37 (18): 8 343 – 8 346.

王夏. 2012. 冬小麦低温灾害影响与诊断方法研究 [D]. 北京: 中国农业科学院.

王昕, 贾志宽, 韩清芳, 等. 2009. 半干旱区秸秆覆盖量对土壤水分保蓄及作物水分利用效率的影响 [J]. 干旱地区农业研究, 27 (4): 196 – 202.

王雨, 杨修. 2007. 黑龙江省水稻气象灾害损失评估 [J]. 中国农业气象, 28 (4): 457 – 459.

王兆伟, 郝卫平, 龚道枝, 等. 2010. 秸秆覆盖量对农田土壤水分和温度动态的影响 [J]. 中国农业气象, 31 (2): 244 – 250.

王志兴, 岳平, 李春红, 等. 1995. 对农业干旱及干旱指数计算方法的探讨 [J]. 黑龙江水利科技, 12 (2): 77 – 81.

杨俊峰, 龚月桦, 王俊儒, 等. 2007. 旱地覆膜对冬小麦14C 同化物转运分配的影响 [J]. 核农学报, 21 (1): 70 – 74.

杨伟, 张国斌, 肖雪梅, 等. 2015. 水杨酸对不同灌水下限青花菜根系生长、根冠比及叶片抗氧化酶活性的影响 [J]. 干旱地区农业研究, 03: 148 – 152.

杨晓光, 刘志娟, 陈阜. 2010a. 全球气候变暖对中国种植制度可能影响 I. 气候变暖对中国种植制度北界和粮食产量可能影响的分析 [J]. 中国农业科学, 43 (2): 329 – 336.

杨晓光, 李茂松, 霍治国. 2010b. 农业气象灾害及其减灾技术 [M]. 北京: 化学工业出版社, 43 – 54.

杨晓光, 刘志娟, 陈阜. 2011. 全球气候变暖对中国种植制度可能影响 VI. 未来气候变化对中国种植制度北界的可能影响 [J]. 中国农业科学, 44 (8): 1 562 – 1 570.

杨兴洪, 邹琦, 王玮. 1999. 提高作物抗旱性的化学调控技术 [J]. 中国农学通报, 15 (5): 47 – 49.

杨英良, 潘万清, 王连敏. 1993. 三江平原地区农作物低温冷害发生规律 [J]. 中国农业气象, 14 (4): 45 – 47.

姚玉璧, 张存杰, 邓振镛, 等. 2007. 气象、农业干旱指标综述 [J]. 干旱地区农业研究, 25 (1): 186 – 189.

袁振, 汪宝卿, 姜瑶, 等. 2015. 烯效唑对不同耐旱性甘薯苗期根系生理生化特性的影响 [J]. 农业科学与技术 (英文版) (4): 629 – 633

翟治芬, 赵元忠, 景明, 等. 2010. 秸秆和地膜覆盖下春玉米农田腾发特征研究 [J]. 中国生态农业学报, 18 (1): 62-66.

曾红远, 熊路, 吴佳宝, 等. 2012. 农作物覆膜栽培研究进展 [J]. 湖南农业科学, 11: 32-34.

曾正兵, 钟秀丽, 王道龙, 等. 2006. 冬小麦拔节后幼穗低温敏感期的鉴定 [J]. 自然灾害学报, 15 (6): 297-300.

张爱军, 商振清, 董永华, 等. 2000. 6-BA 和 KT 对干旱条件下小麦旗叶甘油醛-3-磷酸脱氢酶及光合作用的影响 [J]. 河北农业大学学报, 02: 37-41.

张存杰, 王胜, 宋艳玲, 等. 2014. 我国北方地区冬小麦干旱灾害风险评估 [J]. 干旱气象, 32 (6): 883-893.

张俊鹏, 孙景生, 刘祖贵, 等. 2009. 不同麦秸覆盖量对夏玉米田棵间土壤蒸发和地温的影响 [J]. 干旱地区农业研究, 27 (1): 95-100.

张强, 潘学标, 马柱国. 2009. 干旱 [M]. 北京: 气象出版社.

张强, 邹旭凯, 肖风劲, 等. 2006. GB/T20481-2006, 气象干旱等级 [M]. 中华人民共和国国家标准. 北京: 中国标准出版社.

张淑杰, 张玉书, 纪瑞鹏, 等. 2011. 东北地区玉米干旱时空特征分析 [J]. 干旱地区农业研究, 29 (1): 231-236.

张雪芬, 郑有飞, 王春乙, 等. 2009. 冬小麦晚霜冻害时空分布与多时间尺度变化规律分析 [J]. 气象学报, 67 (2): 321-330.

张艳红, 吕厚荃, 李森. 2008. 作物水分亏缺指数在农业干旱监测中的适用性 [J]. 气象科技, 36 (5): 596-600.

张叶, 罗怀良. 2006. 农业气象干旱指标研究综述 [J]. 资源开发与市场, 22 (1): 50-52.

赵俊芳, 杨晓光, 刘志娟. 2009. 气候变暖对东北三省春玉米严重低温冷害及种植布局的影响 [J]. 生态学报, 29 (12): 1-8.

赵黎明, 王丽萍, 沈巧梅, 等. 2011. 化控技术及其在水稻冷害上的研究进展 [J]. 北方水稻, 41 (1): 72-76.

赵明兴, 史金良, 杨绍华. 2011. 水稻障碍型冷害及防御 [J]. 绿色科技 (1): 57-58.

郑大玮, 龚绍先, 郑维, 等. 1985. 冬小麦冻害及其防御 [M]. 北京: 气象出版社.

中国气象局. 2009. 水稻、玉米冷害等级. 中华人民共和国气象行业标准 (QX/T101-2009) [M]. 北京: 气象出版社.

中国气象局. 2010. 中国气象灾害年鉴 (2010) [M]. 北京: 气象出版社.

中华人民共和国国家统计局. 2000—2013. 中国统计年鉴. 北京: 中国统计出版社.

周广胜. 2015. 气候变化对中国农业生产影响研究展望 [J]. 气象与环境科学, 38 (1): 80-94.

朱海霞, 王秋京, 闫平, 等. 2012. 孕穗抽穗期低温处理对黑龙江省主栽水稻品种结实率的影响 [J]. 中国农业气象, 33 (2): 304-309.

竺可桢 . 1964. 论我国气候的几个特点及其与粮食作物生产的关系 [J]. 地理学报, 20 (1): 1 – 13.

宗学凤, 刘大军, 王三根, 等 . 1998. 细胞分裂素对冷害水稻幼苗膜保护酶热稳定蛋白和能量代谢的影响研究 [J]. 西南农业大学学报, 20 (6): 573 – 576.

宗学凤 . 1997. 胆固醇和 6 – BA 对水稻幼苗生长及其抗冷性影响的研究 [D]. 重庆: 西南农业大学 .

祖世亨 . 1980. 寒地水稻冷害指标的研究 [J]. 黑龙江农业科学 (1): 31 – 37.

佐竹彻夫 . 1978. 水稻障碍性冷害 [J]. 国外农业科技部资料 (4): 41 – 50.

Allen R G, Luis S P, Raes D, et al. 1998. Crop evapotranspiration-Guidelines for computing crop water requirements [M]. Rome: FAO Irrigation and Drainage Paper 56, 15 – 86.

Allen E, Limin D, Brian Fowler. 2006. Low-temperature tolerance and genetic potential in wheat (Triticum aestivum L.): response to photoperiod, vernalization, and plant development [J]. Planta, 224: 360 – 366.

Chernyad'ev I I. 2000. Photosynthesis in sugarbeet plants treated with benzyladenine and metribuzin during leaf development [J]. Russian J Plant Physiol, 47 (2): 161 – 167.

Duff G A, Myers B A, Williams R J, et al. 1997. Seasonal patterns in soil moisture, vapour pressure deficit, tree canopy cover and pre-dawn water potential in a northern Australian savanna [J]. Australian Journal of Botany, 45 (2): 211 – 224.

Evenari M, Shanan L, Tadmor N H. 1968. Run off farming in the desert. I. Experimental layout [J]. Agron. J., 60 (1): 29 – 38.

Fowler D B, Limin A E, Ritchie J T. 1999. Low-temperature tolerance in cereals: model and genetic interpretation [J]. Crop Science, 39: 626 – 633.

Gupta G N, Limba N K, Mutha S. 1999. Growth of prosopis cineraria on microcatchments in an arid region [J]. Annals of Arid Zone, 38 (1): 37 – 44.

Kramer P J. 1985. An early discussion of cell water relation in thermodynamic terminology [J]. Plant, Cell & Environment, 8 (3): 171 – 172.

Li X Y, Gong J D, Wei X H. 2000. In situ rainwater harvesting and gravel mulch combination for corn production in the dry semi-arid region of China [J]. Arid Environ., 46: 371 – 382.

Li X Y, Gong J D, Gao Q Z, et al. 2001. Incorporation of ridge and furrow method of rainfall harvesting with mulching for crop production under semiarid conditions [J]. Agric Water Manag, 50: 173 – 183.

Reiz C, Maulder P, Begemann L. 1988. Water harvesting for plant production [M]. World Bank Technical Paper 91, Washington, DC, USA.

Sharma K D, Pareek O P, Singh H P. 1982. Effect of runoff concentration on growth and yield of Jojoba [J]. Agricultural Water Management, 5: 73 – 85.

Zhang L, Li X, Zhang L, et al. 2014. Role of abscisic acid (ABA) in modulating the responses of two apple rootstocks to drought stress [J]. Pak J Bot, 46 (1): 117 – 126.

第2章 北方地区主要作物干旱和低温灾害分布特征

本章重点分析近50年来北方地区主要作物干旱和低温灾害时空特征，为北方地区干旱和低温灾害防灾减灾技术研发提供科学依据。

2.1 气候变化背景下北方地区降水和温度分布特征

气候变化背景下，极端天气气候事件发生频率增加，直接影响作物生长发育和产量形成。为了说明气候变化背景下，北方地区气候资源变化特征，本节利用1961—2010年气候资料，比较分析了1961—1980年（时段Ⅰ）和1981—2010年（时段Ⅱ）两个时段，全年以及≥0℃和≥10℃界限温度范围内降水和热量资源时空变化特征，为我国北方地区低温灾害和干旱发生特征提供气候变化背景特征。

2.1.1 降水分布特征

图2.1为1961—2010年中国北方地区年降水量变化趋势。由图可以看出：过去50年我国北方地区年降水量总体表现为西部地区呈增加趋势，东部地区呈减少趋势；降水量变化趋势的零值线北起内蒙古的满都拉，经内蒙古的吉兰太、甘肃省景泰、止于青海省达日；零值线西北部区域年降水量呈增加趋势，东南部呈减少趋势。年降水量减幅最明显［< -20.0 mm·$(10a)^{-1}$］的区域主要包括甘肃省华家岭、山东省日照、山西省临汾、陕西省华山和绥德、河北省保定和山东省秦皇岛一带，以及辽宁省营口、庄河和大连一带。从东北、西北、华北的年降水量平均气候倾向率来看，1961—2010年，三大区域年降水量总体表现为减少趋势，其中减幅最大的是华北地区［18.1 mm·$(10a)^{-1}$］，其次为东北和西北地区。

表2.1可见全年以及≥0℃和≥10℃界限温度范围内降水量变化特征。与时段Ⅰ相比，时段Ⅱ西北地区和东北地区年降水量为增加趋势，分别增加了3.3 mm（6.2%）和5.7 mm（1.7%）。而华北地区的年降水量为减少趋势，减少了46.3 mm（7.2%）。

图 2.1　1961—2010 年中国北方地区年降水量变化趋势

表 2.1　北方地区各区域降水资源时段 Ⅱ 与时段 Ⅰ 的差值及增减率

时间尺度	项目	西北	华北	东北
全年	差值（mm）	3.3	-46.3	5.7
	增减率（%）	6.2	-7.2	1.7
≥0 ℃界限温度范围内	差值（mm）	2.4	-43.6	—
	增减率（%）	7.4	-7.1	—
≥10 ℃界限温度范围内	差值（mm）	7.3	-35.8	5.9
	增减率（%）	21.8	-4.9	1.7

注：增减率"＋"为增加，"－"为减少。"—"表示没有该对应项的数值。

　　图 2.2 为 1961—2010 年中国北方地区 ≥0 ℃界限温度范围内降水量变化趋势。由图可以看出：过去 50 年北方地区 ≥0 ℃界限温度范围内降水量气候倾向率在 -43.3 ~ 25.8 mm·(10a)$^{-1}$之间，其中 54% 的站点降水量呈减少趋势。≥0 ℃界限温度范围内降水量气候倾向率的零值线为内蒙古乌拉特后、吉兰太、甘肃省景泰、青海省恰卜恰和杂多一带，该线以西地区的降水量呈增加趋势，而以东地区降水量呈减少趋势；而河南省开封和南阳一线降水量的气候倾向率等于零，该线以南的河南省东南部地区的降水量呈增加趋势；降水量减少的高值区 [< -6.0 mm·(10a)$^{-1}$] 主要包括甘肃省南部，陕西、山西、河北和山东 4 省的大部地区，以及河南省的西北部地区；降水量

增幅较大［>5.0 mm·(10a)⁻¹］的区域主要包括新疆北部地区，河南省东南部，以及青海省德令哈、玛多、西宁和甘肃省的永昌一带。从各区域的平均变化趋势来看，1961—2010 年，西北和华北地区的≥0 ℃界限温度范围内降水量均表现为减少趋势，其中华北地区每 10 年减少 12.4 mm。

从表 2.1 可以看出，与时段Ⅰ相比，时段Ⅱ华北地区≥0 ℃界限温度范围内降水量减少了 43.6 mm（7.1%），而西北地区增加了 2.4 mm（7.4%）。

图 2.2　1961—2010 年中国北方地区≥0 ℃界限温度范围内降水量变化趋势

图 2.3 为 1961—2010 年中国北方地区≥10 ℃界限温度范围内降水量变化趋势。由图可以看出：≥10 ℃界限温度范围内降水量变化趋势的范围在 -48 ~ 53 mm·(10a)⁻¹，其分布特征与年降水量非常相似，即西部地区为增加趋势，东部地区为减少趋势，造成这个现象的原因主要是北方地区全年的降水量季节上分布不均，绝大多数的降水出现在≥10 ℃界限温度范围内。≥10 ℃界限温度范围内降水量变化趋势零值线整体较年降水量向东南方向移动；≥10 ℃界限温度范围内降水量变化趋势低值区［< -10.0 mm·(10a)⁻¹］主要包括河北、北京和天津 3 省（市）的大部地区，山东省泰山、龙口和日照一带，辽宁省阜新、大连和桓仁一带，陕西省北部，以及山西省南部地区。从各区域的平均变化趋势来看，1961—2010 年，≥10 ℃界限温度范围内降水量增加的区域为西北地区，而华北和东北地区呈减少趋势。从表 2.1 可以看出，与时段Ⅰ相比，时段Ⅱ≥10 ℃界限温度范围内降水量增加的区域是西北地区和东北地区，

而华北地区呈减少趋势，减少了 35.8 mm。

综上可知，研究时段内全年降水量、≥0 ℃和≥10 ℃界限温度范围内降水量总体均表现为减少趋势，但减幅较小。从区域分布来看，华北地区的年降水量、≥0 ℃和≥10 ℃界限温度范围内降水量以及东北地区年降水量和≥10 ℃界限温度范围内降水量均表现为减少的趋势，西北地区的年降水量和≥10 ℃界限温度范围内降水量均呈增加趋势。

$[mm \cdot (10 \ a)^{-1}]$
- $-48 \sim -10$
- $-10 \sim 0$
- $0 \sim 10$
- $10 \sim 53$

图 2.3　1961—2010 年中国北方地区≥10 ℃界限温度范围内降水量变化趋势

2.1.2　热量资源分布特征

图 2.4 为 1961—2010 年北方地区年平均气温变化趋势。由图可以看出：近 50 年北方地区年平均气温变化趋势在 $-0.24 \sim 1.46$ ℃ $\cdot (10 \ a)^{-1}$，总体表现为增加趋势；从空间来看，年平均气温增速最大的区域 $[> 0.40$ ℃ $\cdot (10 \ a)^{-1}]$ 为黑龙江省佳木斯、吉林省四平、内蒙古自治区的巴林左旗、河北省保定、宁夏的盐池、内蒙古自治区的阿拉善、额济纳旗一线以北地区，以及新疆北部边缘地区和青海省大柴旦、德令哈和格尔木一带。比较各区域的平均变化趋势，近 50 年年平均气温增幅最大的是东北地区 $[0.34$ ℃ $\cdot (10 \ a)^{-1}]$，其次依次为西北地区和华北地区。与时段 I 相比，时段 II 东北地区年平均温度增加了 0.9 ℃，其次为西北地区，增加了 0.8 ℃，华北地区增加了 0.6 ℃。

图 2.4　1961—2010 年中国北方地区年平均气温变化趋势

表 2.2　北方地区各区域热量资源时段 II 与时段 I 的差值及增减率

气候要素	项目	西北	华北	东北
年平均气温	差值（℃）	0.8	0.6	0.9
	增减率（%）	37.5	5.2	12.2
≥0 ℃积温	差值（℃·d）	147.3	142.3	—
	增减率（%）	5.3	3.9	—
≥10 ℃积温	差值（℃·d）	133.6	146.8	145.6
	增减率（%）	16.8	8.6	5.4

注：增减率"＋"为增加，"－"为减少。"—"表示没有该对应项的数值。

从图 2.5 可以看出：1961—2010 年，北方地区 ≥0 ℃界限温度范围内 ≥0 ℃积温变化趋势的范围在 -43.6 ~ 253.4 ℃·d·(10 a)$^{-1}$，除新疆北部的个别站点外，北方地区 ≥0 ℃积温呈增加趋势；各区域比较而言，1961—2010 年，西北地区和华北地区 ≥0 ℃积温的平均增幅差异很小，二者分别为 73.6 ℃·d·(10 a)$^{-1}$ 和 67.7 ℃·d·(10 a)$^{-1}$。从表 2.2 可以看出，与时段 I 相比，时段 II 西北地区 ≥0 ℃积温增加了 147.3 ℃·d，而华北地区的增加值较西北地区少，为 142.3 ℃·d。

从图 2.6 可以看出：1961—2010 年北方地区 ≥10 ℃界限温度范围内 ≥10 ℃积温的变化趋势的范围为 -61.9 ~ 244.7 ℃·d·(10 a)$^{-1}$，除新疆北部的个别站点外，均呈增加趋势；从各区域 ≥10 ℃积温变化趋势来看，1961—2010 年，≥10 ℃积温增幅最大的是华北地区，其次为东北和西北地区。从表2.2可以看出，与时段Ⅰ相比，时段Ⅱ华北地区≥10 ℃积温增加值最大，达146.8 ℃·d，而增加值最小的为西北地区，仅133.6 ℃·d。但从积温的增减率来看，各区域在5.4%～16.8%，相比而言，区域之间差异比较小。

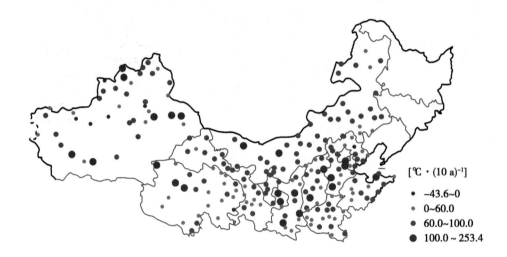

[℃·(10 a)⁻¹]
· −43.6～0
· 0～60.0
· 60.0～100.0
● 100.0～253.4

图2.5　1961—2010年中国北方地区≥0 ℃界限温度范围内≥0 ℃积温变化趋势

[℃·(10 a)⁻¹]
· −61.9～0
· 0～60.0
· 60.0～100.0
● 100.0～244.7

图2.6　1961—2010年中国北方地区≥10 ℃界限温度范围内≥10 ℃积温变化趋势

综上所述，1961—2010年，北方地区热量资源（年平均气温、≥0 ℃和≥10 ℃积温）总体均呈增加趋势，年平均气温和≥10 ℃积温增幅最大的区域是东北地区，≥0 ℃积温增幅最大的区域为西北地区。

2.2　北方地区干旱时空特征

本节基于 1961—2010 年北方地区气象站点逐日气象资料以及春玉米生育期资料，利用农业干旱指标作物水分亏缺指数 CWDI（中国气象局，2015），分析北方地区主要作物小麦和玉米各生育阶段不同等级干旱的发生频率（即某一站点某一阶段干旱发生的年次数与总年数之比）和干旱强度，得到干旱频率空间分布特征和干旱强度年际变化趋势（董朝阳等，2013）。中国气象局行业标准（中国气象局，2015）中规定了作物水分亏缺指数的计算方法和干旱等级，但该指标等级的划分是针对全国平均状况的，为使作物水分亏缺指数 CWDI 指标更适用于研究区域，我们在前人研究基础上，采用对典型站点的计算结果进行实际旱情验证方法，进一步校正了北方地区春玉米农业干旱指标的分级标准。

2.2.1　玉米干旱时空特征

干旱胁迫影响玉米的生长发育从而最终导致产量下降，其对产量影响不仅与干旱程度相关，同时亦与干旱发生时段密切相关（纪瑞鹏等，2012）。气候变化背景下北方地区干旱常态化，干旱程度呈加重趋势（Zhang，2004）。明确北方地区春玉米干旱特征可为防旱避灾、保障北方地区粮食安全提供科学参考。

2.2.1.1　北方地区春玉米干旱时间变化特征

（1）春玉米干旱的年际变化趋势

东北、华北和西北地区 1961—2010 年春玉米各生育阶段作物水分亏缺指数（CWDI）年际变化如图 2.7 所示。其中播种—拔节阶段如图 2.7（a）所示，东北地区春玉米 CWDI 在 21% ~ 54%，平均为 38%，变化趋势为 −0.94% · (10 a)$^{-1}$；华北地区春玉米 CWDI 在 26% ~ 72%，平均为 50%，变化趋势为 −0.48% · (10 a)$^{-1}$；西北地区在 51% ~ 76%，平均为 64%，变化趋势为 −0.31% · (10 a)$^{-1}$。由此可以看出，西北地区年际间变化不大，东北地区在 2000 年以后波动较为剧烈，而华北地区 20 世纪 90 年代波动剧烈。

拔节—抽雄阶段的变化如图 2.7（b）所示，东北地区为 22% ~ 63%，平均为 34%，变化趋势为 0.20% · (10 a)$^{-1}$；华北地区春玉米 CWDI 在 31% ~ 73%，平均为 52%，变化趋势为 −1.48% · (10 a)$^{-1}$；西北地区在 56% ~ 77%，平均为 66%，变化趋势为 −0.12% · (10 a)$^{-1}$。西北地区在平均值上下波动较小，东北地区从 20 世纪 90 年代初到 21 世纪初是剧烈波动期，华北地区在平均值上下波动幅度较大。

抽雄—成熟阶段的变化如图 2.7（c）所示，东北地区在 15% ~ 44%，平均为
32%，变化趋势为 1.23% · (10 a)$^{-1}$；华北地区春玉米 CWDI 在 24% ~ 60%，平均为
39%，变化趋势为 0.65% · (10 a)$^{-1}$；西北地区在 57% ~ 72%，平均为 66%，变化趋
势为 0.42% · (10 a)$^{-1}$。华北地区波动以 90 年代较为剧烈，西北地区波动更为平稳，
东北地区以 80 年代波动较为剧烈。

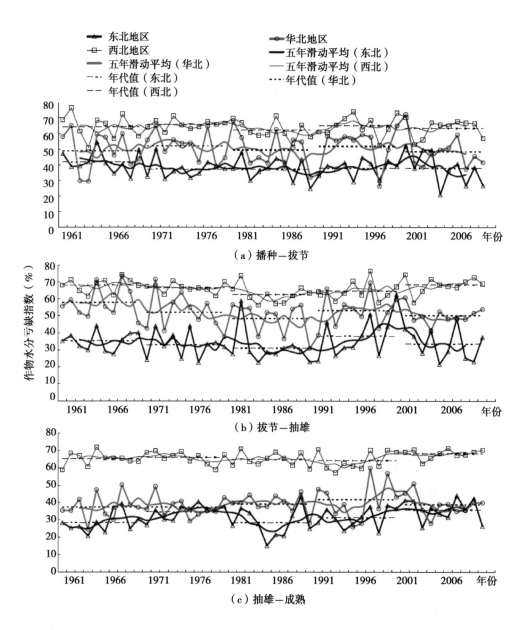

图 2.7　1961—2010 年东北、华北、西北地区春玉米不同生育
阶段作物水分亏缺指数（CWDI）年际变化

综上所述，春玉米水分亏缺指数（CWDI）在各生育阶段均表现为西北地区最高，华北地区次之，东北地区最低。50 年来 CWDI 年际间波动以西北地区最小，华北地区抽雄—成熟阶段水分亏缺程度最低，总体呈增加趋势；东北地区播种—拔节阶段受旱的频率最大，但呈降低的趋势；西北地区拔节—抽雄和抽雄—成熟阶段受旱的频率均较高。

（2）春玉米不同生育阶段干旱等级时间演变特征

图 2.8 为春玉米 3 个生育阶段（播种—拔节、拔节—抽雄和抽雄—成熟）5 个年代和 50 年平均的干旱等级空间分布，从图中可以看出，特旱主要分布在新疆大部、内蒙古西部和甘肃西北部；重旱主要分布在内蒙古中西部和甘肃中部；中旱主要分布在内蒙古中东部、宁夏北部、陕西北部和华北大部等地区；轻旱主要分布在黑龙江西北部、吉林西部、辽宁西部、内蒙古东北部和华北南部地区；无旱区主要包括甘肃南部、东北东部和华北南部地区。从 3 个生育阶段春玉米干旱等级的变化来看，播种—拔节阶段新疆北部、陕西南部、内蒙古东部、黑龙江西部、吉林西部以及辽宁西部等地区干旱等级较拔节—抽雄以及抽雄—成熟两个阶段有不同程度下降；拔节—抽雄阶段黑龙江东部地区的干旱等级较播种—拔节和抽雄—成熟干旱加重；在抽雄—成熟阶段，华北大部地区的干旱等级较另外两个生育阶段有不同程度下降。

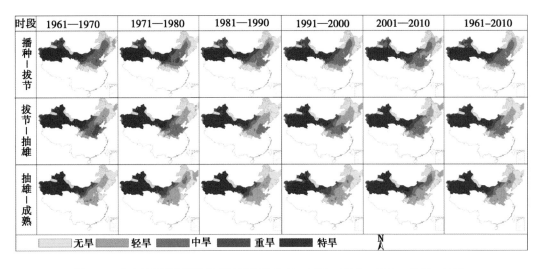

图 2.8　北方地区春玉米不同生育阶段 1961—1970、1971—1980、1981—1990、
1991—2000、2001—2010 和 1961—2010 干旱等级空间分布

北方地区春玉米 3 个生育阶段干旱等级的年代间变化特征，在播种—拔节阶段，河北中南部、黑龙江东部以及新疆北部部分地区年代间变化明显；其中河北中南部地区在 20 世纪 70 年代较其他年代由中旱区变为重旱区；黑龙江东部地区呈先下降后上升

的趋势，其在20世纪60年代和21世纪前10年较其他年代由无旱区变为轻旱区；新疆北部部分地区在21世纪前10年较其他年代由重旱区变为中旱区。

拔节—抽雄阶段干旱，内蒙古东北部、黑龙江东部、陕西大部和山西大部在20世纪80年代较其他年代均下降了一个等级；而华北地区中部，即河北、河南和山东三省交汇处在20世纪60年代为重旱区，其他年代较60年代相比均有不同程度的下降。

抽雄—成熟阶段干旱，华北地区发生轻旱的区域由东西向分布逐步变为全区域性后又变为南北向分布；黑龙江东部和西部、吉林西部、辽宁西部等地区干旱等级的年代间波动较大，增加和减少交替变化；内蒙古中东部地区在21世纪前10年较其他年代有不同程度的上升，呈现干旱化的趋势。

综合以上对春玉米3个生育阶段年代间干旱等级变化分析，可以得出，北方地区春玉米3个生育阶段干旱等级呈东西向的空间分布，自西向东分别为特旱区、重旱区、中旱区、轻旱区以及无旱区，年代间干旱等级变化明显的区域为华北中部地区和黑龙江东部地区。

2.2.1.2　北方地区春玉米干旱频率空间分布特征

根据干旱频率的计算方法，即某一站点某一阶段干旱发生的年次数与总年数之比，计算北方地区各地不同等级干旱的发生频率，在此基础上分析北方地区春玉米干旱的空间分布特征。

图2.9为1961—2010年北方地区春玉米不同生育阶段各等级干旱发生频率的空间分布。从同一生育阶段4个等级干旱的频率空间分布来看，特旱发生频率呈西高东低分布，高值区在新疆大部、内蒙古西北部和甘肃北部等地区，频率大于66.7%，即三年二遇以上；重旱主要集中在内蒙古中部、甘肃中部以及宁夏北部地区，中旱主要集中在东北西部、华北大部、内蒙古中部和东部以及西北局部地区，二者发生频率均大于20%，即五年一遇以上，并随着生育阶段更替有减轻的趋势；轻旱发生频率呈西低东高分布，高值区在东北大部、华北大部以及西北东南部，频率大于20%，即五年一遇以上。

从不同生育阶段4个等级干旱的发生频率的变动来看，随着生育阶段的更替变化明显的区域主要有新疆北部地区和华北中部地区，其中新疆北部地区在播种—拔节阶段中旱、重旱以及特旱发生频率均在20%以上，而轻旱在20%以下；到了拔节—抽雄阶段，特旱的发生频率上升到33.3%以上，而轻旱、中旱以及重旱的发生频率均有不同程度的下降；到了抽雄—成熟阶段，这种变化趋势更为明显，特旱的发生频率达到66.7%以上，表明该地区随着生育阶段的更替干旱程度在加重。而华北中部地区的轻旱随着生育阶段的更替呈增加趋势，中旱和重旱均呈减少趋势，特旱呈先增加后减小的趋势，特旱主要威胁拔节—抽雄阶段，轻旱主要威胁抽雄—成熟阶段，中旱、重旱主要威胁播种—拔节阶段。

将北方地区春玉米 3 个生育阶段 4 个等级干旱的发生频率累计得到北方地区春玉米 3 个生育阶段发生干旱的频率，结果表明，北方地区春玉米不同生育阶段累计干旱频率的空间分布呈现西北和华北地区高，东北地区低的特征。干旱的高发区主要分布在西北、华北大部分地区以及东北部分地区，频率在 66.7% 以上，干旱的低发区主要分布在吉林西南部、陕西南部以及甘肃部分地区，频率在 20% 以下。

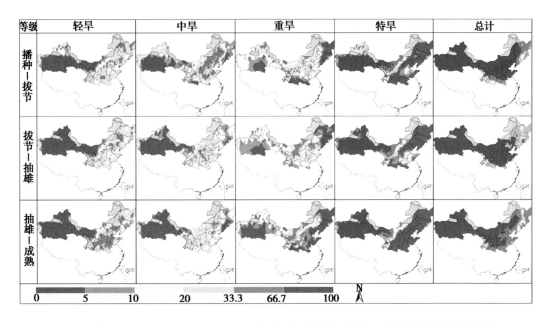

图 2.9　近 50 年（1961—2010 年）北方地区春玉米各生育阶段各等级干旱频率空间分布

通过比较 3 个生育阶段各地区干旱频率的变化，可以看出，随生育阶段变化明显的区域主要有内蒙古东部、东北西部以及华北中东部，其中内蒙古东部和东北西部在播种—拔节阶段干旱频率在 66.7% 以上，明显高于后两个生育阶段，说明在该阶段春旱发生较频繁；而华北中东部地区在抽雄—成熟阶段干旱频率在 66.7% 以下，明显低于前两个生育阶段，说明在生育后期干旱频率有降低的趋势。

综合春玉米不同生育阶段各等级干旱发生频率以及累计频率的空间特征分析，可以看出，北方地区春玉米干旱发生频率呈现西北和华北地区高，东北地区低的特征。干旱的高发区主要分布在西北、华北大部分地区以及东北部分地区，频率在 66.7% 以上，是干旱防控的重点。干旱的低发区主要分布在吉林西南部、陕西南部以及甘肃部分地区，频率在 20% 以下。对比不同区域各生育阶段干旱发生频率可以看出，华北中东部地区在抽雄—成熟阶段干旱频率在 66.7% 以下，明显低于前两个生育阶段，说明在生育后期干旱频率有降低的趋势；内蒙古东部和东北西部在播种—拔节阶段干旱频率在 66.7% 以上，明显高于后两个生育阶段，说明在该阶段春旱发生较频繁；西北地区拔节—抽雄和抽雄—成熟阶段受旱的频率均较高，是干旱防控应重点关注的时段。

2.2.2 小麦干旱时空特征

本节基于研究区域内冬小麦各生育阶段作物水分亏缺指数这一干旱指标以及干旱等级，并结合干旱发生频率及站次比，明确了冬小麦不同等级干旱空间分布以及时间演变趋势。

2.2.2.1 北方地区冬小麦干旱频率的空间分布

为了细致的分析冬小麦各生育阶段干旱特征，在此将冬小麦分为播种—越冬、越冬—返青、返青—开花和开花—成熟 4 个阶段，图 2.10 为冬小麦各生育阶段轻旱、中旱、重旱及特旱 4 种等级干旱发生频率的空间分布图，通过比较同一生育阶段不同等级干旱的频率空间分布，可以看出特旱在冬小麦生长季内发生频率很高，其发生频率呈明显的空间分布特征。西北地区特旱发生频率呈南高北低趋势，新疆中部以及南部地区特旱发生频率大于 66.7%，在三年二遇以上，新疆北部地区特旱发生频率大于 33.3%，在三年一遇以上。北部冬麦区特旱发生频率呈北高南低、东高西低的空间分布特征，高值区为河北地区，发生频率大于 66.7%，在三年二遇以上；重旱发生频率在北部冬麦区呈南高北低的空间分布特征，高值区主要集中在华北大部、甘肃陕西大部，发生频率大于 33.3%，在三年一遇以上。西北冬春麦区重旱发生频率呈北高南低空间分布特征，高值区在新疆北部区域，发生频率大于 20%，在五年一遇以上；中旱发生频率在北部冬麦区呈南高北低、西高东低的空间分布特征，高值区在陕西西部、甘肃陇东地区，发生频率大于 20%，在五年一遇以上。西北地区中旱发生频率呈北高南低的空间分布特征，北部部分地区中旱发生频率大于 20%，在五年一遇以上；轻旱发生频率在北部冬麦区发生频率呈现南高北低的空间分布特征，高值在北部冬麦区南部，发生频率大于 10%，在十年一遇以上。新疆几乎全部地区轻旱发生频率小于 5%，在二十年一遇以下，但在越冬—返青阶段新疆北部地区轻旱发生频率大于 20%，在五年一遇以上，部分地区发生频率大于 33.3%，在三年一遇以上。

比较不同生育阶段各等级干旱发生频率变化，可以看出，随生育阶段更替变化明显的区域主要有新疆北部地区、甘肃陇东、宁夏南部及陕西西部地区、华北西部地区。其中新疆北部地区轻旱发生频率随着生育阶段更替呈现出先减少后增加趋势，中旱及重旱均呈减少趋势，而特旱则呈先减少后增加的趋势，轻旱主要威胁越冬—返青阶段，中旱及重旱主要威胁播种—越冬阶段，特旱主要威胁开花—成熟阶段，发生频率大于

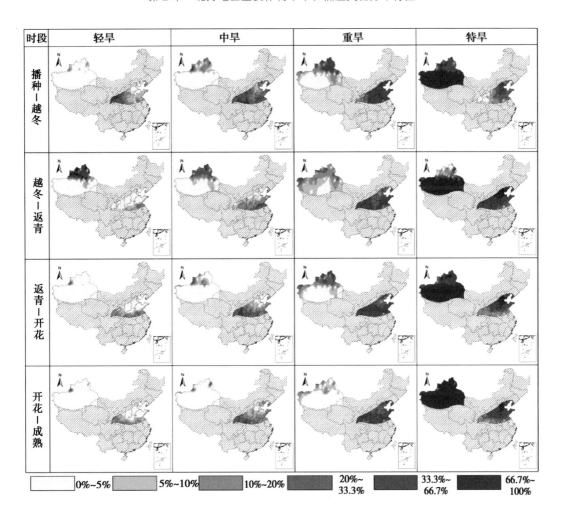

图 2.10 北方地区 1961—2010 年冬小麦不同生育阶段干旱频率空间分布特征

66.7%，在三年二遇以上；在甘肃陇东、宁夏南部及陕西西部地区，轻旱发生频率随生育阶段更替呈减少趋势，中旱呈先减少后增加趋势，但高值在播种—越冬阶段，而重旱及特旱呈先增加后减少趋势。其中轻旱及中旱主要威胁播种—越冬阶段，重旱主要威胁返青—开花阶段。

2.2.2.2　冬小麦各生育阶段不同等级干旱站次比时间变化特征

表 2.3 为 1961—2010 年北方冬小麦区不同等级干旱站次比变化趋势。近 50 年北部冬麦区各生育阶段不同干旱等级的变化趋势如下：播种—越冬阶段轻旱和中旱呈减少趋势，重旱特旱呈增加趋势；越冬—返青阶段中旱呈减少趋势，轻旱、重旱及特旱呈增加趋势；返青—开花阶段轻旱和中旱呈减少趋势，重旱和特旱呈增加趋势；开花—成熟阶段，轻旱、中旱和特旱呈减少趋势，重旱呈增加趋势。近 50 年西北冬春麦区各生育阶段不同干旱等级的变化趋势如下：播种—越冬阶段，轻旱、中旱和重旱呈增加

趋势，特旱呈减少趋势；越冬—返青阶段，中旱呈减少趋势，轻旱、重旱及特旱呈增加趋势；返青—开花阶段，轻旱、中旱和重旱呈增加趋势，特旱呈减少趋势；开花—成熟阶段，轻旱、中旱和重旱呈增加趋势，特旱呈减少趋势。

表 2.3 北方不同地区各等级干旱站次比的年代值和变化趋势

年代	播种—越冬			越冬—返青			返青—开花			开花—成熟						
	轻旱	中旱	重旱	特旱	轻旱	中旱	重旱	特旱	轻旱	中旱	重旱	特旱	轻旱	中旱	重旱	特旱
北部冬麦区																
1960s	14.4	26.3	34.5	19.1	2.7	10.1	31.7	54.6	9.1	19.1	35.9	32.9	8.9	16.4	34.1	37.7
1970s	10.6	25.2	41.8	18.5	3.4	11.8	37.9	45.5	3.8	15.6	41.1	38.5	3.5	15.0	35.9	44.0
1980s	8.5	21.0	45.6	22.6	5.1	12.7	32.0	49.0	4.8	16.3	41.8	36.3	7.0	17.7	37.7	33.9
1990s	12.9	20.4	43.7	20.2	4.4	9.4	31.1	54.5	5.2	17.1	31.6	43.7	5.9	11.8	37.8	42.8
2000s	10.0	21.3	47.7	18.4	2.0	10.6	37.1	50.0	5.2	14.6	40.3	38.3	5.1	16.6	38.5	39.0
50 年	11.3	22.9	42.6	19.8	3.5	10.9	33.9	50.7	5.5	16.5	38.2	38.0	6.0	15.5	36.8	39.5
趋势	−0.86	−1.75*	+3.05	+0.38	+0.06	−0.22	+0.24	+0.07	−0.51	−0.62	+0.26	+1.00	−0.40	−0.05	+1.38	−0.60
西北冬春麦区																
1960s	0.6	5.9	21.0	72.2	9.0	12.4	16.7	58.4	1.5	4.4	12.6	81.0	0.7	2.4	5.7	90.8
1970s	2.0	5.1	17.8	74.9	12.5	14.9	13.1	54.7	1.0	6.1	15.9	76.7	1.0	1.8	3.9	92.7
1980s	3.3	10.6	17.1	68.2	12.5	11.6	11.2	55.3	1.6	3.5	18.6	76.1	1.2	1.8	8.2	88.2
1990s	1.6	7.6	18.4	71.8	15.5	12.7	12.0	52.7	1.4	6.3	16.1	75.9	2.2	2.0	7.1	88.2
2000s	1.3	5.9	20.6	72.0	16.2	12.2	15.7	46.2	1.2	5.9	21.8	70.7	1.0	3.3	5.5	90.0
50 年	1.8	7.1	18.9	71.8	13.1	12.8	13.7	53.6	1.3	5.3	17.1	76.0	1.2	2.2	6.1	90.0
趋势	+0.18	+0.39	−0.05	−0.57	+1.71**	−0.39	−0.46	−2.55**	+0.00	+0.29*	+1.80	−2.10*	+0.14	+0.21	+0.34	−0.63

注：站次比单位：%；趋势单位：%·$(10a)^{-1}$；"+"、"−"分别表示 1961—2010 年呈增加和减少趋势；"*"表示通过了显著水平为 0.05 的显著性检验；"**"表示通过了显著水平为 0.01 的显著性检验

2.3 北方地区低温灾害时空特征

2.3.1 东北三省春玉米冷害时空特征

低温冷害是东北三省主要农业气象灾害之一，是导致玉米产量不稳、品质不高的

主要原因（赵俊芳等，2009），作物生长季内由于低温产生的冷害使农作物减产（高素华，2003；叶青和张平宇，2005）。因此研究该地区春玉米冷害的时间演变趋势和空间分布特征，明确东北三省地区春玉米冷害发生规律，对东北三省玉米防灾减灾具有重要的现实意义。

2.3.1.1　东北三省春玉米冷害空间分布特征

本研究基于东北三省春玉米潜在种植区内 65 个气象站点 1961—2010 年逐日气象数据，以气象行业标准（中国气象局，2009）5—9 月逐月平均气温之和与其多年平均值的距平作为春玉米冷害及等级的指标，明确了东北三省春玉米冷害发生空间分布特征及时间演变趋势，可为防冷避灾、保障玉米安全生产提供科学参考。

图 2.11（a）为 1961—2010 年东北三省春玉米一般冷害发生频率的空间分布图。由图可见：1961—2010 年，东北三省春玉米一般冷害发生频率高值区位于黑龙江省泰来以及吉林省中西部的长岭、四平、长春和乾安等地，近 50 年一般冷害发生频率为 25% 以上，为四年一遇；其次在黑龙江省的东部虎林、宝清、富锦和佳木斯一带，吉林省中部桦甸、梅河口、桓仁周边以及辽宁省南部大连等地，近 50 年一般冷害发生频率接近 20%，为五年一遇；低值区主要在吉林省敦化站周边以及辽宁省西南部的朝阳、锦州、营口和熊岳等地，近 50 年一般冷害发生频率低于 5%。

图 2.12 为东北三省过去 50 年各年代春玉米一般冷害发生频率的空间分布图。由图可以看出：

1961—1970 年，东北三省春玉米一般冷害发生频率总体呈北高南低的空间分布特征。其高值区集中在黑龙江省东部佳木斯、富锦、宝清和虎林以及吉林省西部的前郭尔罗斯、长岭和乾安等地，一般冷害发生频率大于 50%，为二年一遇；其次在黑龙江省中部地区及吉林省中部地区在 60 年代春玉米冷害发生频率为 30% ~ 40%；低值区主要集中在辽宁省除南部大连的其他地区以及吉林省东部的延吉与敦化地区，一般冷害发生频率低于 10%。

1971—1980 年，吉林省中西部和辽宁省北部地区为一般冷害发生频率高值区（> 20%），达五年一遇；在黑龙江省中部海伦、绥化、通河站、吉林省东部以及辽宁省西南部地为一般冷害发生频率低值区（< 10%）。

1981—1990 年，春玉米一般冷害发生频率高值区（> 40%）在吉林省西部通榆、长岭和乾安站，达五年三遇；低值区（< 10%）主要分布在黑龙江西北部的嫩江、克山、明水站以及辽宁省锦州和营口等地。

1991—2000 年，一般冷害发生频率较前几个年代明显减小，除黑龙江省中西部、东部地区，吉林省西南部地区以及辽宁省北部地区小部分区域中一般冷害发生频率高于10%，其余地区均低于10%。

21世纪初，整个研究区域内一般冷害发生减少，其频率值均低于10%，且其中有91.5%的站点10年来未发生一般冷害。

图2.11（b）为东北三省1961—2010年春玉米严重冷害发生频率的空间分布图。由图可见：1961—2010年，东北三省春玉米严重冷害发生频率除黑龙江北部和吉林省东部以外，总体呈东北向西南递减的空间分布特征。其高值区位于黑龙江北部北安、东南部绥芬河以及吉林省东部敦化地区，近50年严重冷害发生频率高于25%，达到四年一遇；其次在黑龙江省中东部以及吉林省中北部地区，近50年严重冷害发生频率高于10%；低值区主要集中在辽宁省中西部的朝阳、锦州、营口和熊岳等地，近50年严重冷害发生频率低于5%。

图2.13为东北三省过去50年各年代春玉米严重冷害发生频率的空间分布图。由图可见：1961—1970年，东北三省春玉米严重冷害发生频率除黑龙江北部嫩江和东南部绥芬河地区外，总体呈东北向西南递减的空间分布特征。其高值区主要分布在黑龙江省北部嫩江、黑龙江省东部绥芬河以及吉林省东部延吉地区，春玉米严重冷害发生频率为50%，达二年一遇；其次在黑龙江省东部和吉林省中部地区，严重冷害发生频率低于高于20%，达五年一遇；低值区主要分布在吉林省西部及辽宁省地区，发生频率低于10%，其中有14个站点未发生严重冷害。

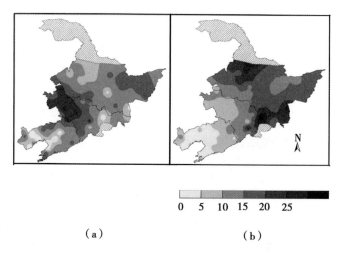

（a）　　　　　　　　（b）

**图2.11　东北三省1961—2010年春玉米一般冷害（a）
和严重冷害（b）发生频率空间分布**

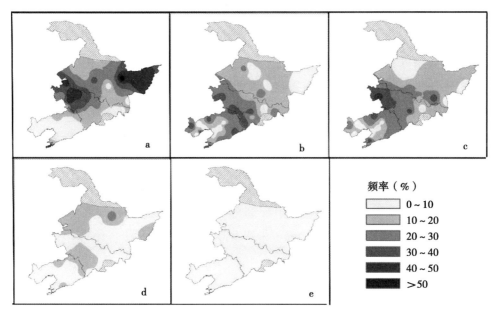

图 2.12　东北三省各年代春玉米一般冷害发生频率空间分布

（a～e 依次代表 1960s、1970s、1980s、1990s 和 2000s）

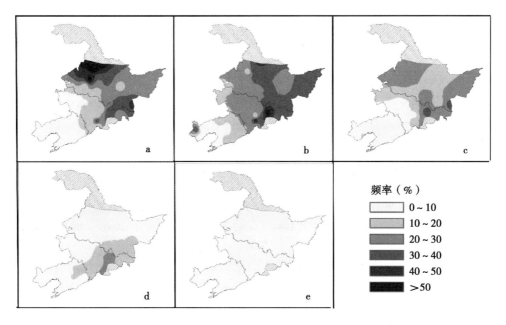

图 2.13　东北三省各年代严重冷害发生频率空间分布

（a～e 依次代表 1960s、1970s、1980s、1990s 和 2000s）

1971—1980 年，春玉米严重冷害发生频率高值区在黑龙江省中东部除佳木斯外的地区以及吉林省东部敦化和靖宇站，严重冷害发生频率高于 40%，达五年二遇；其次在黑龙江西部、东部佳木斯地区以及吉林中部地区，严重冷害发生频率高于 20%，达五年一遇；低值区主要分布在辽宁省南部除叶柏寿外的地区。

1981—1990 年，春玉米严重冷害频率高值区分布在黑龙江西北部、东部地区以及吉林省东部地区，发生频率高于 20%；其次在黑龙江省中部和吉林省北部地区，发生频率在 10%~20%；低值区主要集中在吉林省南部地区及辽宁省全省，严重冷害发生频率低于 10%，其中有 12 个站点不发生严重冷害。

1991—2000 年，研究区域的东南部地区，春玉米严重冷害发生频率高于 10%，其他大部分地区冷害频率小于 10%，其中有 35 个站点 10 年中并没有发生严重冷害。

进入 21 世纪之后，研究区域内春玉米严重冷害发生明显减少，10 年中仅哈尔滨站在 2009 年发生过严重冷害。

2.3.1.2 东北三省春玉米冷害时间变化趋势

图 2.14 为东北三省春玉米一般冷害和严重冷害发生站次数年际变化，由图可见：1961—2010 年，东北三省春玉米一般冷害和严重冷害站发生次数均发生显著下降。其中一般冷害发生站次数较多的年份有 1966、1974、1979 和 1987 年，发生站次数均大于 30 次；严重冷害发生站次数较多的年份有 1969、1972 和 1976 年，发生站次数均高于 50 次。

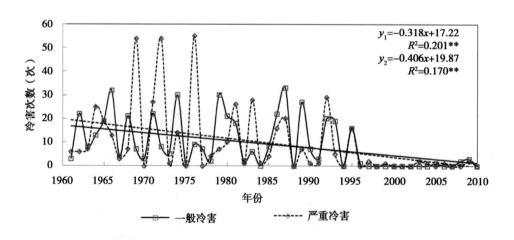

图 2.14 东北三省一般冷害和严重冷害发生次数年际变化

注：y_1：一般冷害拟合方程，y_2：严重冷害拟合方程，$**P<0.01$ 检验

表2.4为各年代一般冷害年与严重冷害年统计情况，冷害年是参考朱海霞等（2012）对黑龙江省1980—2009年玉米低温冷害年的判定，本文中规定在研究区域内的65个站点中若有16个或者16个以上的站点发生了低温冷害即判定为该年在春玉米种植期间为冷害年。从表中可以看到低温冷害主要发生在20世纪60年代、70年代、80年代，90年代相较于前3个年代有所减少，而在21世纪前10年，只有个别站点发生低温冷害，故在21世纪初的10年中，没有确定出低温冷害年。

表2.4　各年代各等级冷害年统计

年代	1961—1970		1971—1980		1981—1990		1991—2000		2001—2010	
冷害程度	一般	严重	一般	严重	一般	严重	一般	严重	一般	严重
年份	1962	1964	1971	1971	1986	1981	1992	1992		
	1965	1965	1974	1972	1987	1983	1993	1995	——	——
	1966	1969	1979	1976	1989	1987	1995			
	1968		1980							

图2.15为东北三省春玉米一般冷害和严重冷害发生的站次比年际变化图。其中（a）和（e）分别为东北三省春玉米一般冷害和严重冷害的站次比年际变化图，由图可见：1961—2010年东北三省一般冷害和严重冷害站次比均呈减少趋势，其中一般冷害站次比在0~46.5%，最高值出现在1987年；严重冷害站次比在0~77.5%，最高值出现在1976年。

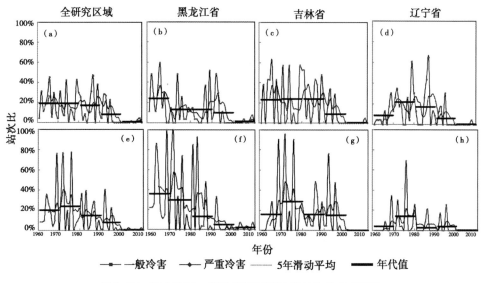

图2.15　东北三省一般冷害与严重冷害站次比年际变化

图 2.15（b）和（f）分别为黑龙江省春玉米一般冷害与严重冷害站次比年际变化图，由图可见：黑龙江省春玉米一般冷害与严重冷害站次比均呈现减少趋势。其中一般冷害站次比在 0～59%，有 20 年冷害站次比为 0，最高值出现在 1966 年；严重冷害站次比在 0～100%，最大值出现在 1969 年和 1972 年，表明这两年黑龙江 23 个统计站点均发生严重冷害。

图 2.15（c）和（g）分别为吉林省春玉米一般冷害与严重冷害站次比年际变化，由图可见：吉林省一般冷害站次比呈减少趋势，严重冷害站次比在 20 世纪 70 年代有比较明显的增加，自 80 年代起呈减少趋势。其中一般冷害站次比在 0～62%，最高值出现在 1966 年，有 25 年的站次比为 0；严重冷害站次比在 0～95%，最高值出现在 1972 年，有 24 年的站次比为 0。

图 2.15（d）和（h）分别为辽宁省春玉米一般冷害与严重冷害站次比年际变化，由图可见：辽宁省一般冷害站次比在 20 世纪 70 年代和 80 年代相较于 60 年代有明显的增加，而在 20 世纪 90 年代和 21 世纪前 10 年明显减少；严重冷害站次比除 20 世纪 70 年代较高外，其余年代均比较低。其中一般冷害站次比在 0～65%，最高值出现在 1986 年，有 25 年的站次比为 0；辽宁省严重冷害站次比在 0～70%，最高值出现在 1976 年，有 37 年的站次比为 0。

综上可知，从空间分布上来看，研究区域春玉米一般冷害的高发区在吉林省西部地区，近 50 年发生频率为 25% 以上，为四年一遇，低发区在辽宁省南部地区，近 50 年发生频率低于 5%；严重冷害高发区在黑龙江北部、东部以及吉林东部地区，近 50 年发生频率高于 25%，达到四年一遇；低发区在辽宁省西南部地区，近 50 年发生频率低于 5%。从时间趋势上来看，东北三省春玉米一般冷害和严重冷害发生的范围呈减少趋势，尤其在近 20 年中，两种等级冷害的发生明显减少。

2.3.2　东北三省水稻冷害时空特征

冷害是制约东北水稻高产、稳产的主要农业气象灾害，直接影响东北乃至全国水稻粮食安全。如 1957 年东北地区 7—8 月份气温偏低尤为显著，导致黑龙江省因低温造成农作物减产 40%～50%，吉林省中部地区减产 20% 以上；辽宁省水稻减产达 50%；20 世纪 70 年代吉林省因各年水稻生长季 7 月气温持续偏低，导致水稻生育期延迟，水稻开花期障碍型冷害使当地水稻空壳率剧增，比常年空壳率增加 20%，最高达 58%（秦元明，2008）。因此研究该地区水稻开花期障碍型冷害发生特征以及演变趋势，可为当地高效利用热量资源、水稻合理布局及防灾避灾提供科学参考。

2.3.2.1 东北三省水稻冷害空间分布特征

本研究基于东北三省水稻潜在种植区内 62 个气象站点 1961—2010 年逐日气象数据，以气象行业标准（QX/T101—2009）（中国气象局，2009）作为水稻冷害及等级的指标（表 2.5）；并将研究时段分为 1961—1980 年（时段 I）和 1981—2010 年（时段 II）两个时段，详细分析东北三省水稻各等级障碍型冷害时空分布特征。

表 2.5 水稻抽穗开花期障碍型低温冷害等级划分指标

发育时段	致灾因子	致灾等级		
		轻度	中度	重度
抽穗开花期	日平均气温≤19 ℃ 的持续天数	2 d	3～4 d	≥5 d

东北三省水稻轻度障碍型冷害空间分布特征见图 2.16（a）和（b）。时段 I 水稻抽穗—开花期障碍型冷害发生频率的空间分布特征如图 2.16（a）。研究区域内时段 I 抽穗—开花期轻度障碍型冷害呈中部高、东南、西北两端递减趋势，吉林省轻度冷害频率最高，辽宁省次之，黑龙江省最低。轻度障碍型冷害高值区位于吉林省长岭站点，频率高于 20%（五年一遇）；其次为辽宁省北部及黑龙江省西北部富裕、明水等地，冷害频率为 10%～20%（十年一遇至五年一遇），个别站点如开原、叶柏寿等站点轻度障碍型冷害频率 20%～30%，冷害低值区位于黑龙江省东部虎林、宝清及辽宁省大连、瓦房店等地，频率低于 5%（二十年一遇）；水稻几乎不发生抽穗—开花期障碍型冷害。

时段 II 水稻抽穗—开花期轻度等级障碍型冷害发生频率的空间分布特征如图 2.16（b）。由图可见：与时段 I 相比，时段 II 抽穗—开花期冷害总体呈现频率减小趋势，且呈中部高、南北两端递减趋势。但在开原站点水稻轻度冷害频率不变，仍为 20%～30%；且在吉林省延吉、东岗、敦化站点轻度冷害频率增大，约 15%。冷害高值区面积缩小，并向吉林省东部地区转移，集中分布在吉林省延吉、长春、四平等地，轻度冷害发生频率为 10%～20%（十年一遇至五年一遇）；冷害低值区扩大，包括黑龙江及辽宁省南部地区，轻度冷害频率低于 10%（十年一遇）。

研究区域时段 I 水稻抽穗—开花期中度障碍型冷害发生频率的空间分布特征如图 2.16（c）。由图可见：时段 I 全区冷害呈中东部高，向南北递减趋势。中度冷害高值区集中在吉林省中东部地区，中度冷害频率高于 20%（五年一遇），个别站点如三岔河冷害频率为 42%；其次为辽宁省大部、黑龙江省东部地区，中度冷害频率为 5%～10%

（二十年一遇至十年一遇）；中度冷害低值区位于黑龙江省西部及辽宁省南部，冷害频率低于5%，几乎不发生抽穗—开花期中度障碍型冷害。

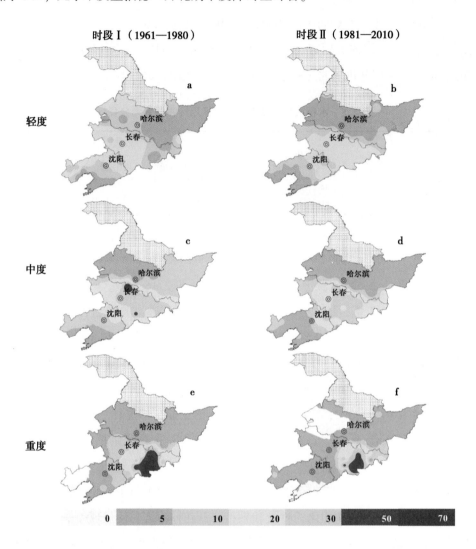

图2.16　研究区域1961—1980年和1981—2010年两个时段
水稻各等级障碍型冷害空间分布

研究区域时段Ⅱ水稻抽穗—开花期中度障碍型冷害发生率的空间分布特征如图2.16（d），由图可见：相比时段Ⅰ，时段Ⅱ全区中度障碍型冷害高发区面积缩小，集中在吉林省蛟河、敦化、松江等地，中度障碍型冷害频率为20%～30%（五年一遇至三年一遇）；其他站点中度冷害频率为5%～10%（二十年一遇至十年一遇），以黑龙江省中度障碍型冷害发生频率变化最明显，时段Ⅱ下黑龙江省所有地区中度冷害发生率均小于5%，中度障碍型冷害风险减小；而在辽宁省叶柏寿中度冷害频率不变，50年来中度冷害频率约为 8%。

研究区域时段 I 水稻抽穗—开花期障碍型重度冷害发生率的空间分布特征如图 2.16（e）。由图可见：时段 I 全区冷害呈中东部高，南北低趋势。抽穗—开花期重度冷害高值区集中在吉林省延吉、松江、敦化等地，冷害频率高于 50%（两年一遇），即每两年该地区发生严重障碍型冷害；其次为吉林省长春、四平、三岔河等地，冷害发生率范围为 20%～30%（五年一遇至三年一遇）；而辽、黑两省重度冷害几乎不发生，冷害频率低于 5%（二十年一遇）。

研究区域时段 II 水稻抽穗—开花期障碍型重度冷害发生率的空间分布特征如图 2.16（f）。由图可见：相比时段 I，时段 II 全区重度冷害高发区并没有转移，但重度冷害影响区域缩小，即只在吉林省延吉、松江两地重度冷害频率为 50%（两年一遇）；且冷害发生率范围为 20%～30%（五年一遇至三年一遇）的站点数量没有明显变化，仍在吉林省长春、四平、三岔河等地；冷害发生率低于 10% 的站点主要集中在辽、黑两省，其中叶柏寿、锦州站点重度冷害频率由不发生增至 5%（二十年一遇），在个别年份可能导致水稻较正常年份减产严重，冷害风险加大。

以上结果表明，我国东北三省水稻不同等级抽穗开花期障碍型冷害空间尺度上，1961—1980 年（时段 I）表现为轻度等级冷害和中度等级冷害中部高，向东南、西北两端递减趋势；重度等级冷害呈中东部高，南北低趋势。与时段 I 相比，时段 II 抽穗—开花期轻度障碍型冷害总体呈现频率减小趋势，仅在吉林省延吉、东岗站点和辽宁省开原等站点水稻轻度冷害频率增加，为 20%～30%。轻度冷害高值区面积缩小，并向吉林省东部地区转移；中度等级障碍型冷害以黑龙江省变化最明显，时段 II 下黑龙江省所有地区中度冷害发生率均小于 5%，但在辽宁叶柏寿站点冷害频率各年间波动幅度较小，中度冷害发生率 8% 左右；重度障碍型冷害高值区与轻度、中度冷害高值区不一致，主要集中在吉林省延吉、松江、敦化等地，且时段 II 重度冷害影响区域缩小，在叶柏寿、锦州站点重度冷害频率由不发生增至 5%（二十年一遇），个别年份可能导致水稻较正常年份减产严重，冷害风险加大。

2.3.2.2 东北三省水稻冷害时间变化趋势

气候突变是指从一个气候基本状态（以某一平均值表示）向另一个气候基本状态的急剧变化（符淙斌和王强，1992；符淙斌，1994）。已有研究表明，东北自 20 世纪 80 年代开始温度变化出现转折点（丁一汇和戴晓苏，1994；任国玉等，2005）。受温度升高影响，水稻障碍型冷害发生频率是否因为 5—9 月气温升高而显著减少，在该时段发生转折，为说明这一问题，应用滑动 t 检验法对东北三省水稻障碍型冷害发生率进行突变点检测。

图 2.17 为研究区域水稻障碍型冷害站次比滑动 t 统计量曲线图。图中 $t = \pm 1.676$ 两条直线代表 $\alpha = 0.05$ 显著性水平临界值。当 t 统计量曲线大于 1.676 时或 t 统计量曲线小于 -1.676 时，说明水稻障碍型冷害站次比在该时段出现明显突变，通过 0.05 显著性水平。自 1961 年以来，黑龙江省 t 统计量有两处超过 0.05 显著性水平，即 1972 年、1981 年，均为由高到低突变，说明水稻障碍型冷害站次比出现由高到低突变，其中，20 世纪 70 年代障碍型冷害站次比突变不明显，20 世纪 80 年代突变明显，该时段下水稻障碍型冷害站次比为 5.3%。该结果表明黑龙江省在 20 世纪 80 年代随东北三省平均气温出现明显升高，障碍型冷害站次比也出现显著突变，主要表现为站次比由高到低突变。吉林省在 2005 年 t 统计量超过 0.05 显著性水平，为由高到低突变，说明障碍型冷害站次比在 21 世纪初出现显著降低趋势，障碍型冷害发生范围缩小为 11%。而在 20 世纪 80 年代，吉林省障碍型冷害站次比并没有发生显著突变。在辽宁省，1961—2010 年各年均没有 t 统计量超过 0.05 显著性水平，因此，自 1961 年至今，辽宁省开花期障碍型冷害站次比无显著突变。

综上，东北三省自 20 世纪 80 年代温度呈明显升高趋势，东北三省中只有黑龙江省障碍型冷害在此时段出现明显突变现象，而辽宁省、吉林省并未表现出与气温显著升高相符的冷害减少情况。只在 21 世纪初，吉林省开花期障碍型冷害表现为明显的突变，即冷害站次比减小，可能原因是该时段吉林省 8 月增温显著，使水稻开花期障碍型冷害站次比显著减小；过去 50 年间，辽宁省水稻开花期障碍型冷害站次比较小，年际间差异性不显著。

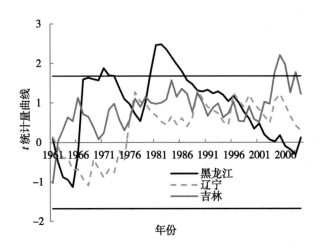

图 2.17　东北三省水稻障碍型冷害站次比滑动 t 统计量曲线

注：当 $|t| > \pm 1.676$ 时，说明该时段下冷害站次比出现显著性突变，显著性水平为 0.05.

从上面分析可以看出，东北三省灾害突变特征。图 2.18 为各省水稻障碍型冷害逐年站次比及年代际特征。由图可以看出，1961—2010 年障碍型冷害站次比各省由高到低排序为吉林（46.6%）＞辽宁（14.7%）＞黑龙江（12.6%）。吉林和辽宁两省各年代间变化一致，均为 20 世纪 70 年代水稻冷害站次比最高，分别为 55.0% 和 24.0%，之后开花期障碍型冷害站次比逐年代降低，至 21 世纪初，两省发生冷害站次比分别为 42.0% 和 8.2%，这与两省 7—8 月温度变化趋势相一致；而在黑龙江省，水稻开花期障碍型冷害站次比呈波动式变化，在 20 世纪 60 年代及 20 世纪 80 年代出现最大值，站次比分别为 20.2% 和 14.3%；20 世纪 70 年代、90 年代及 21 世纪初 3 个年代间冷害站次比差别不大，分别为 11.4%，8.2% 和 10.0%。综上，与各省 1961—2010 年站次比平均值相比，至 21 世纪初，吉林省、辽宁省和黑龙江省冷害站次比分别降低 4.6%、6.5% 和 2.6%。以辽宁省降低最多，黑龙江省降低最少。

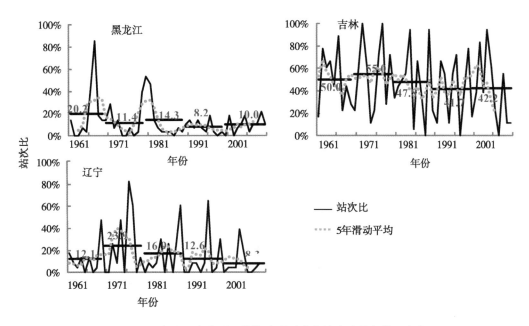

图 2.18　东北三省水稻开花期障碍型冷害站次比及年代际变化

2.3.3　黄淮海地区冬小麦冻害时空特征

黄淮冬麦区是我国小麦主产区，面积和产量历年均占北方冬麦区的 85% 左右。而小麦越冬冻害是我国黄淮冬麦区农业气象灾害之一，影响和制约小麦生长（雷玲和高翔，2006）。明确黄淮冬麦区冬小麦越冬期冻害时空分布特征，对制定和采取合理的农业措施，防止冻害的发生，保障我国冬小麦产量具有重要意义。郑冬晓等（2015）以越冬期负积温为指标分析了冬小麦冬季长寒型冻害的时空分布特征。越冬期负积温是指冬小麦越冬期间日平均气温低于 0 ℃的累积值（表2.6），为冬小麦能否安全越冬的重要限制因素。本文采用农业气象常用的 5 日滑动平均法，确定日平均气温稳定通过≤0 ℃的初日（入冬期）作为越冬期的起始日期，次年日平均气温稳定通过≥0 ℃初日作为越冬期的终止日期。由于负积温是低于 0 ℃的累积值，为了避免引起歧义，方便叙述和比较，本文对于负积温描述中主要讨论负积温绝对值大小。

表2.6　冬季长寒型冻害等级划分标准

冻害等级划分	负积温绝对值（℃·d）
较轻冻害	<230
中轻冻害	230 ~ 290
较重冻害	290 ~ 510
严重冻害	510 ~ 790
极严重冻害	>790

2.3.3.1　冬季长寒型各等级冻害发生频率空间分布特征

图2.19为黄淮冬麦区长寒型冻害不同等级发生频率的空间分布特征。由图可知，黄淮冬麦区较轻冻害发生频率大于40%。河北南宫、饶阳和山东惠民、沂源、潍坊、莱阳较轻冻害频率为44% ~ 80%，最小值为河北饶阳；轻冻害频率总体呈现由北向南逐渐增加的趋势，且沿海地区频率高于邻近的内陆地区。

黄淮冬麦区中度冻害频率为0 ~ 26%，96%的站点中度冻害频率在14%以下，其中河南、陕西、安徽、江苏、宁夏和山东南部站点较轻冻害频率不高于2%，而河北饶阳地区中度冻害频率较高，为26%；中度冻害频率的空间分布趋势与较轻冻害相反，呈现由北向南逐渐减少的趋势，山东半岛沿海站点的中度冻害频率相对较低。

除河北饶阳（30%）、南宫（12%）和山东惠民（22%）、莱阳（22%）、沂源（16%）外，较重冻害发生频率低于10%，70%的站点较重冻害频率为0%。与中度冻害频率空间分布类似，较重冻害频率呈现由北向南逐渐减少的空间分布趋势，河北饶阳较重冻害频率也最高。

黄淮冬麦区各站点严重冻害和极严重冻害频率都为0%，即没有发生严重冻害和极严重冻害的风险。

2.3.3.2　冬季长寒型各等级冻害站次比年代际变化特征

图2.20为黄淮冬麦区各等级冬季长寒型冻害年际变化特征。由图可知，黄淮冬麦

区较轻冻害站次比呈增加趋势，88% 的年份较轻冻害站次比在 80% 以上，其中 40% 的年份较轻冻害站次比为 100%，表明黄淮冬麦区大多数年份易发生较轻冻害。20 世纪 60 年代、70 年代和 80 年代较轻冻害站次比年际波动比较大，20 世纪 90 年代较轻冻害站次比较高，除 1990 年、1996 年和 2000 年较轻冻害站次比为 98% 外，其他年份均为 100%，表明轻度冻害发生范围较大。21 世纪以来，较轻冻害的站次比年际间有小幅度波动，且冻害站次比年代平均值低于 20 世纪 90 年代，但波动幅度小于 1961—1985 年，站次比维持在 90% 以上，轻度冻害发生范围仍然较大。

　　中度冻害和较重冻害站次比都呈减少趋势，年代际间变化趋势基本一致。除 1968 年较重冻害站次比为 32% 外，其他年份中度冻害和较重冻害站次比都在 30% 以下，其中，42% 的年份中度冻害站次比为 0%，66% 的年份较重冻害站次比为 0%。部分年份（1964 年、1968 年、1969 年、1972 年、1986 年）较重冻害站次比高于中度冻害。1986—2010 年中度冻害和较重冻害站次比均维持在 10% 以下，除 2005 年中度冻害站次比为 6% 外，其他年份中度冻害站次比均在 2% 以内，除河北饶阳（1986 年、2005 年、2010 年）和山东莱阳（1986 年）有较重冻害风险，其他地区均无较重冻害风险。

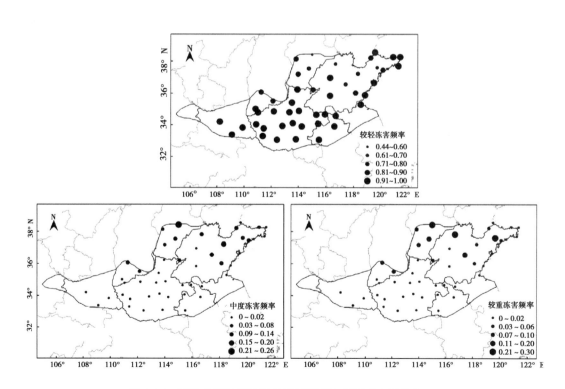

图 2.19　黄淮冬麦区各等级冬季长寒型冻害频率空间分布

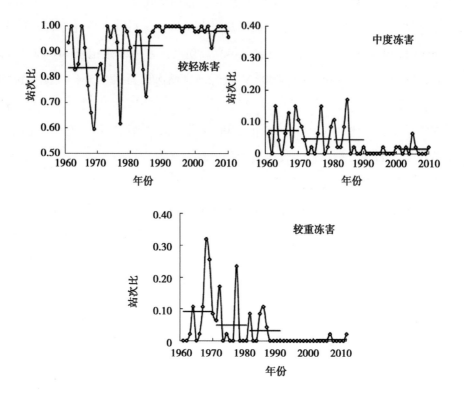

图 2.20 黄淮冬麦区冬季长寒型冻害站次比年际变化

2.4 小 结

本章在简要介绍中国北方地区降水和热量资源变化的基础上，利用北方地区气象站点的逐日气象资料以及主要作物生育期资料，基于农业干旱指标作物水分亏缺指数和作物低温灾害指标，重点分析了近 50 年来北方地区玉米和小麦干旱、玉米和水稻冷害和冬小麦冻害的时空特征，研究结果表明：①北方地区春玉米干旱发生频率呈现西北和华北地区高，东北地区低的特征。西北地区各生育阶段特旱发生频率高，应采取全生育期防御干旱和补救技术措施；东北地区中西部中旱发生频率高，尤其是生育前期，应采取前期防御和应急补灌措施；华北地区各生育阶段轻旱和中旱发生频率高，应采取防御和应急补灌措施。②北方冬小麦各生育阶段特旱和重旱等级干旱发生频率高，在西北地区应采取全生育期防御措施，华北地区应注意及时应急补灌。③东北三省春玉米一般冷害的高发区在吉林省西部地区，近 50 年发生频率为 25% 以上；严重冷害高发区在黑龙江北部、东部以及吉林东部地区，近 50 年发生频率高于 25%。④东北三省水稻抽穗开花期轻度和中度障碍型冷害高发区为中部地区；重度冷害呈中东部高，南北低趋势。⑤黄淮冬麦区轻度冻害发生频率较高，为40%以上；中度冻害和较重冻害发生频率较低，多数站点在10%以下；全区无严重冻害和极严重冻害风险。

参考文献

丁一汇，戴晓苏.1994.中国近百年来的温度变化 [J].气象，20（12）：19-26.

董朝阳，杨晓光，杨婕，等.2013.中国北方地区春玉米干旱的时间演变特征和空间分布规律 [J].中国农业科学，46（20）：4 234-4 245.

符淙斌，王强.1992.气候突变的定义和检测方法 [J].大气科学，16（4）：482-493.

符淙斌.1994.气候突变现象的研究 [J].大气科学，18（3）：373-382.

高素华.2003.玉米延迟型低温冷害的动态监测 [J].自然灾害学报，12（2）：117-121.

纪瑞鹏，车宇胜，朱永宁，等.2012.干旱对东北春玉米生长发育和产量的影响 [J].应用生态学报，23（11）：3 021-3 026.

雷玲，高翔.2006.小麦高分子量谷蛋白亚基遗传规律及其品质效应之研究进展 [J].中国农学通报，21（11）：56-59.

秦元明.2008.中国气象灾害大典·吉林卷 [M].北京：中国气象出版社.

任国玉，初子莹，周雅清，等.2005.中国气温变化研究最新进展 [J].气候与环境研究，10（4）：701-716.

叶青，张平宇.2005.中国粮食生产的区域格局变化及东北商品粮基地的响应 [J].地理科学，25（5）：513-520.

赵俊芳，杨晓光，刘志娟.2009.气候变暖对东北三省春玉米严重低温冷害及种植布局的影响 [J].生态学报，29（12）：1-8.

郑冬晓，杨晓光，赵锦，等.2015.气候变化背景下黄淮冬麦区冬季长寒型冻害时空变化特征 [J].生态学报，35（13）：4 338-4 346.

中国气象局.2009.QX/101—2009，水稻、玉米冷害等级 [M].中华人民共和国国家标准.北京：气象出版社.

中国气象局.2015.GB/T 32136—2015，农业干旱等级 [M].中华人民共和国国家标准.北京：中国标准出版社.

朱海霞，陈莉，王秋京，等.2012.1980-2009年期间黑龙江省玉米低温冷害年判定 [J].灾害学，27（1）：45-47.

Zhang J Q. 2004. Risk assessment of drought disaster in the maize-growing region of Songliao Plain, China [J]. Agriculture, Ecosystems & Environment, 102：133-153.

第3章 北方地区主要作物干旱和
低温灾害指标研究

农业气象灾害指标是开展农业气象灾害监测、预报、评估的基础，对于农业气象防灾减灾工作意义重大。一直以来，农业气象学者围绕农业气象灾害指标开展了大量的、长期的工作，积累了许多研究成果，针对不同地区、不同作物建立了农业气象灾害指标，在农业生产实践中发挥了重要作用。随着农作物品种的不断更新、农业气象灾害发生特点和气候条件的改变，已有的一些农业气象灾害指标已不能完全适应新的农业防灾减灾工作，因此，继续开展农业气象灾害指标，特别是作物灾害形态指标研究，是农业防灾减灾领域亟待解决的问题。

3.1 夏玉米干旱指标

北方地区是我国夏玉米主产区，水资源不足是限制该地区农业可持续发展的主要因素，也是威胁夏玉米稳产高产的主要气象灾害之一。华北地区降水量时空变异大，分布不均匀，夏玉米生育期短，且处于天气过程多变季节，生理需水量大，短时干旱就会造成较大减产。因此，明确夏玉米生长季农业气象干旱指标，可为夏玉米干旱灾损评估和制定防灾减灾措施提供科学依据。

考虑指标使用的通用性和资料获取的难易程度，选择土壤相对湿度和作物水分亏缺指数为夏玉米干旱等级指标。土壤相对湿度干旱等级指标主要通过查阅已有的研究成果和结论，在总结归纳的基础上确定。作物水分亏缺指数干旱等级指标是在土壤相对湿度指标的基础上，通过建立水分亏缺指数与土壤相对湿度二者之间的定量关系模型进行确定。河南省气象科学研究所研究团队在河南省夏玉米区选取了16个具有逐旬土壤水分观测资料和逐日气象观测资料的代表站点，首先对各站点夏玉米不同生育阶段水分亏缺指数与土壤相对湿度间的定量关系进行了显著性检验，然后选择其中8个站点初步确定各阶段对应的不同水分亏缺指数干旱等级指标，再利用另外8个站点的数据对上述指标进行验证，在综合结果的基础上确定水分亏缺指数干旱等级指标。

3.1.1 基于土壤相对湿度的夏玉米干旱指标

河南省气象科学研究所研究团队通过归纳总结已有关于夏玉米土壤水分及干旱指标研究成果，重新构建了一套基于土壤相对湿度的华北夏玉米干旱指标。20世纪80年代，一批学者相继开展夏玉米不同生育阶段适宜土壤水分指标或干旱指标的研究，主要包括：①夏玉米播种—出苗的适宜土壤相对湿度（0～20 cm土层）为70%～75%，低于55%田间持水率出苗不齐，高于80%田间持水率出苗率下降；出苗—拔节期适宜土壤相对湿度为60%～70%（0～40 cm土层）；拔节—抽雄期为70%～80%（0～60 cm土层）；抽雄—乳熟期为80%（0～80 cm土层）；乳熟—成熟期为70%～75%（0～60 cm）。②夏玉米拔节—成熟期轻旱、重旱、极旱的土壤相对湿度指标为55.1%～70.0%、40.1%～55.0%、≤40.0%。③将夏玉米划分为播种—出苗期、出苗—拔节期、拔节—抽雄期、抽雄—乳熟期和乳熟—成熟期5个阶段，各阶段的轻旱、重旱的土壤湿度指标值见表3.1（郭庆法等，2004）。朱自玺和侯建新（1988）确定了夏玉米拔节期和灌浆期的适宜土壤相对湿度指标分别为71.4%和77.9%，而干旱的土壤相对湿度指标分别为48.4%和53.5%。根据"华北平原作物水分胁迫与干旱研究课题组"（1991）的研究成果，夏玉米拔节—成熟期适宜、轻旱、重旱和极旱的土壤相对湿度指标分别为70.1%～85.0%、55.1%～70.0%、40.1%～55%和≤40%。

表3.1　基于土壤相对湿度的夏玉米干旱指标　　　　　　（单位：%）

生育阶段	轻旱	重旱
播种—出苗期	50～65	<50
出苗—拔节期	40～55	<40
拔节—抽雄期	55～70	<55
抽雄—乳熟期	70～75	<60
乳熟—成熟期	65～70	<55

注：数据来源于参考文献郭庆法等（2004）

总结以上文献，尽管各研究在生育阶段和干旱等级划分上存在一定的差异，但夏玉米不同阶段适宜土壤相对湿度指标的下限范围趋于一致，即播种—出苗期在65%～70%左右，出苗—拔节期在55%～60%左右，拔节—抽雄期在70%左右，抽雄—乳熟期在75%～80%左右，乳熟—成熟期在70%左右。播种—出苗期由于种子发芽对水分要求较高，适宜的土壤相对湿度也略高，出苗—拔节期为玉米的苗期，具有较强的抗旱能力，同时由于植株小，耗水强度低，适宜土壤相对湿度范围低于其他生育阶段，拔节—抽雄期需水剧增，抽雄—灌浆期达到一生的最高峰，吐丝期对缺水最敏感，因此拔节—抽雄和抽雄—乳熟期适宜的土壤相对湿度范围较高，而抽雄—乳熟期高于拔节—抽雄期，乳熟后需水量逐渐减少，适宜指标范围降低。可见，不同阶段适宜的土壤相对湿度指标范围符合玉米各阶段的生长发育及需水特点。根据华北平原作物水分胁迫与干旱研究课题组的研究成果结果，拔节—成熟期轻旱和重旱的土壤水分指标分别为 55.1% ~70.0% 和 40.1% ~55.0%，与表 3.1 的轻旱和重旱范围基本吻合。因此，根据适宜土壤湿度下限范围，结合已有的干旱等级指标划分结果，增加中旱和特旱 2 个等级，制定夏玉米不同生育阶段土壤相对湿度干旱等级指标（表 3.2）。

表 3.2　基于土壤相对湿度的夏玉米干旱等级标　　　　　（单位 :%）

干旱等级	播种—出苗	出苗—拔节	拔节—抽雄	抽雄—乳熟	乳熟—成熟
无旱	>65	>60	>70	>75	>70
轻旱	>55 ~65	>50 ~60	>60 ~70	>65 ~75	>60 ~70
中旱	>45 ~55	>40 ~50	>50 ~60	>55 ~65	>50 ~60
重旱	>40 ~45	>35 ~40	>45 ~50	>50 ~55	>45 ~50
特旱	≤40	≤35	≤45	≤50	≤45

3.1.2　作物水分亏缺指数

作物水分亏缺指数将土壤水分、作物及气候条件相结合，能够综合反映作物受旱程度，是目前应用较为广泛的作物干旱指标之一。河南省气象科学研究所研究团队在土壤相对湿度干旱等级指标构建的基础上，通过建立水分亏缺指数与土壤相对湿度二者之间的定量关系模型，建立了黄淮地区夏玉米不同生育期的干旱等级指标。

图 3.1 为河南省西平、内乡和禹州站点夏玉米播种—出苗、出苗—拔节、拔节—抽雄、抽雄—乳熟和乳熟—成熟 5 个生育阶段的土壤相对湿度与作物水分亏缺指数之间的对应关系。由图可以看出，夏玉米各生育阶段土壤湿度与作物水分亏缺指数二者之间具有较好的线性相关关系。在此基础上，利用各个站点的数据建立了二者间的线性回归模型，并对回归模型的显著性进行了检验（表 3.3）。结果表明，16 个站点中，除南阳和沁阳出苗—拔节阶段检验结果通过显著水平外，其他站点各阶段均达到了极显著水平。因此，可以利用二者之间的线性关系，根据土壤湿度指标计算作物水分亏缺指数。

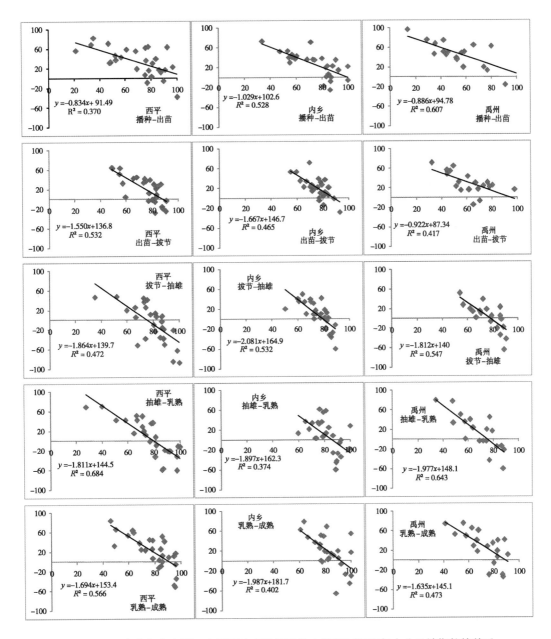

图 3.1　河南省代表点夏玉米不同生育阶段平均土壤相对湿度与水分亏缺指数的关系

表 3.3　各站点土壤相对湿度与作物水分亏缺指数线性回归模型 R^2 显著性检验结果

站点及样本	播种—出苗	出苗—拔节	拔节—抽雄	抽雄—乳熟	乳熟—成熟
西平 $N=28$	0.370 **	0.532 **	0.472 **	0.684 **	0.566 **
内乡 $N=28$	0.528 **	0.465 **	0.532 **	0.374 **	0.402 **
南阳 $N=29$	0.308 **	0.152 *	0.344 **	0.520 **	0.553 **

（续表）

站点及样本	播种—出苗	出苗—拔节	拔节—抽雄	抽雄—乳熟	乳熟—成熟
驻马店 $N=30$	0.610**	0.587**	0.745**	0.654**	0.671**
许昌 $N=27$	0.281**	0.486**	0.434**	0.659**	0.502**
禹州 $N=20$	0.607**	0.417**	0.547**	0.643**	0.473**
商丘 $N=30$	0.507**	0.630**	0.491**	0.701**	0.692**
永城 $N=17$	0.576**	0.696**	0.702**	0.516**	0.561**
正阳 $N=30$	0.482**	0.526**	0.674**	0.629**	0.607**
确山 $N=30$	0.473**	0.311**	0.496**	0.693**	0.667**
方城 $N=22$	0.338**	0.451**	0.482**	0.538**	0.540**
襄城 $N=25$	0.517**	0.527**	0.512**	0.62**	0.406**
郑州 $N=28$	0.373**	0.390**	0.566**	0.523**	0.655**
汝州 $N=17$	0.635**	0.818**	0.370**	0.480**	0.638**
虞城 $N=30$	0.363**	0.367**	0.476**	0.677**	0.598**
沁阳 $N=27$	0.350**	0.214*	0.238**	0.405**	0.480**

注：*表明在 $P<0.05$ 水平显著，**表明在 $P<0.01$ 水平显著。

根据站点分布情况，在16个站点中选择西平、内乡、南阳、驻马店、许昌、禹州、商丘和永城8个站点作为建模数据站点，根据土壤湿度与作物水分亏缺指数之间的线性关系计算不同干旱等级对应的水分亏缺指数指标，然后将正阳、确山、方城、襄城、郑州、汝州、虞城和沁阳8个站点作为验证站点，对计算所得出的作物水分亏缺指数等级指标进行验证。表3.4为根据建模的8个站点计算的不同生育阶段不同干旱等级的水分亏缺指数等级指标。计算结果显示，同一生育阶段相同干旱等级对应的作物水分亏缺指数各站点间尽管有一定的差异，但总体上在一定的范围内变化。根据5个生育阶段、4个干旱等级共20个指标计算，有7个的指标站点间变化范围在20%以下，10个变化范围在20%~30%，有3个变化范围在30%以上。说明，根据不同站点的土壤湿度计算的水分亏缺指数具有一定的范围。为验证计算结果的稳定性，利用另外8个站点的线性关系再次计算了不同干旱等级对应的水分亏缺指数（表3.5），通过对比可以看出，从数据的具体数值和变异范围看，验证站点的计算结果与建模站点的计算结果一致性较好，验证了土壤湿度与水分亏缺指数间具有相对稳定的对应关系。建模站点和验证站点两组数据的平均值比较一致（图3.2），大部分指标组间差异在10%以下。因此，根据两组数据分布范围及平均值情况，确定了夏玉米各生育阶段基于水分亏缺指数的干旱等级指标（表3.6）。

根据指标，夏玉米播种—出苗、出苗—拔节、拔节—抽雄、抽雄—乳熟和乳熟—成熟 5 个生育阶段发生干旱的水分亏缺指数的临界值分别为 35%、40%、20%、10% 和 35%，发生重旱水分亏缺指数临界值分别为 50%、65%、55%、45% 和 65%，发生特旱的临界值分别为 55%、75%、65%、55% 和 75%。确定的指标能够反映出夏玉米不同生育阶段需水及耐旱性特点。

表 3.4　根据建模站点数据计算的水分亏缺指数值

生育阶段	干旱等级	土壤相对湿度（%）	西平	内乡	南阳	驻马店	许昌	禹州	商丘	永城	平均值	变异系数（%）
播种—出苗	轻	65	37.3	35.7	25.8	30.4	37.9	37.2	32.8	38.2	34	12.9
	中	55	45.6	46.0	32.0	38.9	45.4	46.1	41.6	48.9	43	12.6
	重	45	54.0	56.3	38.3	47.4	52.9	54.9	50.4	59.6	52	12.7
	特	40	58.1	61.4	41.4	51.7	56.7	59.3	54.7	65.0	56	12.8
出苗—拔节	轻	60	43.8	46.7	20.3	40.0	47.8	32.0	28.7	47.5	38	26.7
	中	50	59.3	63.4	28.7	56.0	66.5	41.2	42.2	65.2	53	26.2
	重	40	74.8	80.0	37.0	71.8	85.2	50.5	55.6	82.9	67	26.0
	特	35	82.6	88.4	41.2	79.7	94.5	55.1	62.3	91.8	74	26.0
拔节—抽雄	轻	70	9.2	19.2	20.4	17.3	13.8	13.2	8.0	20.5	15	32.4
	中	60	27.9	40.0	44.1	43.7	32.5	31.3	26.6	48.6	37	22.6
	重	50	46.5	60.9	67.8	70.2	51.3	49.4	45.3	76.8	59	20.6
	特	45	55.8	71.3	79.7	83.4	60.6	58.5	54.6	90.9	69	20.1
抽雄—乳熟	轻	75	8.7	20.0	12.6	10.0	1.9	−0.2	−7.1	6.6	7	126.9
	中	65	26.8	39.0	35.4	34.4	22.7	19.6	10.6	29.5	27	34.5
	重	55	44.9	58.0	58.3	58.7	43.5	39.4	28.3	52.5	48	22.7
	特	50	54.0	67.5	69.7	70.9	53.9	49.3	37.2	64.0	58	20.2
乳熟—成熟	轻	70	34.8	35.5	42.6	26.6	30.7	30.7	19.6	45.1	33	24.9
	中	60	51.8	55.0	62.5	43.2	43.8	47.0	37.7	66.2	51	19.4
	重	50	68.7	74.5	82.4	59.9	56.9	63.4	55.7	87.3	69	17.3
	特	45	77.2	84.2	92.3	68.2	63.5	71.5	64.7	97.9	77	16.6

表 3.5 根据验证站点数据计算的水分亏缺指数值

生育阶段	干旱等级	土壤相对湿度（%）	正阳	确山	方城	襄城	郑州	汝州	虞城	沁阳	平均值	变异系数（%）
播种—出苗	轻	65	33.9	29.9	37.9	38.1	42.2	35.2	38.1	61.7	40	24.3
	中	55	43.8	38.3	46.8	50.0	47.6	43.4	44.8	68.5	48	18.8
	重	45	53.6	46.6	55.7	61.9	53.0	51.6	51.5	75.2	56	15.7
	特	40	58.6	50.8	60.1	67.9	55.7	55.7	54.8	78.6	60	14.8
出苗—拔节	轻	60	40.8	26.7	39.2	65.8	41.4	44.1	37.4	56.2	44	27.3
	中	50	58.9	39.0	54.7	87.1	50.0	58.0	46.8	66.0	58	25.2
	重	40	77.0	51.2	70.1	108.3	58.6	71.8	56.3	75.7	71	25.0
	特	35	86.1	57.3	77.8	118.9	63.0	78.7	61.0	80.6	78	25.2
拔节—抽雄	轻	70	13.2	4.2	24.3	33.1	22.9	20.9	12.5	28.2	20	47.1
	中	60	35.9	21.8	49.6	55.2	38.1	36.6	28.2	34.7	38	28.6
	重	50	58.5	39.5	74.9	77.3	53.3	52.3	43.9	41.1	55	26.3
	特	45	69.8	48.3	87.6	88.4	60.9	60.2	51.7	44.3	64	26.4
抽雄—乳熟	轻	75	2.8	8.1	6.6	26.5	16.5	16.3	-0.7	26.1	13	80.2
	中	65	25.9	23.6	29.5	50.5	31.6	30.1	16.5	33.7	30	32.5
	重	55	48.9	39.1	52.5	74.5	46.8	43.8	33.8	41.4	48	25.9
	特	50	60.5	46.8	64.0	86.5	54.4	50.7	42.5	45.2	56	25.4
乳熟—成熟	轻	70	32.6	22.6	42.4	53.1	25.9	39.1	30.2	39.8	36	27.7
	中	60	50.6	35.8	64.5	69.2	40.4	59.3	45.5	45.7	51	23.1
	重	50	68.6	49.0	86.7	85.4	54.9	79.5	60.7	51.7	67	22.8
	特	45	77.6	55.5	97.7	93.5	62.1	89.6	68.3	54.6	75	23.0

表 3.6 基于水分亏缺指数的夏玉米干旱等级指标

干旱等级	播种—出苗	出苗—拔节	拔节—抽雄	抽雄—乳熟	乳熟—成熟
无旱	<35	<40	<20	<10	<35
轻旱	≥35～<45	≥40～<55	≥20～<35	≥10～<25	≥35～<50
中旱	≥45～<50	≥55～<65	≥35～<55	≥25～<45	≥50～<65
重旱	≥50～<55	≥65～<75	≥55～<65	≥45～<55	≥65～<75
特旱	≥55	≥75	≥65	≥55	≥75

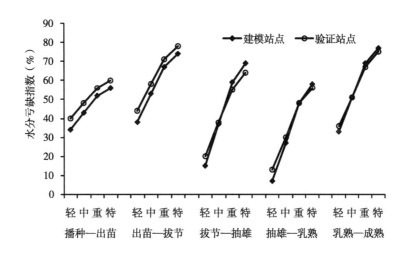

图 3.2　建模站点与验证站点水分亏缺指数平均值比较

3.1.3　指标验证

在黄淮海夏玉米种植区，选择了山东陵县、河北饶阳、河南方城、安徽亳州 4 个具有逐旬土壤湿度观测资料的站点，计算夏玉米各生育阶段平均土壤相对湿度和水分亏缺指数，并利用确定的指标进行干旱等级判别，验证土壤相对湿度指数与水分亏缺指数干旱等级指标的一致性，并与历史实际灾情情况进行对比。结果表明，建立的干旱等级指标对各站点干旱等级的判定结果总体上能够反映各站点历年干旱发生特征，特别是对灾情较重的年份判定结果更趋一致，如山东陵县 1997 年、河北饶阳 2003 年夏玉米生长季发生全程性的严重干旱，指标对各阶段干旱等级的判定为重旱和特旱的等级。河南方城和安徽亳州由于夏玉米生育后期降水较多，干旱一般发生在播种及苗期，而根据指标的判定结果，这两个站点多数年份播种—出苗阶段都有不同程度干旱发生，方城 2001、2003 及 2008 年播种—出苗阶段干旱严重，都在重—特旱等级，而安徽亳州 2005—2007 年播种期干旱均很严重，这些年份指标判定灾情与实际灾情发生情况也基本相符。

通过选取典型站点验证的方法，该指标在北方夏玉米主产区进行了验证，根据该指标确定干旱等级与实际干旱灾情基本相符，能够反映北方夏玉米主产区干旱发生情况。适用于进行北方夏玉米干旱灾害的调查、监测、预警和评估等工作。

3.2　冬小麦干旱指标

3.2.1　冬小麦干旱形态指标

　　干旱对植株外观影响，最易直接观测到的即是植株萎蔫。在试验和调查研究中发现，冬小麦发生干旱时，作物形态上表现相对滞后，植株形态表现明显时往往干旱已经发展为较重程度。实际生产中，在冬小麦播种至出苗期间，一般播种期土壤无干土层，小麦可适时播种，出苗率≥80%为无旱，而有干土层出现，出苗率小于80%时，即认为出现干旱。小麦出苗后至灌浆成熟前，除了叶片形态受干旱影响出现异常以外，植株的高度和绿色叶片的数量也会受到影响。河南省气象科学研究所研究团队于2011—2013年在郑州农业气象试验站开展的冬小麦水分控制试验，结果表明，当0~50 cm土壤层的平均相对湿度控制在50%~60%、40%~50%，以及40%以下时，冬小麦株高和绿色叶片数均有不同程度的减小。结合2012—2014年在河南省冬小麦出现旱情的区县进行现场调查的结果，并参考农学上对冬小麦干旱等级的划分，冬小麦干旱形态指标可概况为表3.7和表3.8。

表3.7　冬小麦干旱形态等级划分

等级	播种期	出苗期	越冬—抽穗期	开花—成熟期
无旱	无干土层	可按季节适时播种，出苗率≥80%	叶片自然伸展，生长正常	叶片自然伸展，生长正常
轻旱	出现干土层，且干土层厚度小于3 cm	因旱出苗率为60%~80%	因旱叶尖卷起	因旱叶尖卷起
中旱	干土层厚度3~6 cm	因旱播种困难，出苗率为40%~60%	因旱叶片白天凋萎	因旱叶片白天凋萎
重旱	干土层厚度7~12 cm	因旱无法播种或出苗率为30%~40%	因旱叶片枯萎，有死苗现象	因旱叶片枯萎，有死苗、子粒脱落现象
特旱	干土层厚度大于12 cm	因旱无法播种或出苗率低于30%	因旱植株干枯死亡	因旱植株干枯死亡

表3.8　不同时期干旱冬小麦株高和绿叶数指标（与正常对比的减少量）

项目	等级	越冬期	返青期	拔节期	抽穗期	灌浆期
株高	轻旱	0~0.5 cm	0~0.8 cm	0~3.0 cm	0~5.0 cm	差异不明显
	中—重旱	0.5~1.0 cm	0.8~1.5 cm	3.0~5.0 cm	5.0~9.0 cm	
	特旱	>1.0 cm	>1.5 cm	>5.0 cm	>9.0 cm	

（续表）

项目	等级	越冬期	返青期	拔节期	抽穗期	灌浆期
	轻旱	0~1.0片	0~4片	0~1.5片	0~0.4片	0~0.6片
单株/茎绿叶数	中—重旱	1.0~2.0片	4~6片	1.5~3.0片	0.4~1.0片	0.6~1.5片
	特旱	>2.0片	>6片	>3.0片	>1.0片	>1.5片

3.2.2　冬小麦生育期降水距平干旱指标

河南省气象科学研究所研究团队利用1961年以来河南省各县市冬小麦全生育期的降水资料，统计出了各站冬小麦全生育期降水负距平的频率。结果表明：大部分站点冬小麦全生育期降水出现负距平的频率在50%~60%，部分站点高达65%以上，发生频率较低的地区也在40%以上。由于干旱对作物的直接影响体现在气象产量的减少，但河南省不同地区产量水平会有较大的差异，作为反映气象因素影响的气象产量，也可能因此失去比较性，同时为了减少不同历史时期农业技术水平的影响，克服气象产量序列的时间区域和空间区域可比性差的不足，分析时采用相对气象产量百分率：

$$y_r = \frac{y - y_t}{y_t} \times 100\% \qquad\qquad 式（3.1）$$

式（3.1）中 y_r 为相对气象产量，以百分率（%）表示。y_t 为趋势产量，由三次多项式拟合而得；y 为作物单产。

冬小麦产量的形成不仅与全生育期降水总量有关，而且与降水在各个生育阶段的分配有密切关系。一般来说，全生育期降水量对于满足冬小麦正常生长发育的需要和抵御干旱的威胁，具有重要的作用。拔节期是冬小麦需水关键期，虽然需水量不大，但是如果缺水，则对冬小麦成穗数和穗粒数影响甚大。抽穗和灌浆期是需水临界期，需水量较大，此期的水分状况主要影响粒重。此外，底墒水对于保证全苗和后期抗旱亦有着重要作用。因此，根据华北地区冬小麦生育期特征，将降水划分为5个时段，即全生育期（10月上旬—6月上旬）、拔节—抽雄期（3月上旬—4月中旬）、抽雄—灌浆期（4月下旬—5月下旬）、拔节—灌浆期（3月上旬—5月中旬）和播前两个月（7月上旬—9月下旬）。

表3.9为冬小麦相对气象产量和不同时段降水距平百分率的相关分析。由此可以看出，不同时段的降水变化对产量的影响是不同的。其中，冬小麦全生育期（10.1—6.10）的降水对产量影响最大，关系最密切，全生育期降水量对于满足冬小麦正常生长发育的需要和抵御干旱的威胁，有相当重要的作用；其次为拔节到抽穗期（3.1~

4.20），也达到显著和较显著水平，拔节抽穗期为冬小麦需水关键期，水分亏缺直接影响冬小麦穗粒数。个别站点 7.1～9.30 的降水和冬小麦产量相关性显著，表明河南省局部地区由于冬小麦生育期降水偏少，底墒对产量的影响非常重要。

表 3.9   相对气象产量和不同时段降水距平百分率的相关性分析

地点	全生育期 （10.1—6.10）	拔节—抽雄期 （3.1—4.20）	抽雄—灌浆期 （4.21—5.31）	拔节—成熟期 （3.1—5.20）	播前两个月 （7.1—9.30）
渑池	0.508 5 ***	0.270 5 *	0.155 1	0.290 9 *	0.037 4
宜阳	0.413 6 **	0.253 0	0.016 9	0.185 4	− 0.090 4
巩义	0.366 5	0.141 5	0.054 8	0.161 7	− 0.275 8
高阳	0.368 9 *	0.237 0	0.174 4	0.323 0	0.067 8
南宫	0.325 0 *	0.162 1	0.160 4	0.225 6	0.355 2
新泰	0.379 2 *	0.107 5	0.059 7	0.276 3	− 0.030 4

注：表中 ＊＊＊表示通过 0.001 的显著性检验，＊＊表示通过 0.01 的显著性检验，＊表示通过 0.05 的显著性检验。

从上述分析可知，确定冬小麦干旱指标时，必须对冬小麦全生育期和拔节期的降水量进行重点分析，着重研究此期间降水变化对产量的影响。为了使确定的指标具有可比性，并能适用于较大范围区域，在分析中均用降水距平百分率（%）和相对气象产量（%）确定其定量关系，进而确定干旱指标。

3.2.2.1 主要指标

对于非灌溉地区和灌溉面积所占比例很小的地区，采用冬小麦全生育期降水距平百分率和相对气象产量的全部数据序列进行回归分析，建立回归方程，确定干旱年降水量与减产之间的定量关系。

$$渑池：Y_r = 0.492\ 5x - 0.356\ 2 \qquad\qquad 式（3.2）$$

$$宜阳：Y_r = 0.378\ 7x - 2.310\ 9 \qquad\qquad 式（3.3）$$

对于灌溉地区和灌溉面积比重较大的地区，则从降水距平和相对气象产量序列中选择降水负距平和对应的减产百分率进行回归分析。以河南省新乡和山东省泰安为例：

$$新乡：Y_r = 0.569\ 6x - 3.953\ 6 \qquad\qquad 式（3.4）$$

$$泰安：Y_r = 0.261\ 7x - 6.866\ 1 \qquad\qquad 式（3.5）$$

式中，Y_r 为相对气象产量，x 为冬小麦全生育期（10 月 1 日—6 月 10 日）的降水距平百分率。

表 3.10　冬小麦全生育期（10 月 1 日—6 月 10 日）降水负距平和对应的减产百分率

降水负距平（%）	渑池	宜阳	新乡	临颖	巩义	伊川	南宫	栾川	泰安	莱芜	平均
10	5.3	6.10	9.6	9.1	15.0	3.6	6.1	13.8	9.5	4.1	8.2
20	10.2	9.9	15.3	12.2	19.1	6.6	10.5	22.0	12.1	8.1	12.6
30	15.1	13.7	21.0	15.3	23.2	9.6	14.9	30.1	14.7	12.1	17.0
40	20.1	17.5	26.7	18.4	27.2	12.5	19.2	38.3	17.3	16.1	21.3
50	25.0	21.3	32.4	21.6	31.3	15.5	23.6	46.4	20.0	20.1	25.7
60	29.9	25.0	38.1	24.7	35.4	18.4	28.0	54.6	22.6	24.1	30.1
70	34.8	28.8	43.8	27.8	39.4	21.4	32.4	62.7	25.2	28.1	34.4
80	39.8	32.6	49.5	30.9	43.5	24.4	36.7	70.8	28.8	32.1	38.9
90	44.7	36.4	55.2	34.0	47.6	27.3	41.1	79.0	30.4	36.1	43.2
100	49.6	40.2	60.9	37.1	51.7	30.3	45.5	87.1	33.1	40.1	47.6

虽然不同地点气候条件不同，但就降水负距平对减产的影响来看，基本上是相同的。即：①降水负距平的绝对值愈大，减产幅度愈大；②对于同一个降水负距平等级，不同地点的减产幅度基本上变化不大（朱自玺等，2003）。参照农业生产上灾年所常用的减产标准，确定相对气象产量减少≤10% 的年份为轻旱年；相对气象产量减少在 10%～20%、20%～30% 及 >30% 时分别为中旱、重旱和严重干旱年。根据它和降水负距平的定量关系，可以得到用降水负距平（%）表示的干旱指标（表 3.11）。

表 3.11　冬小麦不同等级的干旱指标和减产百分率

干旱类型	减产率 ym（%）	全生育期降水负距平 Pm（%）
轻旱	ym < 10	Pm < 15
中旱	10 ≤ ym < 20	15 ≤ Pm < 35
重旱	20 ≤ ym < 30	35 ≤ Pm < 55
严重干旱	ym ≥ 30	Pm ≥ 55

3.2.2.2　辅助指标

冬小麦拔节期的水分状况，用 3 月和 4 月上、中旬的降水距平来表示，其对相对气象产量的影响用一元线性回归方程来表达。以河南省渑池和宜阳县为例，其回归方程为：

$$渑池：Y = 0.3649X + 0.6261$$ 式（3.6）

宜阳：$Y = 0.2397X - 2.8305$ 式（3.7）

不同降水负距平和减产百分率的关系如表 3.12 所示。

表 3.12 冬小麦拔节期降水负距平和对应的减产百分率

降水负距平（%） 站点	10	20	30	40	50	60	70	80	90	100
减产% 渑池	2.6	5.9	9.1	12.4	15.6	18.9	22.1	25.4	28.6	31.9
宜阳	5.2	7.6	10.0	12.4	14.8	17.2	19.6	22.0	24.4	26.8

根据不同干旱类型的减产标准，拔节期的干旱指标可确定为表 3.13。可以看出，冬小麦拔节期由于降水减少所造成的减产程度，要比全生育期降水减少所造成的危害小。造成相同等级的干旱，拔节期降水负距平的绝对值要大，并且一般情况下不会出现严重干旱。

表 3.13 冬小麦拔节期干旱指标

干旱类型	减产 ym（%）	降水负距平 Pm（%）
轻旱	ym < 10	Pm < 30
中旱	10 ≤ ym < 20	30 ≤ Pm < 65
重旱	20 ≤ ym < 30	65 ≤ Pm < 100

基于降水距平的干旱指标，构建过程中为减少灌溉的影响，选择的大部分站点为灌耕比较小或无灌溉条件的区县，虽然灌溉对干旱有缓解作用，但不能因此否认降水偏少导致干旱的事实，经实际资料和统计回代检验，基于降水距平的干旱指标适用于华北大部分冬小麦种植区。辅助指标在非灌溉区应用效果较好。

3.2.3 叶片水势指标

叶水势能够较好的反应植物的水分状况，当植物叶水势和膨压减少至足以干扰植物的正常代谢功能时，即发生水分胁迫。同时它也是反映作物体内水分亏缺最灵敏的生理指标，因此，叶水势可作为作物水分亏缺程度的诊断指标。

河南省气象科学研究所研究团队于 2012—2013 年和 2013—2014 年两个小麦生长季，分别在南阳方城试验站和驻马店农业试验站开展了优化灌溉和秸秆覆盖干旱防控技术试验，在郑州农业气象试验站开展了优化灌溉技术试验，在各试验站分别于返青期、抽穗灌浆期和乳熟期，利用美国 Decagon 公司生产的 WP4 – C 露点水势仪测定冬小麦叶水势，测定时，每个处理取 6 片叶子，求得平均值进行比较。

从图 3.3 中可以看出，采取了防旱措施的冬小麦叶片水势明显高于对照处理，其中两个试验年度返青期对照处理较灌溉处理水势降低了 0.35 ~ 0.37 MPa，抽穗灌浆期对照处理比灌溉处理水势降低 0.22 ~ 0.25 MPa，乳熟期对照处理比采取了防旱措施的偏低 0.11 ~ 0.17 MPa。张春霞等（2009）研究学者也发现小麦受干旱胁迫后，叶水势明显降低，且在不同生育阶段有所差异，可用叶水势降低值评判作物是否受到干旱胁迫。结合前人研究成果与本团队试验结果，小麦不同生育期叶片受旱条件下叶水势与正常无胁迫叶片水势相比的减少量指标见表 3.14。

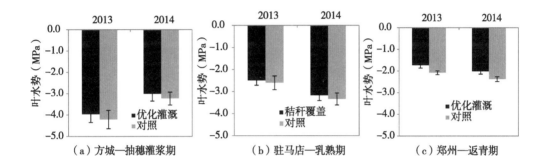

图 3.3　不同处理条件下冬小麦叶片水势比较

表 3.14　不同生育期干旱胁迫叶片水势变化指标

项目	苗期—返青	抽穗—灌浆期	乳熟期
减少量（MPa）	- 0.34	- 0.21	- 0.12
减少率（%）	7.7	5.4	2.9

利用叶水势的变化量判断冬小麦是否受旱具有较强的针对性和科学性。但由于水势测定对仪器和环境条件的要求相对较高，在指导大田生产过程中有一定的局限性。且利用叶水势对冬小麦干旱等级进行判定、叶水势与产量关系等方面还需要大量深入细致的试验工作。

总之，夏玉米、冬小麦干旱判定指标有多种，本课题通过试验和田间调查构建干旱指标，与已有指标相比，具有针对性、使用简便、科学性强的特点，构建的夏玉米水分亏缺指数，规范了我国主产区夏玉米干旱判定标准，构建的冬小麦干旱形态指标对于科学判定冬小麦不同生长阶段受旱情况，及时进行干旱防控具有重要指导意义。

3.3 冬小麦低温灾害指标

冬小麦低温灾害包括越冬期间冻害以及冬春之交的霜冻害。已有学者通过田间试验、历史资料分析等方法研究了冬小麦冻害指标（于玲，1982），但这部分研究大多在20世纪80年代以前，因冬小麦种植区域和和品种均发生改变，以往的指标不能完全满足生产需求。霜冻害指标多以冬小麦拔节期为界限，拔节后不同天数的最低气温或最低地温为判别标准（陶祖文和琚克德，1962；冯玉香等，1999），由于部分种植区域没有冬小麦生育期观测资料，因此以拔节后天数为标准进行霜冻害判识存在一定误差；因此，针对华北冬小麦低温灾害易发的河北麦区，基于目前冻害、霜冻害指标应用中存在的问题，进一步明确冬小麦冻害和霜冻害指标。

3.3.1 冬小麦冻害指标

冬小麦越冬期冻害主要包括3种类型：初冬剧烈降温型、冬季长寒型、融冻型。初冬剧烈降温型冻害指麦苗停止生长前后因气温骤然大幅度下降而发生的冻害，常发生在冬小麦抗寒锻炼尚不充分、抗寒能力较弱时候；冬季长寒型冻害指冬季持续严寒造成的冬小麦受冻现象；融冻型冻害指冬小麦越冬休眠期或未完全解除休眠状态时，气温回暖，冬小麦生长锥萌动生长，抗寒能力下降，再遇冻融交替或冷暖骤变，造成冬小麦受冻（郑大玮等，2005）。

3.3.1.1 冻害样本整理

根据各种类型冻害成因及特点，对河北麦区1971—2010年历史冻害灾情资料进行冻害类型判识，结合同期冬小麦生育期观测资料，统计冻害样本，包括年份、冻害类型、当年种植的冬小麦品种（强冬性、冬性、半冬性）、冻害发生时间、受冻程度、苗情、越冬期水分状况，为尽可能消除气象条件以外的因素对冻害的影响，剔除冻害样本中旱冻交加、牲畜啃食、苗情极差或过旺等严重影响冬小麦抗寒能力的非正常生长的冻害年份；以观测站观测的无冻害年为非冻害样本，整理年份、冬小麦品种、苗情、越冬期水分状况等信息。

将冻害样本按照冻害类型、种植的冬小麦品种特性、冬前抗寒锻炼程度进行分类，同时将非冻害样本按照冬小麦品种特性、抗寒锻炼程度进行分类，然后将每种类型冻害中同等抗寒锻炼程度和冬小麦品种特性的冻害样本与对应的同等抗寒锻炼程度和冬小麦品种特性的非冻害样本组成对比组，每组中包括冻害（A）、非冻害（B）两类样本。

3.3.1.2 冬前抗寒锻炼程度的确定

冬小麦越冬前抗寒锻炼对其抗寒能力影响较大，抗寒锻炼充分，其越冬期抗寒能力较强，反之，抗寒锻炼不足，其越冬期抗寒能力则较差。

冬前抗寒锻炼包括两个阶段，第一阶段要求日平均气温 0 ~ 5 ℃，第二阶段要求日平均气温 −5 ~ 0 ℃（李晴，2009），通过计算 5 日滑动平均气温稳定通过 5 ℃、0 ℃ 和 −5 ℃ 的日期，逐年统计冬小麦冬前第一和第二阶段抗寒锻炼天数。

分析历史冻害年份冬前抗寒锻炼天数，结果表明，初冬剧烈降温型冻害均存在冬前第一或第二阶段抗寒锻炼天数不足 5 d 的现象，因此，以 5 d 为界限，认为锻炼天数不足 5 d 为锻炼不足，≥5 d 为锻炼充分。

3.3.1.3 冻害指标因子筛选

采用秩和检验进行指标因子确定。秩和检验是一种非参数检验，不依赖于总体的分布形式，对等级资料有较好的分析敏感性，故采用秩和检验法进行冻害指标因子筛选。

根据冻害成因及专家经验，统计多种冻害影响因子，如越冬前后降温幅度、降温速度、过程最低气温、低温持续时间、越冬期天数、<0 ℃ 积温、最低气温低于界限温度（选取了 −10 ℃、−12 ℃ 和 −14 ℃）的天数及其累积负积温、极端最低气温、异常温度波动（因历史融冻型冻害均发生在平均气温回升到 0 ℃ 以上后又出现强降温的过程中，因此，主要统计了越冬期间日平均气温 >0 ℃ 持续天数，高温过后降温幅度、过程最低气温、低温持续时间等）。

首先将某一冻害因子序列在不分组（不分冻害年、非冻害年）的情况下按从小到大的顺序排序编秩，$X_{(1)} < X_{(2)} < \cdots < X_{(n)}$，$X_{(i)}$ 的足标 i 为 $X_{(i)}$ 的秩，若某些数值相等且为不同组的样本时，秩为足标的平均值；分组求秩次之和，设冻害发生年为 A 类，样本数为 n_1，非冻害年为 B 类，样本数为 n_2，假定 $n_1 < n_2$，$Rank_i(y)$ 表示冻害年因子所对应的秩次，则冻害年秩和 $Rank_A$ 为：

$$Rank_A = \sum_{i=1}^{n1} Rank_i(y) \qquad\qquad 式（3.8）$$

非冻害年秩和 $Rank_B$ 为总秩和（$1 + 2 + \cdots + (n_1 + n_2)$）与冻害年秩和 $Rank_A$ 之差。给定显著性水平 α，查秩和检验表，得到对应显著性水平 α 下的两个临界参数值 $Rank_1$（下限）和 $Rank_2$（上限），当 $Rank_A \leqslant Rank_1$ 或 $Rank_A \leqslant Rank_2$ 时，即表示该因子对冻害是否发生有显著影响。

3.3.1.4 指标的确定及检验

最终判断是否发生冻害时还需要定量化的指标。进行指标建立时，根据 Bayes 判别准则，以误判率最低为标准，以筛选出的某一指标因子作为单独因子，进行单因子判别，参考前人研究方法（邓自旺等，2008），构造最佳临界值确定函数。

计算按冻害类型、冬小麦品种特性、冬前抗寒锻炼程度进行分类形成的冻害（A）和非冻害（B）对比组中相应指标因子的平均值，以平均值为中心按增大和减小两个方向，以一定增量（研究中气温取 0.5 ℃，天数取 1 d，积温步长取 10 ℃·d），设置候选临界值；查找样本中该指标因子高于候选临界值的年数 N_g，低于候选临界值的年数 N_l，高于候选临界值时 A 类年份出现的年数 N_a，低于候选临界值时 B 类年份出现的年数 N_b，依据公式（3.9），当 S_d 取最大值时的临界值，即为最佳临界值。

$$S_d = \frac{N_a + N_b}{\mid N_g - N_l \mid + 1}$$
式（3.9）

指标临界值确定之后，利用观测站 1981—2010 年观测的冬小麦冻害和非冻害年份对指标进行回代检验，以判错的个数占判断总个数的百分比做为误判率。冬季冻害指标因子、临界值及检验结果见表 3.15。

表 3.15 冬季冻害指标因子、临界值及检验结果

类型	抗寒锻炼	品种特性	判别因子	信度 α	临界值	样本数	误判率（%）
初冬剧烈降温型	第一阶段 <5 d	强冬性	dr drt Tmin	– 0.075 0.05	– drt≥10 ℃ Tmin≤ – 10 ℃	150	3.33
		冬性	dr drt Tmin	– 0.025 0.025	– drt≥10 ℃ Tmin≤ – 9 ℃	134	3.73
		半冬性	dr drt Tmin	– 0.075 0.025	– drt≥10 ℃ Tmin≤ – 8 ℃	106	2.83
	第二阶段 <5 d	强冬性	dr drt Tmin	– 0.025 0.025	– drt≥10 ℃ Tmin≤ – 14 ℃	150	2.00
		冬性	dr drt Tmin	– 0.075 0.025	– drt≥10 ℃ Tmin≤ – 13 ℃	134	2.24
		半冬性	dr drt Tmin	– 0.025 0.025	– drt≥10 ℃ Tmin≤ – 12 ℃	106	2.83

（续表）

类型	抗寒锻炼	品种特性	判别因子	信度 α	临界值	样本数	误判率（%）
长寒型	充分	强冬性	days -10^- AT -10^-	0.05 0.05	days $-10^- \geqslant 45$ AT $-10^- \leqslant -600$ ℃	110	3.64
			days -12^- AT -12^-	0.025 0.025	days $-12^- \geqslant 30$ AT $-12^- \leqslant -450$ ℃	110	1.82
			days $-w$ T $-w$	0.025 0.025	days $-w \geqslant 85$ T $-w \leqslant -5.0$ ℃	110	1.82
		冬性	days -10^- AT -10^-	0.075 0.05	days $-10^- \geqslant 30$ AT $-10^- \leqslant -440$ ℃	98	2.00
			days -12^- AT -12^-	0.025 0.025	days $-12^- \geqslant 20$ AT $-12^- \leqslant -300$ ℃	98	0
			days $-w$ T $-w$	－ －	－ －	－	－
		半冬性	days -10^- AT -10^-	0.025 0.025	days $-10^- \geqslant 30$ AT $-10^- \leqslant -400$ ℃	82	0
			days -12^- AT -12^-	0.025 0.025	days $-12^- \geqslant 15$ AT $-12^- \leqslant -200$ ℃	82	2.44
			days $-w$ T $-w$	－ －	－ －	－	－
	不充分	强冬性	days -10^- AT -10^-	0.05 0.05	days $-10^- \geqslant 35$ AT $-10^- \leqslant -450$ ℃	51	5.88
			days -12^- AT -12^-	0.05 0.05	days $-12^- \geqslant 30$ AT $-12^- \leqslant -400$ ℃	51	3.92
			days $-w$ T $-w$	0.025 0.025	days $-w \geqslant 80$ T $-w \leqslant -3.5$ ℃	51	5.88
		冬性	days -10^- AT -10^-	－ －	－ －	－	－
			days -12^- AT -12^-	－ －	－ －	－	－
			days $-w$ T $-w$	0.025 0.025	days $-w \geqslant 80$ T $-w \leqslant -3.0$ ℃	36	5.56
		半冬性	days -10^- AT -10^-	－ －	－ －	－	－
			days -12^- AT -12^-	－ －	－ －	－	－
			days $-w$ T $-w$	0.025 0.025	days $-w \geqslant 70$ T $-w \leqslant -3.0$ ℃	24	4.17

（续表）

类型	抗寒锻炼	品种特性	判别因子	信度 α	临界值	样本数	误判率（%）
融冻型	充分	强冬性	Tdmin days－0⁺ Tmax	0.025 － －	Tdmax≤－14 ℃ － －	110	4.55 （＋）days－0⁺≥5 0.90
		冬性	Tdmin days－0⁺ Tmax	0.025 － －	Tdmax≤－13 ℃ － －	98	3.06 （＋）days－0⁺≥5 0
		半冬性	Tdmin days－0⁺ Tmax	0.025 － －	Tdmax≤－12 ℃ － －	82	2.44 （＋）days－0⁺≥3 1.22
	不充分	强冬性	Tdmin days－0⁺ Tmax	0.025 － －	Tdmax≤－13 ℃ － －	51	1.96 （＋）days－0⁺≥5 1.96
		冬性	Tdmin days－0⁺ Tmax	0.025 － －	Tdmax≤－12 ℃ － －	36	11.11 （＋）days－0⁺≥5 2.78
		半冬性	Tdmin days－0⁺ Tmax	0.025 － －	Tdmax≤－11 ℃ － －	24	0 （＋）days－0⁺≥3 0

注：dr：最低气温降温速度；drt：最低气温降温幅度；Tmin：降温过程最低气温；days－10⁻：最低气温≤－10 ℃天数；AT－10⁻：≤－10 ℃累积负积温；days－12⁻：最低气温≤－12 ℃天数；AT－12⁻：≤－12 ℃累积负积温；days－w：越冬天数；T－w：越冬期平均气温；Tdmin：高温后极端最低气温；days－0⁺：平均气温＞0 ℃持续天数；Tmax：平均气温最高值。

分析表明，初冬剧烈降温型冻害主要受越冬前后降温幅度和过程最低气温影响，降温幅度越大、最低气温越低，越易发生冻害；长寒型冻害主要受越冬期长度及越冬期平均气温影响，同时受界限温度以下低温持续时间及其累积负积温影响；融冻型冻害主要受高温过后低温过程的最低气温影响。

回代检验结果显示，初冬和长寒型冻害指标误判率均在6%以下，精度较高，可满足生产实际及气象业务服务的需要。融冻型冻害以高温过后低温过程的最低气温这一单指标进行判定时，是否发生冻害误判率相对较高，在10%以上，考虑到气温回升到0 ℃以上持续一段时间后，冬小麦生长锥才会萌动、抗寒能力才会明显下降，因此对历史融冻型冻害样本0 ℃以上气温持续时间进行了分析，结果显示，强冬性和冬性品种冬小麦融冻型冻害均发生在气温回升到0 ℃以上持续5 d及以上后出现的低温过程中，半冬性品种发生在气温回升到0 ℃以上持续3 d及以上后出现的低温过程中。因此，分别将气温回升到0 ℃以上持续5 d和3 d作为融冻型冻害的一个辅助性指标，经回代检验，误判率明显下降，均在3%以下。

利用以上方法构建的冻害指标，对农业气象观测站2011—2012年冬小麦冻害灾情进行判别应用。结果显示，指标判别准确率达 97.83%，46 个检验样本中，仅涿州 2011 年出现未达到冻害气候指标而发生长寒型冻害的现象，查看当年观测资料表明，2011 年涿州观测点冬小麦播期偏晚、冬前气温低，导致冬前未分蘖、苗情差，同时越冬期持续 108 d 无降水，旱情严重，属于墒情和苗情均较差的特殊情况，冬小麦抗寒能力较正常年份低，因此，气候条件未达到冻害标准而发生了冻害。

历史回代与实际应用结果显示，利用以上方法构建的冬小麦冻害气候指标判别精度较高，判别因子为农业气象站常规观测资料，资料易于获得，因此该指标能够满足实际生产及气象服务的需求。

3.3.2　冬小麦晚霜冻灾害指标

冬小麦春季霜冻多以拔节期为界限，拔节后不同天数的最低气温或最低地温为判别因子进行判识，但由于大部分地区没有冬小麦生育期观测资料，而用固定日期或预测日期作为拔节期很难准确的计算拔节后的天数，因此导致判识结果与实际情况存在较大偏差。考虑到作物发育进程与温度条件相关密切，霜冻害又直接由温度变化引起，因此拟通过分析霜冻害与温度条件的关系，建立直接以气温为基础的霜冻害判识标准，这样即能消除生育期预测过程中的误差，又方便实际应用。

按照中国气象局《作物霜冻害等级》（QX/T 88—2008）中规定的霜冻害等级标准，将霜冻害划分为 3 个等级：轻度霜冻害、中度霜冻害、重度霜冻害。轻度霜冻害最低气温下降较明显，但低温强度不大，植株顶部、叶尖或少部分叶片受冻，受冻株率小于 30%，部分受冻部位可以恢复。其中粮食作物减产幅度一般在 5% 以内；中霜冻害降温明显，低温强度较大，受冻株率在 30% ~ 70%，植株上半部叶片大部分受冻，且不能恢复；幼苗部分被冻死。其中粮食作物减产 5% ~ 15%；重霜冻害降温幅度和低温强度都很大，受冻株率 70% 以上，植株冠层大部叶片受冻死亡或作物幼苗大部分冻死。其中粮食作物减产 15% 以上或绝收。

3.3.2.1　霜冻害多发期与少发期之间临界期的确定

按照霜冻害等级标准，对 1971—2010 年春季晚霜冻害灾情等级进行判识，分析其发生时期，找出霜冻害发生的主要时期，并对霜冻害发生前后气象要素进行分析，找出霜冻害多发期与少发期之间的临界温度。霜冻害的发生由气温异常变化引起，因此不适宜用气温绝对稳定通过某一温度的日期作为临界期，研究中采用气温相对稳定通过某一界限温度（即通过某一温度持续一定时间）的日期作为临界期。

历史灾情资料分析结果表明，河北省冬小麦晚霜冻害主要发生在 3 月下旬—4 月下旬，以轻度为主，中度次之，重度较少。对霜冻害发生前后气象要素特征进行分析，找出霜冻害发生前后日平均气温的水平状况，结果表明，霜冻害发生年份中，97.1%的年份发生在气温相对稳定通过 12 ℃之后，2.9%的年份发生在气温相对稳定通过 8 ℃到 12 ℃之间。冬小麦适宜拔节生长的温度指标为气温稳定在 12～16 ℃（闫宜玲等，1995），气温稳定通过 12 ℃后冬小麦进入适宜拔节期，拔节后抗寒能力明显减弱，是霜冻害敏感期，因此，以气温相对稳定通过 12 ℃作为霜冻害多发期与少发期之间的临界温度。

日平均气温相对稳定通过 12 ℃的日期的确定方法为：采用 5 日滑动平均法，计算任意连续 5 d 的日平均气温的平均值，当 5 日滑动平均值连续 3 次通过 12 ℃时即认为相对稳定通过，然后找出第一次通过 12 ℃的 5 日滑动平均值所包括的 5 d 内最先一个日平均气温大于或等于 12 ℃的日期，作为相对稳定通过 12 ℃的日期。

3.3.2.2 指标的确定

根据陶祖文和琚克德的研究方法，以气温相对稳定通过临界值的日期为界限，以最低气温为判别因子，统计各等级霜冻害发生时的过程最低气温、距离气温相对稳定通过临界值的天数，并绘制以气温相对稳定通过临界值的天数为横坐标、过程最低气温为纵坐标的灾情分布图（陶祖文和琚克德，1962）。根据霜冻害点的分布情况，划分出不同等级霜冻害的上限，用相应的函数表示，进而得出不同等级霜冻害的判别指标。

统计不同等级霜冻害发生时的过程最低气温、距离气温相对稳定通过 12 ℃的天数，绘制以天数为横坐标、过程最低气温为纵坐标的灾情分布，如图 3.4 所示。

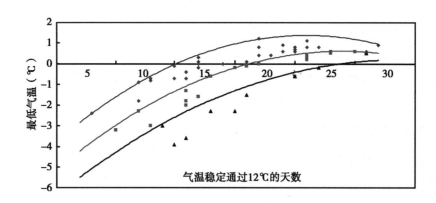

图 3.4 气温稳定通过 12 ℃后不同的天数在不同的最低气温时冬小麦的受冻情况

由图可见，在气温稳定通过 12 ℃后的 5 d 内，霜冻害发生次数较少；5 d 后霜冻害发生次数逐渐增多，20 d 后又逐渐减少。随着发生时间的后移，霜冻害发生时的最低气温呈升高趋势。中、重度霜冻害发生时的最低气温比轻度霜冻害发生时的最低气温低，但随着气温稳定通过12℃后天数的不断增加，轻度、中度和重度霜冻害发生时最低气温趋于重合，即霜冻害指标趋于重合，这与前人研究结果相一致（陶祖文和琚克德，1962）。

根据霜冻害样本的分布情况，划分出轻度和中重度霜冻害的上限，即尽量将各等级霜冻害样本用曲线分开，并用相应的函数表示，如公式3.10~公式3.12。

$$T_1 = 0.011\ 7 \times N^2 + 0.489\ 9 \times N - 3.771\ 5 \qquad\qquad 式（3.10）$$

$$T_2 = -0.009\ 9 \times N^2 + 0.472\ 2 \times N - 5.116\ 9 \qquad\qquad 式（3.11）$$

$$T_3 = 0.008 \times N^2 + 0.457\ 2 \times N - 6.372\ 9 \qquad\qquad 式（3.12）$$

式中，T_1 为轻度霜冻害指标上限，T_2 为中度霜冻害指标上限，T_3 为重度霜冻害指标上限，N 为气温稳定通过12℃后的天数。

一般情况下，随着日平均气温相对稳定通过12℃的天数增加，冬小麦抵抗低温的能力逐渐减弱，同时随着天数的增长，减弱的速度逐渐变缓，20 d以上时，各等级霜晚冻害发生的临界温度随天数变化不大，趋于重合。为了指标在使用时便于掌握，参考霜冻害指标中常采用的方法，以5 d为一个阶段，将指标按日平均气温相对稳定通过12℃后的天数划分为4个时段，即：日平均气温相对稳定通过12℃后1~5 d、6~10 d、11~15 d、16~20 d、20 d以上，分阶段制定霜冻害指标。具体的冬小麦晚霜冻害气象等级指标如表3.16。

表3.16　不同等级冬小麦晚霜冻害气候指标（℃）

等级	1~5 d	6~10 d	11~15 d	16~20 d	20 d以上
轻度	−3.3~−1.6	−1.3~0.0	0.2~1.0	1.1~1.4	1.5~0.5
中度	−4.7~−2.9	−2.6~−1.3	−1.1~−0.2	0.0~0.5	0.5~0.0
重度	−5.9~−4.3	−4.0~−2.6	−2.4~−1.3	−1.1~−0.4	<0.0

3.3.2.3　指标的检验

利用建立的冬小麦春季晚霜冻害气候指标对1971—2010年霜冻害灾情资料进行了回代检验，62个霜冻害样本中，仅3个出现误判，误判率为4.84%。

利用建立的霜冻害气候指标对2013年霜冻害灾情进行判别检验。2013年4月19—20日河北省出现雨雪天气，伴随着雨雪，气温迅速下降，河北省中南部大部麦区最低气温降到−1.8~1.5℃，此时河北中南部正值冬小麦的拔节期，冬小麦遭受霜冻害，若利用上面构建的霜冻害指标对实际霜冻灾情进行分析，结果显示保定、石家庄、沧州、衡水、邯郸、邢台等地发生了轻度霜冻害，而藁城、南宫发生中度霜冻害。为验证指标判识的准确性，霜冻害发生站点实际调研结果显示，依据霜冻害指标判断的结果与实际灾情相符，发生霜冻害的大部分站点多表现为叶片受冻、叶尖发白干枯、叶片出现条纹状褪绿斑点等轻度受冻症状；藁城、南宫站受冻稍重，部分表现为籽粒受精后发育终止，导致不能灌浆。

结果表明，在此构建的霜冻害判别指标可反映实际灾情及气象服务的需要。

3.4　小　结

本章基于前人的研究方法及成果，结合控制试验和历史灾情资料，构建了基于土壤相对湿度和作物水分亏缺指数的华北地区夏玉米干旱指标、冬小麦干旱形态指标、降水距平指标和叶片水势指标，以及冬小麦冻害和晚霜冻灾害指标。

参考文献

邓自旺，周晓兰，倪绍祥，等.2008.环青海湖地区草地蝗虫发生测报的气候指标研究［J］.植物保护，31（2）：29－33.

冯玉香，何维勋，孙忠富，等.1999.我国冬小麦霜冻害的气候分析［J］.作物学报，25（3）：335－340.

郭庆法，王庆成，汪黎明.2004.中国玉米栽培学［M］.上海：上海科学技术出版社.

"华北平原作物水分胁迫与干旱研究"课题组.1991.作物水分胁迫与干旱研究［M］.郑州：河南科学技术出版社，126－129.

李晴.2009.河北省冬小麦气象干旱和越冬冻害风险及其农艺减灾技术分析［D］.河北：河北省农业大学：10－11.

陶祖文，琚克德.1962.冬小麦霜冻害气象指标的探讨［J］.气象学报，32（3）：215－223.

闫宜玲，林艳，孙桂顺.1995.河北省农业气象实用手册［M］.北京：气象出版社，38.

于玲.1982.河北省冬麦冻害指标的初步分析［J］.农业气象，3（4）：10－13.

张春霞，谢惠民，王婧，等.2009.小麦品种叶片水势与抗旱节水性的关系［J］.麦类作物学报，29（3）：453－459.

郑大玮，郑大琼，刘虎城.2005.农业减灾实用技术手册［M］.浙江：浙江科学技术出版社：24－27，100.

朱自玺，侯建新.1988.夏玉米土壤水分指标研究［J］.气象，14（9）：13－16.

朱自玺，刘荣花，方文松，等.2003.华北地区冬小麦干旱评估指标研究［J］.自然灾害学报，12（1）：145－150.

第4章 北方地区主要作物抗旱减灾技术研究

北方地区是中国干旱易发地区，又是玉米、小麦和大豆主产区，玉米、大豆虽然生长在雨季，但因降水量年际间波动较大，干旱仍时有发生。北方地区冬小麦虽以灌溉为主，但在降水偏少灌溉不及时年份，干旱仍是影响小麦产量的主要农业气象灾害。因此，研究北方地区主要作物抗旱减灾技术，对作物稳产高产具有重要理论与实践意义。

本章主要从抗耐旱品种筛选、种子包衣、土壤深松深耕、坐水种、地膜覆盖、集雨种植等干旱防御技术，节水灌溉、防旱剂喷施等干旱应急技术出发，研究各区域不同作物防旱减灾技术，为北方地区应对干旱灾害保障粮食稳产增产提供技术支撑。

4.1 东北地区主要作物抗旱减灾技术研究

针对东北地区干旱特征，防旱减灾技术研发对于提高东北地区抗旱减灾能力具有重要意义。在利用作物抗旱品种资源基础上，结合现有的坐水播种、深松蓄水、覆盖保墒、错期播种、节水灌溉技术等农艺技术和新型抗旱剂、保水剂等化学调控手段，充分利用自然降水，提高土壤蓄水保水能力，增强作物抗旱性及提高水分利用率是东北粮食作物针对干旱防、控、避、减的主要技术手段。

4.1.1 玉米抗旱技术研究

4.1.1.1 黑龙江省玉米育苗移栽抗旱技术

玉米育苗移栽技术可较好地躲避早春干旱，实现玉米耐（抗）干旱，在早春受旱的条件下影响出苗。玉米育苗移栽技术的优点：一是使玉米播种期提前，充分利用早春季节；二是能够确保苗全、苗齐、苗匀、苗壮；三是育苗移栽后玉米表现为基部节间伸长受到抑制，抗倒伏能力增强，根深、苗壮、秆矮，通过定向移栽可以使叶片有序排列，空间分布均匀，充分利用光能（伍玉春，1998），较直播每亩增密500～1 000

株；四是育苗移栽可以节约种子用量，降低生产成本。在干旱和半干旱地区，移栽与坐水种植的用水量接近，玉米可在育苗床内躲避早春干旱，是非常有效的早春抗旱栽培措施。该技术的缺点：增加育苗、移栽成本。技术前景：在早春严重干旱年份，半干旱地区玉米育苗移栽技术作为抗旱减灾种植模式，可取代坐水种植。

黑龙江八一农垦大学研究团队在黑龙江省半干旱地区黑龙江省农业科学大庆分院红旗泡基地进行了玉米育苗移栽试验，品种选用生育期有效积温高于大庆地区（黑龙江省第二积温带 2 500 ~ 2 700 ℃·d）的品种（积温 2 800 ℃·d）6 个，适宜当地播种品种 21 个，采用塑料软盘育苗，在当地玉米适宜播期 5 月中旬进行移栽，有效地躲避了春季干旱，同时移栽前的蹲苗和炼苗，提高了移栽后玉米抗旱能力。从全生育期状况来看，育苗移栽技术明显降低了玉米秃尖长度，如表 4.1。为了筛选出黑龙江省半干旱地区适于育苗移栽玉米品种，我们设置了不同品种移栽试验，以相同品种常规播种产量作为对照，结果表明（图 4.1），生育期较短早熟品种玉米移栽产量相对较低，如：绥玉 7、德美亚 2 号、克单 10、德美亚 1 号和克单 13 等；生育期较长的中晚熟品种产量较高，与常规技术相比增幅较大，这与 2013 年早春低温，育苗移栽能够抢出更多的有效积温有关。

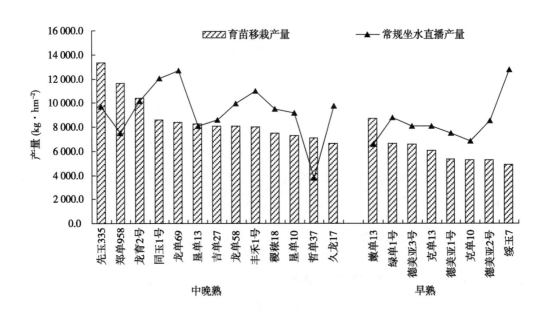

图 4.1　不同玉米品种育苗移栽技术与常规坐水直播技术产量比较

玉米育苗移栽技术不仅影响产量，对籽粒品质也会产生影响，具体结果如表 4.1。对于生育期积温需求高于当地积温玉米品种，采用育苗移栽技术玉米籽粒中淀粉、脂肪含量增加，而蛋白质、水分含量及穗秃尖长度降低；而适宜当地播种的玉米品种采用育苗移栽技术后蛋白质、赖氨酸含量提高。

表 4.1　玉米育苗移栽技术与常规坐水播种技术（CK）籽粒品质及秃尖长度比较

品种	蛋白质（%）			脂肪（%）		
	移栽	CK	±CK%	移栽	CK	±CK%
铁研 38	7.55±0.30aA	7.58±0.04aA	−0.40	3.45±0.07aA	3.24±0.06aA	6.48
铁研 39	7.91±0.04bB	8.31±0.03aA	−4.81	3.68±0.07aA	3.85±0.07aA	−4.42
铁研 55	8.29±0.23aA	8.23±0.23bA	0.73	3.52±0.1aA	3.47±0.06aA	1.44
铁研 58	7.63±0.16aA	7.91±0.14aA	−3.54	3.69±0.14aA	3.65±0.06aA	1.10
铁研 120	7.64±0.11aA	8.03±0.14aA	−4.86	3.95±0.08aA	3.72±0.06aA	6.18
甘农 118	8.17±0.14bA	8.67±0.15aA	−5.77	4.15±0.12aA	3.90±0.07aA	6.41

品种	淀粉（%）			赖氨酸（%）		
	移栽	CK	±CK%	移栽	CK	±CK%
铁研 38	75.16±0.37aA	73.92±1.28aA	1.68	0.23±0.01aA	0.22±0.01aA	4.55
铁研 39	74.41±0.93aA	74.52±1.29aA	−0.15	0.21±0.01aA	0.20±0.01bB	5.00
铁研 55	74.69±0.69aA	74.69±1.29aA	0.00	0.22±0.01aA	0.21±0.01aA	4.76
铁研 58	74.75±0.39aA	74.68±1.29aA	0.09	0.20±0.01aA	0.21±0.01aA	−4.76
铁研 120	72.29±0.27aA	72.03±1.25aA	0.36	0.23±0.01aA	0.22±0.01aA	4.55
甘农 118	74.22±0.18aA	73.54±1.28aA	0.92	0.20±0.01aA	0.20±0.01aA	0.00

品种	籽粒含水量（%）			秃尖长度（cm）		
	移栽	CK	±CK%	移栽	CK	±CK%
铁研 38	17.67±0.59aA	18.3±0.32aA	−3.44	0.57±0.28aA	0.68±0.01aA	−16.18
铁研 39	18.27±0.74aA	17.91±0.31aA	2.01	0.67±0.03aA	0.79±0.01aA	−15.19
铁研 55	18.9±0.76aA	19.19±0.33aA	−1.51	0.69±0.07bA	0.97±0.02aA	−28.87
铁研 58	20.05±0.1aA	19.14±0.33aA	4.75	0.15±0.01bB	0.56±0.01aA	−73.21
铁研 120	18.22±0.48aA	18.95±0.33aA	−3.85	0.57±0.04aA	0.43±0.01aA	32.56
甘农 118	16.42±0.62aA	15.28±0.35aA	7.46	0.66±0.06aA	0.78±0.01aA	−15.38

注：同一列上的不同小写字母表示不同处理间在 5% 水平上的显著差异，不同大写字母表示在 1% 水平上的显著差异。

以上分析表明，采用育苗移栽技术，中晚熟品种可有效躲避春旱，达到稳产或增产的目的，如郑单 958、先玉 335 和哲单 37，都表现移栽后缓苗快和产量高的特点；该技术发展的瓶颈是如何实现移栽机械化。

4.1.1.2 黑龙江省玉米垄作抗旱技术

垄作栽培可蓄水保墒，提高土壤水分，有效缓解干旱对作物生长发育的影响（王旭清等，2002；李跃伟和孙慕芳，2005；马超等，2007）。黑龙江八一农垦大学研究团队在黑龙江省林甸县开展试验，明确玉米垄作抗旱效果。试验以郑单958为供试品种，垄作为处理，平作为对照，分别测定了垄作和平作条件下玉米形态指标、穗型和产量等。试验结果如表4.2和表4.3，垄作处理玉米株高和穗位高明显高于平作处理，茎粗大于平作，但未达到显著水平。而穗长则表现为垄作处理略低于平作，但并未达到显著水平。穗粗、秃尖长及轴粗两个处理未有显著差异。

表4.2　垄作和平作条件下玉米形态比较

处理	株高（cm）	茎粗（cm）	穗位高（cm）	穗长（cm）	穗粗（cm）	秃尖长（cm）	轴粗（cm）
平作（CK）	298.50 ± 6.03b	2.16 ± 0.07a	98.73 ± 3.33b	19.07 ± 0.4a	4.86 ± 0.10a	2.27 ± 0.22a	2.66 ± 0.13a
垄作	312.07 ± 6.85a	2.22 ± 0.02a	108.43 ± 0.69a	18.90 ± 0.70a	4.86 ± 0.17a	2.43 ± 0.15a	2.58 ± 0.05a
与CK相比增加量	13.57	0.06	9.70	-0.17	0.00	0.16	-0.08

注：同一列上的不同小写字母表示不同处理间在5%水平上的显著差异。

玉米垄作产量明显高于平作，表现为穗行数显著大于平作，穗粒重大于平作，但未达到显著水平，行粒数无显著差异。

表4.3　垄作和平作对玉米产量构成因子及产量的影响

处理	穗行数（行/穗）	行粒数（粒/穗）	穗粒重（g/穗）	产量（kg·hm^{-2}）
平作（CK）	15.47 ± 0.13b	38.33 ± 1.03a	186.50 ± 8.83a	11 476.95 ± 206.59b
垄作	16.13 ± 0.47a	38.13 ± 1.33a	198.33 ± 5.80a	12 258.90 ± 280.85a
与平作相比增加量	0.66	-0.20	11.83	781.95

注：同一列上的不同小写字母表示不同处理间在5%水平上的显著差异。

总之，与平作相比，垄作扩大土壤水容量，有效接纳和储存降水，直接影响玉米形态和产量。与平作相比，垄作处理玉米的株高、茎粗、穗位高、秃尖长、玉米穗行数增高，穗长和行粒数减少，穗粒重和产量提高。黑龙江省不同土壤类型条件下垄作技术均一定程度上起到抗旱作用。

4.1.1.3 黑龙江省玉米地膜覆盖抗旱技术

地膜覆盖减少土壤水分蒸发，提高土壤水分含量和土壤温度，促进作物生长发育，提高作物产量（李默隐，1983；王耀林，1988；夏自强等，1997；王顺霞等，2004）。

2012—2013 年黑龙江省八一农垦大学研究团队在大庆市林甸县吉祥村开展玉米生物全降解地膜覆盖抗旱技术研究。试验玉米品种为郑单 958 和吉农大 516。以普通地膜覆盖（CK1）和无膜（CK2）为对照，以生物全降解膜（T）为处理，进行对比试验。试验选用的新型地膜为日本三菱化工公司生产的生物全降解膜，宽度为 1.3 m、厚度为 18 μm、颜色透明。该膜是以淀粉为主要原料的生物降解膜，可被细菌有效分解，减轻对土壤二次污染。普通地膜采用黑龙江省林甸县市售的农用地膜，主要成分为聚乙烯、宽度 1.3 m、厚度 8 μm。连作玉米，地膜不收捡翻入土壤，第二年重新覆膜。研究结果如表 4.4，2012 年和 2013 年，在出苗期、拔节期和抽雄期，降解膜处理土壤含水量高于普通膜和无膜处理；而成熟期降解地膜处理显著低于普通地膜土壤含水量，说明覆盖生物全降解地膜具有与普通膜相同的保水作用。在出苗期，覆膜处理的 5 cm 和 15 cm 土层土壤含水量均高于无膜处理的含水量，其中生物全降解地膜 5 cm 和 15 cm 处土层土壤含水量较普通地膜略低。在拔节期，生物全降解地膜处理各土层的含水量与无膜处理均表现出明显差异，而普通地膜处理只有在土层 5 cm 处高于无膜处理。深层含水量差异均不大。在抽雄期，生物全降解膜处理含水量最高达到 75.61%，各土层土壤含水量均高于普通地膜。到成熟期，15 cm 土层含水量以普通膜处理为最高，达到 78.62%；降解膜处理 5 cm 和 15 cm 土层含水量均低于普通膜处理和无膜处理（图 4.2）。

表 4.4 2012—2013 年各生育时期的土壤含水量

生育时期	处理	2012 年 10 cm 土壤含水量（%）	2013 年 15 cm 土壤含水量（%）
出苗期	降解膜（T）	29.2bB	33.5aA
（覆膜 30 d）	普通膜（CK1）	27.2aA	33.4aA
	无膜（CK2）	26.9bB	27.3aA
拔节期	降解膜（T）	26.3aA	37.6aA
（覆膜 60 d）	普通膜（CK1）	26.0aA	34.4aA
	无膜（CK2）	24.6aA	32.1aA
抽雄期	降解膜（T）	32.0aA	67.6aA
（覆膜 90 d）	普通膜（CK1）	30.4abA	63.2aA
	无膜（CK2）	29.9bA	60.2aA
成熟期	降解膜（T）	23.3bB	33.2abA
（覆膜 150 d）	普通膜（CK1）	25.9aA	39.2aA
	无膜（CK2）	22.6cC	19.5bA

注：同一列上的不同小写字母表示不同处理间在 5% 水平上的显著差异，不同大写字母表示在 1% 水平上的显著差异。

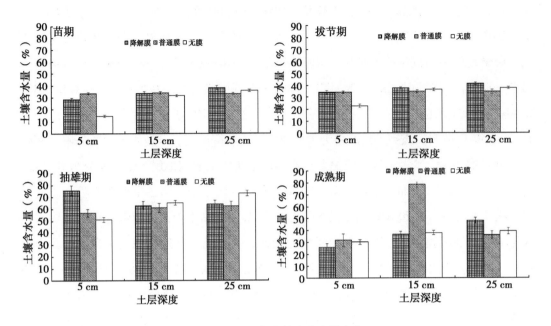

图 4.2　2013 年土壤水分含量变化

　　普通地膜自然条件下难以降解，因此大量使用普通地膜使得曾经为农业生产带来效益的"白色革命"逐渐转变成"白色污染"。然而，使用生物全降解地膜取代普通地膜，可降低地膜对环境污染（陈和生和孙振亚，2000；李应金等，2004；袁跃斌等，2010；刘群等，2011）。与普通地膜相比，生物全降解塑料薄膜同样具有调节温度和水分的效果（王进先，2010），但其降解情况受温度、湿度等条件影响。

4.1.1.4　黑龙江省玉米抗旱品种筛选

　　黑龙江省玉米种植面积位于全国第 1 位（中华人民共和国国家统计局，2000—2013）。干旱是影响玉米生产的主要农业气象灾害，可通过筛选抗旱玉米品种，以达到生物防灾的目标。

　　黑龙江省八一农垦大学研究团队 2012—2013 年在大庆地区开展玉米抗旱品种筛选试验，通过控制灌溉时间和灌溉量，造成不同干旱条件，通过比较不同品种之间玉米生长发育及产量差异，评价不同品种抗旱性。

　　一般情况下，品种抗旱性鉴定筛选多采用的是目标环境中产量直接排序方法，而产量与品种抗旱性是由两套不同的遗传系统控制，直接排序方法不能同时考虑抗旱性和丰产性两个因素，在此我们采用干旱条件下产量（Y_d）、耐旱指数（DTI_v）和抗旱指数（DRI）为综合指标，进行玉米抗旱品种筛选。本团队收集黑龙江省主栽玉米品种15 个如表 4.5，2012 年试验设在黑龙江省农业科学院大庆分院红旗泡基地，试验田土壤类型为沙壤土，肥力水平中等。底肥一次性施入，坐水播种、人工点播。设正常灌溉和干旱胁迫两个处理，为防止水分侧向运移，灌溉与不灌溉小区之间及四周均设置 4~5 m 水分隔离带。小区长 5 m、宽 4 m，小区面积 20 m²，垄宽 0.65 m。每个处理 4 个重复，每个品种（系）8 个小区，随机区组设计。田间正常管理，记录玉米生育期，最后收获时测产。

表 4.5　不同玉米品种抗旱指标比较

品种	株高（cm）	耐旱指数（DTI_v）	DTI_v 指标排序	抗旱指数（DRI）	DRI 指标排序	灌水相对干旱产量增幅（%）
德美亚 1 号	248.9	0.70ef	13	0.72cd	14	12.28
德美亚 2 号	240.9	0.55f	14	0.61d	15	15.15
东农 253	305.7	1.13bc	6	1.09abc	5	0.25
京单 28	311.0	1.28abc	3	1.30ab	3	7.99
垦单 10	286.2	1.39ab	2	1.07abc	8	9.99
良玉 88	295.8	1.10bcd	7	1.08abc	6	0.99
龙单 38	284.0	1.20abc	5	0.98bcd	10	8.88
龙单 58	258.8	0.98cde	9	0.85cd	11	11.88
嫩单 15	244.7	0.78def	12	0.85cd	12	5.71
绥玉 7	230.5	0.53f	15	0.77cd	13	1.08
先玉 335	303.7	1.21abc	4	1.11abc	4	0.93
先玉 508	315.0	0.97cde	10	1.50a	1	16.38
兴垦 3 号	233.8	1.05bcd	8	1.04bc	9	0.36
哲单 37	238.4	0.78def	11	1.08abc	7	10.91
郑单 958	274.3	1.49a	1	1.32ab	2	2.75

注：同一列上的不同小写字母表示不同处理间在 5% 水平上的显著差异。

各指标的计算方法如下：

$$耐旱指数\ DTI_v = （Y_d \times Y_w）/Y_{mw}^2 \qquad 式（4.1）$$

$$抗旱指数\ DRI = （Y_d/Y_w）\times（Y_d/Y_{md}） \qquad 式（4.2）$$

$$灌水相对干旱产量增幅（%）=（Y_w - Y_d）/Y_d \times 100（%） \qquad 式（4.3）$$

其中 DTI_v 为耐旱指数；DRI 为抗旱指数；Y_d 为非灌溉处理产量；Y_w 为灌溉处理产量。Y_{md} 为干旱胁迫条件下所有供试品种的平均产量，Y_{mw} 为所有供试品种在正常灌水处理条件下的平均产量。

2012 年玉米苗期和灌浆后期，均出现阶段性干旱，灌浆后期进行了一次灌水处理，依据耐旱指数（DTI_v）筛选出的耐旱丰产型品种有：郑单 958、垦单 10、京单 28 和先玉 335。以抗旱指数（DRI）为依据筛选出的抗旱品种有：先玉 508、郑单 958、京单 28 和先玉 335。与不灌溉相比，灌溉处理产量增幅量未超过 5% 的品种有郑单 958、先玉 335、东农 253、良玉 88、兴垦 3 号和绥玉 7 等。综合耐旱指数、抗旱指数、早发性等指标，筛选出耐（抗）旱品种 3 个为：郑单 958、先玉 335 和京单 28，优势表现为抗旱、稳产、高产等特征如表 4.6。

表 4.6 筛选出耐旱玉米品种

品种	抗旱指数（DRI）	耐旱指数（DTI_v）	株高（cm）	早发性*	干旱产量（kg·hm^{-2}）
绥玉 7（CK）	0.77c	0.53c	230.53b	早	6 765.36b
郑单 958	1.50a	1.50a	274.33b	晚	11 219.01a
京单 28	1.31ab	1.28ab	311.00a	早	10 095.61a
先玉 335	1.30ab	1.20ab	303.67a	早	10 204.17a

 *早发性：生产中习惯将玉米出苗后到 3 叶期（或达到拔节期）时间早，苗齐苗壮，地上地下发育均良好定为早发性好。早发性好有利于玉米耐抗苗期逆境。

 注：同一列上的不同小写字母表示不同处理间在 5% 水平上的显著差异。

4.1.1.5 吉林省玉米覆盖抗旱技术

（1）减免耕秸秆覆盖抗旱技术

东北半干旱地区，降雨量少、灌溉基础条件差、季节性干旱频发，直接影响春玉米产量。在半干旱地区采用减免耕秸秆覆盖技术，可起到保持土壤墒情，抗旱目的。为比较各种覆盖措施的抗旱效果，吉林省农业科学院研究团队设置了垄侧均垄高留茬、垄侧均垄整杆全覆盖和宽窄行整杆全覆盖 3 种秸秆覆盖试验，以常规种植为对照，分别比较了处理与对照之间土壤养分、土壤理化性质、玉米生长发育特征，试验结果如表 4.7 ~ 表 4.9。

结果表明，减免耕秸秆覆盖处理土壤养分均高于常规种植，由于秸秆还田后在分解过程中进行矿质化，释放养分，同时进行腐殖质化，使一些有机质化合物缩合脱水，形成更复杂的腐殖质，提高了土壤本身调节水、肥、温、气的能力，土壤有机质含量增加。

表 4.7　不同秸秆覆盖方式下的土壤养分

指标	常规种植	垄侧均垄 （高留茬）	垄侧均垄 （整秆全覆盖）	宽窄行 （整秆全覆盖）
全 N （%）	0.068 9	0.072 7	0.070 1	0.072 7
全 P （%）	0.032	0.031 6	0.032 7	0.033 4
全 K （%）	2.495 8	2.558 9	2.613 2	2.603 7
碱解 N （mg·kg^{-1}）	55.912 1	56.268 2	56.591 1	57.823 7
速效 P （mg·kg^{-1}）	3.536 8	3.536 1	3.629 4	3.685 9
速效 K （mg·kg^{-1}）	71.184 6	79.857 7	77.042 3	76.091 3
有机质 （%）	0.884 2	0.925 6	0.973 8	0.987 3
pH 值	8.13	8.01	8.09	8.06

　　减免耕秸秆覆盖处理降低土壤容重，增加土壤孔隙度，降低土壤固相值，增加土壤液相值和气相值，改善了土壤结构以及保水、吸水、粘结、透气、保温等性状，具有较好的蓄水保墒、改善土壤理化性状作用。试验结果显示秸秆覆盖处理土壤表层水分提高，根区蓄水保墒作用更为明显，干旱发生时，可起到较好抗旱效果。

表 4.8　不同秸秆覆盖方式下的土壤物理性状分析

种植方式	指　　标					
	容重 （g·cm^{-3}）	固相 （cm^3·cm^{-3}）	液相 （cm^3·cm^{-3}）	气相 （cm^3·cm^{-3}）	总孔隙度 （%）	水分 （%）
常规种植	1.544a	59.458a	9.245c	31.298a	39.189b	5.35c
垄侧均垄 （高留茬）	1.433a	56.318a	12.245b	31.438a	43.56ab	7.72b
垄侧均垄 （整秆全覆盖）	1.415a	53.985a	14.528ab	31.488a	46.103ab	8.56ab
宽窄行 （整秆全覆盖）	1.407a	51.83a	16.528a	32.013a	47.164a	8.72a

　　注：同一列上的不同小写字母表示不同处理间在 5% 水平上的显著差异。

　　由于减免耕秸秆覆盖处理土壤养分提高，物理性质得到改善，加之土壤水分提高，使玉米叶片叶绿素含量、叶面积、株高等生长特性均高于对照，而植株伤流明显高于对照，说明 3 种减免耕覆盖种植技更有利于地上和地下水分和养分运输；在干旱条件下 3 种减免耕秸秆覆盖种植比常规种植可增产 7.43% ~ 21.12%。

表 4.9　不同秸秆覆盖方式下的玉米植株生长特性

种植方式	指　标						
	叶绿素	叶面积（cm²）	株高（cm）	茎周长（cm）	干物质（g）	伤流（g）	产量（kg·hm⁻²）
常规种植	50.94b	672.59b	237.39a	7.55b	328.85b	0.46b	10 875.32d
垄侧均垄（高留茬）	53.29ab	785.17a	246.87a	8.83a	350.75ab	9.91a	11 683.23c
垄侧均垄（整杆全覆盖）	58.25a	800.23a	245.1a	8.87a	362.60ab	8.77a	12 468.46b
宽窄行（整杆全覆盖）	59.07a	829.37a	253.3a	8.96a	387.53a	9.57a	13 172.32a

注：同一列上的不同小写字母表示不同处理间在 5% 水平上的显著差异。

3 种减免耕覆盖种植技术在半干旱地区春季起到增温提墒，提高玉米出苗率，同时可以增加土壤有机质、从而提高玉米产量。该项技术比较成熟，推广应用的关键限制条件在于：一是秸秆覆盖影响播种质量；二是秸秆如何快速腐解。因此该技术大面积推广，必须研发适合免耕覆盖播种的机械或者整地时可以将秸秆翻盖在 5 cm 以下的整地机械，并且研发适合东北地区使用的秸秆腐解剂，从而在半干旱区起到抗旱的作用。

（2）地膜覆盖抗旱技术

覆膜栽培技术对改善农田水分和温度条件、抗旱增产具有重要作用。2012—2013 年，吉林省农业科学院研究团队在吉林省白城市开展了春玉米覆膜抗旱稳产增产试验（图 4.3），试验共设置覆膜、间隔覆膜、"二比空"覆膜和对照四个处理，供试品种为利民 33，地膜为降解膜，试验结果如表 4.10～表 4.12。

试验结果表明，覆膜各处理春玉米各生育期 40 cm 土层土壤水分均高于 20 cm 土层土壤水分，苗期：试验当年降水丰富，几个处理土壤水分未见明显差异；拔节期：20 cm 土壤水分各种覆膜处理均高于对照，覆膜表现为较好的保墒效果；喇叭口期：出现明显降雨，因覆膜阻碍降水入渗，故 20 cm 及 40 cm 水分对照均高于覆膜处理；开花期：进入旱期，因前期降雨丰富，膜下土壤水分相对充足，地膜阻止了土壤水分蒸发，因此 20 cm 及 40 cm 土壤水分覆膜处理明显高于对照；灌浆—成熟期：此阶段降水频繁，全覆膜处理降水利用率低，20 cm 及 40 cm 水分均低于对照，而其他两个间隔覆膜处理在"降水下渗—蒸发"过程中体现出优势，如图 4.4。覆膜同时有效提高玉米苗期的地温，5～25 cm 土壤平均温度提高 3.8～4.4 ℃，保障玉米出苗和正常生长发育，如表 4.10。

对照   覆膜

间隔覆膜   "二比空"覆膜

图 4.3 吉林省白城市洮北区覆膜试验

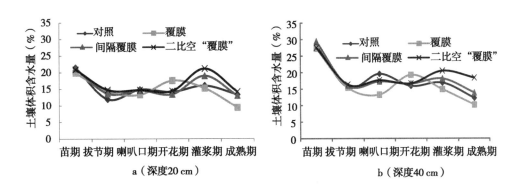

a（深度 20 cm）   b（深度 40 cm）

图 4.4 不同地膜覆盖方式下的玉米不同生育期各土层土壤体积含水量变化规律

表 4.10 不同地膜覆盖方式下的玉米苗期地温

处理	5 cm		10 cm	
	覆膜	对照	覆膜	对照
地温（℃）	30.1A	26.2B	28.9A	24.5B

注：不同大写字母表示在 1% 水平上的显著差异。

从表 4.11 可以看出，比较玉米苗期、拔节期和灌浆期各处理株高，覆膜处理高于对照，说明覆膜促进玉米营养生长阶段生长；尤其是"二比空"覆膜处理显著高于对照处理，比较苗期、拔节期及喇叭口期干物质，覆膜处理均高于对照，开花期之后各处理之间差异不明显，说明覆膜条件下可促进玉米营养生长阶段干物质积累比例，而生殖生长阶段各生育期干物质积累较不覆膜无显著优势；苗期和成熟期叶面积指数各覆膜处理亦均高于对照。

表 4.11　不同地膜覆盖方式下的玉米各生育期生长指标

项目	处理	苗期	拔节期	喇叭口期	开花期	灌浆期	成熟期
株高（cm）	对照	48.00cC	144.67cC	234.67bcBC	275.33aA	284.50cB	284.67bA
	覆膜	61.67aAB	164.33bB	248.67bAB	266.00aA	288.33bAB	288.52abA
	间隔覆膜	56.17bB	145.33cC	222.00cC	265.42aA	271.26dC	273.83cB
	"二比空"覆膜	63.67aA	184.00aA	268.67aA	281.33aA	292.37aA	293.11aA
叶绿素含量	对照	32.69aA	47.26aA	57.21abA	59.56bB	51.06bA	30.55aA
	覆膜	33.56aA	39.74aA	58.83aA	59.88bB	53.09bA	47.33aA
	间隔覆膜	35.21aA	38.42aA	54.83bA	58.00bB	51.57bA	37.95aA
	"二比空"覆膜	36.29aA	38.04aA	58.98aA	65.50aA	58.51aA	40.20aA
地上部干物质重（g）	对照	1.81cC	34.42bB	79.13cB	227.50abA	316.90bA	353.83bcAB
	覆膜	4.48bB	50.27aA	104.01bAB	241.27abA	336.67abA	377.68abAB
	间隔覆膜	4.03bB	36.61bB	74.31cB	205.01bA	256.00cB	337.15cB
	"二比空"覆膜	6.60aA	49.44aA	134.04aA	265.29aA	370.96aA	405.45aA
叶面积指数（LAI）	对照	0.12bB	2.38aA	4.05bB	4.39aA	3.58aA	1.15cC
	覆膜	0.23aAB	3.04aA	4.02bB	3.9aA	3.77aA	1.73aAB
	间隔覆膜	0.23aAB	2.42aA	3.99bB	3.81aA	3.11bA	1.52bB
	"二比空"覆膜	0.29aA	3.22aA	4.92aA	4.29aA	3.36aA	1.86aA

注：每列不同的小写字母和大写字母分别表示 $P < 0.05$ 和 $P < 0.01$ 差异显著水平。

从表 4.12 各处理玉米产量及产量构成要素可以看出，覆膜处理较对照穗长增加 1.91% ~ 11.63%；覆膜、间隔覆膜处理及对照之间穗粒数无差异。"二比空"处理较覆膜增加 13.75%；百粒重增加 1.94% ~ 10.31%；出籽率增加 1.24% ~ 1.56%；产量增加 5.31% ~ 18.23%，且穗长、穗粒数和标准水产量达到显著水平。

表 4.12 不同地膜覆盖方式下的玉米产量及产量构成要素

处理	穗长 （cm）	穗粒数 （个）	百粒重 （g）	出籽率 （%）	标准水产量 （kg·hm^{-2}）	减损 （%）
对照	18.30bA	567bA	37.72aA	85.79aA	11 932.5bA	–
覆膜	18.77bA	559bA	39.45aA	87.06aA	13 111.5abA	9.8
间隔覆膜	18.65bA	560bA	38.45aA	87.13aA	12 566.2abA	5.3
"二比空"覆膜	20.43aA	645aA	41.61aA	86.86aA	14 108.2aA	18.2

注：每列不同的小写字母和大写字母分别表示 $P<0.05$ 和 $P<0.01$ 差异显著水平。

地膜覆盖技术增加玉米全生育期有效积温、防止土壤水分蒸发，有效缓解干旱不利影响。为了防止白色污染，在生产实际中推荐使用降解地膜。

4.1.1.6 吉林省玉米宽窄行覆盖加保水剂抗旱技术

针对吉林省西部十年九春旱特征，设置了玉米减免耕、秸秆覆盖、深松及保水剂施用等土壤保墒抗旱技术、垄侧、宽窄行栽培技术等试验，构建吉林省西部半干旱玉米种植区免耕覆盖保水剂抗旱技术模式，达到中度干旱少减产、轻度干旱不减产的目的。

在玉米苗期和拔节期，垄侧覆盖、保水剂和宽窄行覆盖保墒效果好，分别比对照提高 15.6% ~ 21.7% （图 4.5）。在玉米开花期，垄侧覆盖、保水剂和宽窄行覆盖保水效果比对照提高 38.8% ~ 55.4%。

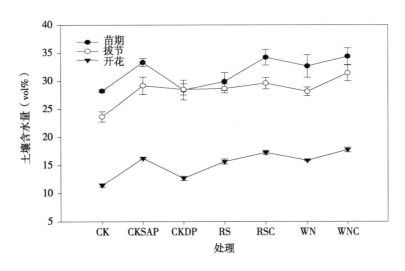

图 4.5 不同处理土壤水分含量变化

注：CK、CKSAP、CKDP、RS、RSC、WN、WNC 分别表示对照、保水剂、常规种植深松、垄侧种植、垄侧覆盖、宽窄行、宽窄行覆盖处理。

土壤保墒和宽窄行等处理玉米均高于对照，产量提高幅度为 7.1% ~ 47.8%，各处理与对照相比均呈极显著性差异（表4.13）。宽窄行覆盖、宽窄行种植和保水剂施用处理产量分别为 12 688.7 kg·hm⁻²、11 525.8 kg·hm⁻² 和 10 831.2·kg·hm⁻²，单株产量、百粒重和穗粒数均高于其他处理。

$$产量分别为 12\ 688.7\ kg\cdot hm^{-2}、11\ 525.8\ kg\cdot hm^{-2} 和 10\ 831.2\cdot kg\cdot hm^{-2}$$

表 4.13   不同处理玉米产量及其构成

处理	产量 （kg·hm⁻²）	穗行数 （per）	行粒数 （per）	穗粒数 （per）	百粒重 （g）	单株产量 （g·株⁻¹）
均匀垄（CK）	8 585.3aA	15.6（0.55）	39.2（2.17）	611.52	31.32	191.53
均匀深松	9 759.5bB	16.0（0）	40.4（1.82）	646.4	34.49	222.94
垄侧	9 195.2cC	16.0（1.41）	38.8（1.92）	620.8	28.94	179.66
垄侧覆盖	9 260.7cC	15.6（0.89）	40.6（3.21）	633.36	35.99	227.95
宽窄行	11 525.8dD	15.6（1.67）	41.6（2.7）	648.96	41.56	269.71
宽窄行覆盖	12 688.7eE	16.0（0）	42.4（2.88）	678.4	39.76	269.73
保水剂	10 831.2bfF	15.2（1.1）	43.4（2.7）	659.68	37.52	247.51

注：同列中不同的小写字母和大写字母分别表示不同处理间在 5% 和 1% 水平上差显著差异。括号内数据为标准差。

不同处理产量及其构成因素相关性分析表明（表4.14），产量与穗行数无显著相关性（$R = 0.043$），与百粒重和行粒数呈显著相关（$R = 0.837$，$R = 0.788$），与穗粒数和单株产量呈极显著相关（$R = 0.925$，$R = 0.896$）。因此，宽窄行覆盖、宽窄行和保水剂处理玉米增产的主要原因是行粒数增加引起的穗粒数和单株产量的显著提高。

表 4.14   玉米产量及其构成要素相关性分析

项目	产量	穗行数	行粒数	穗粒数	百粒重	单株产量
产量	1					
穗行数	0.043	1				
行粒数	0.788（*）	−0.481	1			
穗粒数	0.925（**）	0.004	0.875（**）	1		
百粒重	0.837（*）	−0.277	0.824（*）	0.795（*）	1	
单株产量	0.896（**）	−0.217	0.866（*）	0.874（*）	0.989（**）	1

* 表示处理达到 0.05 水平差异，** 表示处理达到 0.01 水平差异。

通过对土壤水分含量、产量及其构成要素分析表明，玉米宽窄行、宽窄行覆盖及保水剂处理，田间试验效果明显，因此构建"抗旱品种＋宽窄行覆盖＋保水剂"技术模式，在半干旱区可起到抗旱效果。

4.1.1.7 吉林省玉米抗旱品种选育

在玉米抗旱评价方法中抗旱指数不仅能反映参试品种对干旱胁迫条件的敏感度，还能体现其产量水平及稳定性（张雅倩等，2011）。抗旱隶属度法是另一种较好的综合分析方法（张卫星等，2007；陈志辉等，2011）。前人研究表明，抗旱指数、模糊隶属度作为主要抗旱参数标准，对玉米的抗旱性鉴定研究具有较高的一致性，抗旱指数、株高、根干重、地上干物重和产量等指标隶属度的平均值可作为一种综合评价指标应用于玉米品种的抗旱性鉴定（王黄英等，2000）。

玉米苗期抗旱性鉴定具有时间短、容量大、重复性强、易于活体检测、环境影响小等优点，可反映玉米品种之间抗旱性差异。吉林省农业科学院研究团队综合考虑种子萌发抗旱指数、苗期干旱隶属函数值、田间干旱条件下的产量以及产量抗旱指数，对吉林省大面积推广种植的26个玉米品种进行了抗旱品种筛选试验。

2012年在吉林省农业科学院的室内通过聚乙二醇–6000（PEG–6000）溶液处理，模拟干旱条件下种子萌发情况。以清水处理做对照，PEG–6000浓度分别为5%、10%、15%和20%，每个处理3次重复。种子放入灭菌培养皿中，每皿50粒，于30℃光照培养箱内萌发，处理8 d后测定其发芽率，并对各处理的发芽率取平均数进行萌发抗旱指数的计算。结果如图4.6，由此可以看出，种子萌发抗旱指数排在前10位玉米品种有银河32、双合1号、信玉9、吉单631、KWS9574、凤田29、利民33、良玉8号、银河33和吉单535。

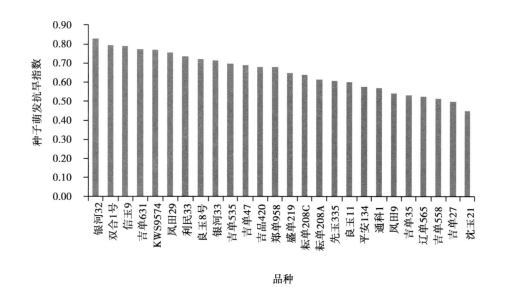

图4.6 不同品种种子萌发抗旱指数

2012 年在吉林省农业科学院长春院区的网室内开展苗期干旱胁迫试验，供试品种包括 26 个玉米品种，试验分为灌溉（根层土壤相对含水量保持在田间持水量的 75% + 5%）和干旱胁迫（根层土壤相对含水量保持在田间持水量的 55% + 5%）两个处理，每天用土壤水分测定仪测定土壤的体积含水量，及时补充灌溉，保证土壤水分在土壤水分处理阈值范围内。每个处理为一盘，3 次重复。选择 25 粒饱满的种子进行播种，播后正常供应水分，确保出全苗，出苗后间苗、去弱小苗，每盘留健壮苗 15 株。在 3 叶一心时测定株高、叶绿素、干物质重量、叶片相对含水量、光合速率和蒸腾速率，利用公式计算隶属函数值，隶属函数值的计算方法如下：

与抗旱性成正相关的参数的隶属函数采用公式：

$$X_{ij(\text{正})} = (X - X_{\min}) / (X_{\max} - X_{\min}) \qquad \text{式（4.4）}$$

与抗旱性呈负相关的参数的隶属函数采用公式：

$$X_{ij(\text{反})} = 1 - (X - X_{\min}) / (X_{\max} - X_{\min}) \qquad \text{式（4.5）}$$

式中，X 为各材料的某一指标测定值，$X_{\max}$、$X_{\min}$ 分别表示各参试材料中某一指标测定值内的最大和最小值。

并根据隶属值将品种的抗旱性由强到弱划分为 5 级，隶属值按 5 级划分标准（张卫星等，2007）：隶属度 ≥0.7 为强抗，定位 Ⅰ 级；≥0.6 为抗，定为 Ⅱ 级；≥0.4 为中抗，定为 Ⅲ 级；≥0.3 为弱抗，定为 Ⅳ 级，<0.3 为不抗，定为 Ⅴ 级。各品种隶属函数值如图 4.7，可以看出，抗旱等级为 Ⅱ 级（隶属值 ≥0.6）以上的品种有：吉品 420、郑单 958、良玉 11、吉单 27、辽单 565、盛单 219、吉单 631 和耘单 208C。

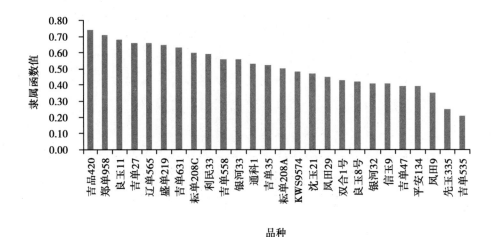

图 4.7　不同品种苗期干旱隶属函数值

2012 年和 2013 年在吉林省西部地区的洮南试验站种植 26 个玉米品种，试验设灌溉和非灌溉两个处理。灌溉处理定期灌水，满足玉米正常生长水分需求。非灌溉处理水分来源为自然降水（2012 年洮南地区 7 月和 8 月出现干旱），取两年产量的平均值计算产量抗旱指数。通过图 4.8 可以看出，干旱条件下，产量高于 5 500 kg · hm^{-2} 的玉米品种有 15 个，分别是利民 33、耘单 208A、银河 32、郑单 958、良玉 11、吉单 631、吉单 558、良玉 8、吉品 420、信玉 9、平安 134、通科 1、凤田 29、KWS9574 和银河 33。

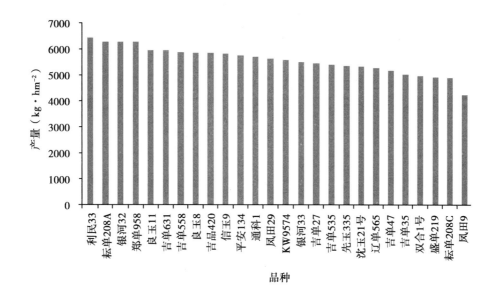

图 4.8 不同品种干旱条件下产量

针对不同玉米品种干旱条件下的产量进行等级划分如图 4.9，抗旱品种有辽单 565、良玉 8、平安 134、信玉 9、吉单 27、良玉 11、吉单 631、吉单 558、耘单 208A、银河 32、郑单 958、利民 33。

综合以上试验研究结果以及玉米品种适宜种植区域，在吉林省西部半干旱区春旱和秋旱频发条件下，建议种植具有较高抗旱性较好的郑单 958、利民 33、吉单 631 和吉品 420 四个品种。

4.1.2 大豆抗旱技术研究

黑龙江省大豆种植面积为 330 万 ~ 400 万 hm^2，占全国大豆面积的 37% ~ 44%，总产占全国的 38% ~ 46%，商品率 80% 以上，是我国大豆的主要生产基地（刘忠堂，2002）。受典型大陆性季风气候及极端天气气候事件增加影响，大豆各生育阶段均可能

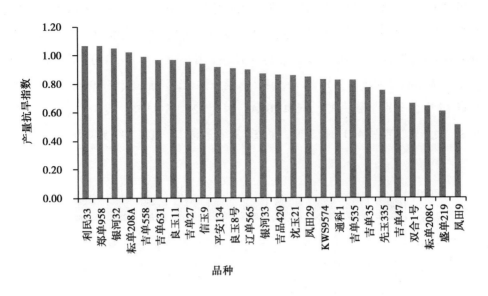

图4.9　不同品种干旱条件下产量抗旱指数

发生干旱，对大豆产量造成严重影响。通过筛选大豆抗旱品种、改变耕作方式等防旱避灾。

4.1.2.1　黑龙江省大豆抗旱耕作技术

黑龙江八一农垦大学研究团队在黑龙江省农垦总局红兴隆分局853农场进行了不同中耕措施对大豆农田土壤含水量影响试验，设置了6种不同中耕措施组合处理，包括：B1处理：垄作苗期第一遍中耕深松25 cm，第二、第三遍中耕同正常大田管理。B2处理：垄作苗期第一遍中耕深松25 cm，深松后垄沟用耙子搂一遍（将中耕后垄沟大土块搂碎）；第二、第三遍中耕同正常大田管理。B3处理：垄作苗期第一遍中耕深松10 cm，第二、第三遍中耕同正常大田管理。B4处理：垄作苗期第一遍中耕深松10 cm，深松后垄沟用耙子搂一遍（将中耕后垄沟大土块搂碎）；第二、第三遍中耕同正常大田管理。B5处理：垄作苗期不深松，只做一遍小培垄（B1第一遍中耕时进行），以后不进行任何作业。B6处理：垄作苗期不深松，前两次中耕小培垄，第一遍小培垄在B1第一遍中耕时进行，第二遍小培垄在B1第二遍中耕时进行，第三遍大培垄。试验结果如图4.10，不同深松深度和培垄处理各深度土壤（5 cm、15 cm和25 cm）含水量比较，苗期深松25 cm和苗期深松25 cm并糖地处理不同深度耕层土壤含水量较其他处理高，尤其后者在大多时间点表现较为明显，而苗期深松10 cm和培土处理含水量则相对较低。结果显示，苗期深松深度对土壤含水量的影响较大，可能是由于适宜深度的深松可增加土壤蓄水能力。综合分析认为，适当深度的深松在发挥垩作保墒作用的同时，可减小底土容重，改善固、液、气三相比例，增加土壤蓄积水分的能力，进一步起到保墒作用，进而避免干旱发生，同时促进大豆前期生长发育，并获得较高产量。

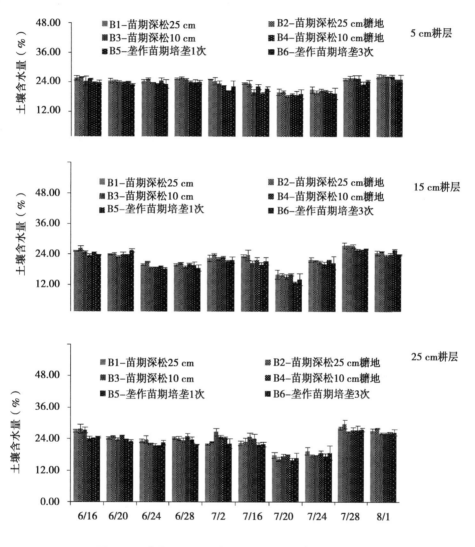

图 4.10　垩作下不同深度深松处理不同耕层土壤含水量

与较浅深度的深松和培垄相比，增加深松深度可有效接纳降水，提高土壤含水量，起到抗旱保墒作用。但深松技术并不适用于所有类型土壤，对于沙壤土，深松不仅起不到保水作用，反而会加快降水渗漏，作物可利用水减少，而浅松和培土是较为合理的选择。对于壤土和粘土，可适当增加深松深度，扩大水容量，在干旱情况下，通过毛细管作用吸收深层土壤水可持续供给作物，并在一定程度上起到抗旱作用。

4.1.2.2 黑龙江省大豆应急抗旱补灌技术

2012—2013 年，黑龙江省八一农垦大学研究团队在黑龙江省农科院大庆分院安达基地，以大豆品种抗线虫 6 号为研究对象，在大豆生长季内出现干旱后进行应急喷灌处理，以不灌溉为对照，比较不同处理大豆生长发育和产量，评估应急喷灌技术的减损效果，试验结果如表 4.15 和表 4.16 所示。干旱后应急喷灌，可有效缓解干旱的影响，大豆植株高度增加，底荚高度小，节数增多，单株粒数、单株粒重和百粒重都增加，产量亦有所增加。

以当地大豆近 3 年（2010，2011 和 2013）的平均产量为基准，大豆结荚期出现干旱时采用喷灌技术产量减损 14.5%，如表 4.16 所示。大豆结荚期是大豆需水最多的时期，此阶段出现旱灾对于产量影响较大，通过应急喷灌不仅节约成本，还将减少产量的损失。

表 4.15　结荚期喷灌处理对大豆品种抗线虫 6 号各产量性状的影响

处理	株高（cm）	底荚高度（cm）	主茎节数（节）	单株粒数（个）	单株粒重（g）	百粒重（g）	产量（kg·hm^{-2}）
对照	80.6Aa	15.1Aa	15.8Aa	50.5Aa	7.8Aa	16.1Ab	1 863Aa
喷灌	81.9Aa	12.0Aa	16.2Aa	60.4Aa	10.6Aa	17.8Aa	2 253Aa

注：同一列上的不同小写字母表示各处理间在 5% 水平上的显著差异，不同大写字母表示在 1% 水平上的显著差异。

表 4.16　抗线虫 6 号近 4 年的产量

项　　目	产量（kg·hm^{-2}）
2012 年干旱年份试验对照处理（Y_2）	1 863
2012 年干旱年份试验喷灌处理（Y_3）	2 253
2013 年正常年份	3 088.5
2011 年正常年份	3 037.5
2010 年正常年份	2 809.5
减损	14.5%

注：减损的计算公式（$Y_3 - Y_2$）/Y_1，其中 Y_1 为近 3 年（2010、2011 和 2013）平均产量。

黑龙江省有灌溉条件地区，大豆生长季内受旱后，采取喷灌方式进行应急补灌，既省水、省工，又可有效减低干旱带来的损失。

4.1.2.3 黑龙江省大豆抗旱品种筛选

大豆种质资源丰富，不同品种抗旱性具有明显差异，抗旱性强的品种，在干旱逆境条件下，有较强调节能力，有效缓节干旱对其的影响。

2012—2013 年，黑龙江省八一农垦大学研究团队在黑龙江省农科院大庆分院安达基地，采用在 6 个积温带产量表现较好的大豆品种（系），通过田间干旱试验，进行抗旱品种筛选，品种列表如表 4.17 和表 4.18。

2012 年通过测定株高，底荚高度，单株荚数、单株粒数、单株粒重和百粒重、产量等指标（表 4.18），初步保留华疆 4 号、华疆 2 号、北豆 29、北豆 42、北豆 41、北丰 11、黑河 43，抗线虫 9 号、黑农 67、绥农 31 号、安 06 − 250、绥农 26 号、绥农 23 号、抗线虫 8 号、陆丰 02 − 011 和抗线虫 6 号品种。比较两年产量数据（表 4.19），初步筛选出本地区具有一定抗（耐）旱且高产稳产大豆晚熟品种为抗线虫 9 号、绥农 31、绥农 23 和抗线虫 8 号，中熟品种为安 06 − 250 和陆丰 02 − 011，超早熟品种为北豆 41 和华疆 4 号，由于超早熟品种生育期短，亦可做为当地救灾品种。

表 4.17　2012—2013 年耐（抗）旱灾大豆筛选试验供试品种材料早熟组大豆品种

早熟品种		中熟品种		晚熟品种	
序号	品种名称	序号	品种名称	序号	品种名称
1	北豆 42			14	抗线虫 8 号
2	北豆 41	10	北疆 05 − 38	15	绥农 31
3	北豆 10	11	陆丰 02 − 011	16	绥农 23
4	东农 58	12	安 06 − 250	17	绥农 26
5	北豆 29	13	合丰 50	18	黑农 67
6	北丰 11			19	抗线虫 9 号
7	黑农 43			20	抗线虫 6 号
8	华疆 4 号			21	垦丰 16
9	华疆 2 号			22	嫩丰 18

表 4.18　2012 年供试大豆品种性状比较

早熟品种	产量 $(kg \cdot hm^{-2})$	中熟品种	产量 $(kg \cdot hm^{-2})$	晚熟品种	产量 $(kg \cdot hm^{-2})$
华疆 4 号	2 177.1	陆丰 02 − 011	2 221.3	抗线虫 9 号	2 589.2
北豆 41	2 081.7	安 06 − 250	2 134.1	绥农 31 号	2 381.4
北豆 42	1 953.4	北疆 05 − 38	2 030.5	黑农 67	2 244.0
黑河 43	1 858.0	合丰 50	1 660.8	绥农 23 号	2 199.1
北豆 10	1 725.6			抗线虫 8 号	2 199.0
东农 58	1 463.7			绥农 26 号	2 113.9
				抗线虫 6 号	2 094.1
				垦丰 16	2 069.8
				绥农 17	2 050.2
				嫩丰 18	1 859.6

表 4.19　供试大豆品种（系）两年干旱试验平均产量比较

早熟品种	产量（kg·hm⁻²）	中熟品种	产量（kg·hm⁻²）	晚熟品种	产量（kg·hm⁻²）
东农 58	1 463.7	合丰 50	1 660.8	嫩丰 18	1 859.6
北豆 10	1 725.6	北疆 05 – 38	2 030.5	绥农 17	2 050.2
黑河 43	1 858.0	安 06 – 250	2 134.1	垦丰 16	2 069.8
北豆 42	1 953.4	陆丰 02 – 011	2 221.3	抗线虫 6 号	2 094.1
北豆 41	2 081.7			绥农 26 号	2 113.9
华疆 4 号	2 177.1			抗线虫 8 号	2 199.0
				绥农 23 号	2 199.1
				黑农 67	2 244.0
				绥农 31 号	2 381.4
				抗线虫 9 号	2 589.2

4.2　西北地区主要作物抗旱减灾技术研究

西北地区地处亚欧大陆腹地，干旱、半干旱面积占 80% 以上，以雨养农业为主。由于地形复杂，天气气候多样，降水空间分布很不均匀，干旱是西北气候主要的特征，也是最主要的气象灾害，其发生频率大、范围广、灾情重，尤其是晋、甘、陕黄土高原地区，历来是我国干旱重灾区，可谓"十年九旱"或"年年有旱灾"，对农业生产造成严重影响和损失。因此，系统总结西北适用的干旱防控技术，对该地区防旱减灾、具有十分重要的意义和实用价值。

4.2.1　玉米抗旱技术研究

4.2.1.1　甘肃玉米覆盖抗旱栽培技术

玉米是甘肃省主要的粮饲兼用作物，从 1949 年到 2012 年，甘肃省玉米种植面积占粮食作物总面积的比例从 6.0% 稳定上升到 32.3%，总产占全省粮食总产的比例从 8.4% 稳定上升到 46.0%（李尚中等，2013）。近年来，随着畜牧养殖业的快速发展，对饲草饲料的需求逐年增加，玉米需求量也呈现明显上升趋势，玉米在甘肃省农业发展中处于越来越重要的位置。目前甘肃省旱作区玉米种植面积达到 1 000 万亩，干旱始终是制约其可持续发展的主要因素，如何采取有效的耕作方法和蓄水保墒措施，增加土壤水库有效蓄水量，稳产增产一直是干旱减灾的重点内容。针对旱作旱区降水季节分配不均和年际间变率较大、干旱发生频繁，土壤水分蒸发强烈、产量低而不稳等特点，对旱地玉米覆盖种植方式进行综合研究，为该地区玉米抗旱减灾提供技术支撑。

（1）甘肃旱地玉米秋覆膜防旱减灾技术

秋覆膜春播技术是指秋作物收获后，于当年秋末冬初按下一年春播玉米播种要求整地施肥，并及时覆盖地膜，到春季播种时不揭膜直接在膜上播种，一直到秋季收获为止。该技术有效抑制冬春休闲期土壤水分蒸发损失，实现秋雨春用，有效解决了春旱保苗问题。

甘肃省农业科学院研究团队于 2012—1013 年在农业部甘肃镇原黄土旱塬生态环境重点野外科学观测站（35°30′N，107°29′E）开展试验，该地区海拔 1 297m，年平均温度 8.3 ℃，年日照时数 2 449.2 h，≥0 ℃积温 3 435 ℃·d，≥10 ℃积温 2 722 ℃·d，无霜期 165 d，年均降水量 531 mm，主要分布在 7—9 月。玉米生产完全依靠自然降水。土壤为黑垆土，有机质含量 11.3 g·kg^{-1}，全氮 0.94 mg·kg^{-1}，碱解氮 89 mg·kg^{-1}，速效磷 12 mg·kg^{-1}，速效钾 231 mg·kg^{-1}，肥力中等。

试验以露地栽培方式为对照，设秋季覆膜、春季播前覆膜和秋季秸秆覆盖处理。露地：播前整地后，不覆盖地膜，宽窄行播种，宽行 80 cm，窄行 40 cm，株距 28 cm；春季播前覆膜：播前整地后，用 120 cm 宽的地膜覆盖，沿地膜带方向每隔 200 cm 压土腰带，净膜宽 100 cm，两个地膜带间留 20 cm 空隙，宽窄行播种，宽行 80 cm，窄行 40 cm，膜内播种，株距 28 cm；秋季覆膜：秋季作物收获后整地施肥，于 10 月下旬至 11 月上旬用 120 cm 宽的地膜覆盖，每隔 200 cm 压土腰带，净膜宽 100 cm，两个地膜带间留 20 cm 空隙，宽窄行播种，宽行 80 cm，窄行 40 cm，膜内播种，株距 28 cm；秋季秸秆覆盖：秋季作物收获后整地施肥，于 10 月下旬至 11 月上旬用玉米秸秆全地面覆盖（9 000 kg·hm^{-2}）。采用宽窄行播种方式，宽行 80 cm，窄行 40 cm，膜内播种，株距 28 cm。

西北黄土高原地区长期盛行冬春休闲，休闲期长达 150 多天，土壤水分损失大、墒情差，影响次年作物播种和正常出苗，在前一年作物收获后覆盖地膜可有效保蓄水分。不同覆盖时间的保墒效果如表 4.20 所示，2012 年没有发生春旱，秋季覆膜 0～100 cm 土层土壤贮水 260 mm，较对照（露地）多贮水 21 mm，0～20 cm 土层土壤贮水 57 mm，较对照增加 3 mm。2013 年发生严重春旱，秋季覆膜 0～100 cm 土层土壤贮水 251 mm，较对照增加 23 mm，0～20 cm 土层土壤贮水 54 mm，较对照增加 10 mm，秋季秸秆覆盖 0～100 cm 土层土壤贮水 235 mm，较对照增加 7 mm，0～20 cm 土层土壤贮水 49 mm，较对照增加 5 mm。可见，秋季覆盖可有效的提高玉米播前土壤贮水量，解决旱作春玉米播种保苗难题。

表4.20 不同覆盖时期的保墒效果

年份	处理	0~100 cm 土层土壤贮水量（mm）	较春季覆盖贮水增加量（mm）	0~20 cm 土层土壤贮水量（mm）	较春季覆盖贮水增加量（mm）
2012	秋季覆膜	260a	21	53a	3
	露地（CK）	239b	—	50a	—
2013	秋季覆膜	251a	23	54a	10
	秋季秸秆覆盖	235b	7	49a	5
	露地（CK）	228c	—	44b	

注：同一列上的不同小写字母表示不同处理间在5%水平上的显著差异。

表4.21可知，与露地种植方式相比，秋季覆盖可以有效地提高玉米产量，2012年秋季覆膜较露地增产53.5%；2013年秋季覆膜和秸秆覆盖分别较露地增产45.0%和8.4%。2013年玉米穗粒期降水多，秸秆覆盖处理大斑病严重，对产量影响较大。秋季覆膜产量高于春覆膜，但秋季秸秆覆盖产量显著低于春覆膜产量。可见，秋季覆膜是非常有效的抗旱措施及保障玉米产量有效的途径。

表4.21 不同覆盖时期的玉米产量

年份	处理	产量（kg·hm⁻²）	较对照增产（%）
2012	秋季覆膜	15 778.2a	53.5
	春季播前覆膜	15 289.5a	48.8
	露地（CK）	10 278.0b	—
2013	秋季覆膜	17 272.5a	45.0
	秋季秸秆覆盖	12 910.8c	8.4
	春季播前覆膜	16 287.0b	36.7
	露地（CK）	11 914.3 d	—

注：同一列上的不同小写字母表示不同处理间在5%水平上的显著差异。

（2）甘肃旱地玉米全膜双垄沟播抗旱减灾技术

玉米全膜双垄沟播栽培技术是在田间地表用人工或机械起垄，大垄宽70 cm、高10 cm，小垄宽40 cm、高15 cm，大小垄相间排列，然后全地面覆盖地膜，在沟内播种玉米的种植技术。该技术把"覆盖抑蒸、膜面集雨、垄沟种植"3项技术有机地融合为一体，从而实现了雨水富集叠加、就地入渗、蓄墒保墒的效果，保证了玉米正常生长发育对水分的要求，大幅度提高了旱地玉米的产量。

甘肃省农业科学院研究团队系统总结了 2007—2012 年在农业部甘肃镇原黄土旱塬生态环境重点野外科学观测站（35°30′N，107°29′E）开展的试验结果，提炼了甘肃旱地玉米全膜双垄沟播抗旱减灾技术。

试验采用随机区组设计，共设 4 个处理：(i) 露地平播，简称"露地（NM）"：播前整地后，不覆盖地膜，采用宽窄行播种方式，宽行 80 cm，窄行 40 cm，株距 28 cm；(ii) 双垄面全膜覆盖沟播，简称"全膜双垄沟播（FFDRF）"：带宽 120 cm，每带起底宽 40 cm、高 15～20 cm 的小垄和底宽 80 cm、高 10～15 cm 的大垄，两垄中间为播种沟，选用 140 cm 宽的地膜，边起垄边覆膜，膜与膜之间不留空隙，相接处用土压住地膜，每隔 200 cm 压土腰带，按株距为 28 cm 在垄沟膜内播种；(iii) 双垄面半膜覆盖沟播，简称"半膜双沟播（HFDRF）"：覆膜同全膜双垄种植方式，但膜与膜之间留 20 cm 的空隙；(iv) 垄盖膜际播种，简称"膜际（FS）"：起底宽 70 cm、高 10 cm 的垄，用 80 cm 宽的地膜覆盖垄面，每隔 200 cm 压土腰带，玉米播种于膜侧 5 cm 处，株距 28 cm。各处理 3 次重复，小区面积为 48 m²（6 m×8 m）。覆膜前结合整地基施尿素 300 kg·hm^{-2}、普通过磷酸钙 938 kg·hm^{-2}，玉米拔节期追施尿素 195 kg·hm^{-2}，其他栽培管理同大田生产。

2007 年，试验播种时 0～20 cm 的土壤含水量较低，平均为 8.7%，采用点浇抗旱法种植，每穴浇水约 0.5 kg，玉米出苗前一直未下雨。由表 4.22 可知，全膜双垄沟和半膜双垄沟出苗率差异不显著，但与其他处理间出苗率差异达到极显著水平。全膜双垄沟和半膜双垄沟出苗率分别为 98.7% 和 98.3%，比膜侧分别高出 33.2% 和 32.8%；比露地分别高出 39.3% 和 38.9%。2008 年，播种时 0～20 cm 的土壤含水量较高，平均为 16.1%，不同处理玉米出苗率达 97% 以上，且差异不显著。由此可见，在玉米播前严重干旱情况下，全膜双垄沟和半膜双垄沟能显著提高玉米出苗率，是有效的抗旱保苗种植方式。

表 4.22　不同覆膜处理下玉米出苗率　　　　　　（单位：%）

年份	露地	全膜双垄沟	半膜双垄沟	膜侧
2007	59.4C	98.7A	98.3A	65.5B
2008	97.6A	99.5A	99.9A	97.1A

注：表中数据后带有相同大写字母表示在 0.01 水平差异不显著。

由表 4.23 可以看出，不同覆膜处理对玉米的生育期进程影响不同。2007 年，全膜双垄沟生育期分别为 132 d，与其他处理相比，提前 6～17 d 成熟，明显加快了玉米生育进程。其中，全膜双垄沟比露地、半膜双垄沟、膜侧玉米的生育期分别缩短了 17 d、6 d 和 12 d；2008 年全膜双垄沟生育期分别为 122 d，比其他处理提前成熟 3~16 d，其中，全膜双垄沟比露地、半膜双垄沟、膜侧玉米的生育期分别缩短了 16 d、3 d 和 9 d。覆膜使生育期缩短有利于晚熟品种成熟，有利于下茬冬小麦生长。

表 4.23　不同覆膜处理下玉米的生育时期　　　　　　　　　　　　　　（月/日）

年份	处理	播种期	出苗期	拔节期	抽雄期	成熟期	生育期（d）
2007	露地	4/22	5/10	6/26	7/28	9/18	149
	全膜双垄沟	4/22	5/4	6/8	7/9	9/11	132
	半膜双垄沟	4/22	5/4	6/9	7/12	9/7	138
	膜侧	4/22	5/8	6/18	7/20	9/13	144
2008	露地	4/15	5/1	6/24	7/19	9/15	138
	全膜双垄沟	4/15	4/26	6/8	7/8	8/26	122
	半膜双垄沟	4/15	4/29	6/12	7/13	9/1	125
	膜侧	4/15	4/30	6/14	7/16	9/7	131

由图 4.11 可知，不同覆膜处理对玉米株高有一定的影响。与露地相比，地膜覆盖提高玉米株高，其中全膜双垄沟玉米植株高度显著高于其他处理，尤其是玉米快速营养生长期（拔节期）和生殖生长期（孕穗—抽雄期）较为明显，分别较露地提高 15.6% 和 18.5%。抽雄—成熟期，各处理株高差异不显著。

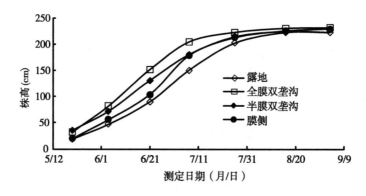

图 4.11　不同垄膜沟种处理下玉米株高变化

图 4.12 表明，从 6 月 1 日到抽雄前（7 月 11 日），叶面积增长速度最快，除露地外，抽雄后叶面积增长速度逐渐减慢，到 7 月 31 日（灌浆期）叶面积逐渐减小，全平膜减小幅度最大。玉米生长前期全膜双垄沟叶面积增长最快，7 月 11 日左右达最大值

5.0，比同期半膜双垄沟、膜侧、露地栽培的叶面积指数分别增加 0.59、0.95、1.06。整个生育期全膜双垄沟叶面积指数始终大于其他处理，为积累更多干物质提供了保障。

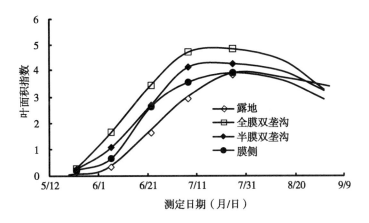

图 4.12　不同覆膜处理下玉米不同时期叶面积指数变化

从图 4.13 分析得出，不同形式的覆膜种植玉米其干物质积累动态的变化大致相似，且覆膜处理玉米干物质在不同生育期的累积量均显著高于露地，其中，全膜双垄沟处理干物质积累量最高，整个生育期均高于其他处理，到玉米成熟时，全膜双垄沟处理干物质积累量比半膜双垄沟、膜侧、露地栽培分别高 1.27%、28.82% 和 36.18%。说明全膜双垄沟可促进玉米生长，增加干物质的积累。

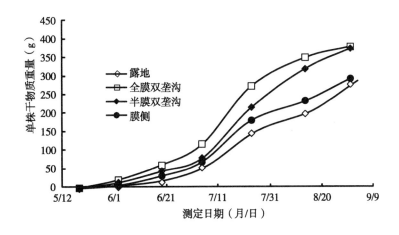

图 4.13　不同垄膜沟种处理玉米干物质积累量

图 4.14 为不同覆膜方式下 0~2 m 土层土壤水分的动态变化。在 4 月 15 日覆膜，并沿玉米种植行每隔 30 cm 打渗水小孔（直径约为 3 mm），到 4 月 22 日播种时，降水

量为 3 mm，只有全膜双垄沟和半膜双垄沟 2 个处理土壤含水量增加，其他处理则有不同程度地下降，说明垄膜沟播（包括全膜双垄沟和半膜双垄沟，以下相同）将小于 5 mm 的无效降水蓄积起来转化为有效降水。

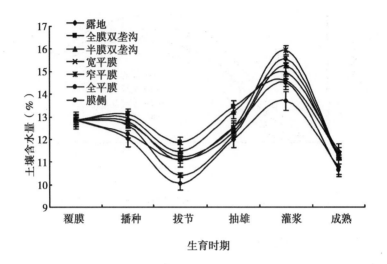

图 4.14　不同处理 0～2 m 土壤土层含水量的变化

从播种（4 月 22 日）到拔节期（6 月中旬），各处理 0～2 m 土层土壤含水量急剧下降到全生育期的最低点，这主要是由以下原因造成：①该时期玉米正处于苗期，在扎根过程中需要大量水分；②该时期降水量为 33 mm，且都为小于 5 mm 的无效降水，降水量严重不足；③该时期玉米地表层土壤裸露，水分消耗以蒸发散失为主。试验结果显示，该时期 0～2 m 土层土壤含水量表现为全膜双垄沟＞半膜双垄沟＞膜侧＞露地，说明各种覆膜处理都可减少表层土壤水分的蒸发，但垄膜沟播表现更佳，该技术充分接纳了该时段内小于 5 mm 的降水，最大限度地集蓄了降水。

从拔节期（6 月中旬）到灌浆期（7 月下旬），不同处理 0～2 m 土层土壤含水量都呈现出增加的趋势，主要是该地区降水量都集中在这段时间。这期间各处理下的土壤含水量表现为，膜侧＞半膜双垄沟＞全膜双垄沟＞露地。表明各种覆膜处理都有利于提高土壤含水量。垄膜沟播这阶段土壤含水量比其他覆膜处理低的主要原因是玉米生长旺盛，蒸腾剧烈，从而导致耗水量增加。进入 8 月份（灌浆期）以后，降水量相对减少，使这一时期各处理 0～2 m 土层土壤含水量有所减少，到玉米成熟时，各处理土壤含水量差异不显著。

由表 4.24 可知，不同覆膜方式下，玉米全生育期耗水量和平均耗水强度与不覆盖的差异不显著。生育期阶段耗水量和耗水强度受到覆膜方式影响。在平水年（2007年）玉米生育阶段耗水量为前期少、中期多、后期略少，而在干旱年份（2008年）则呈前期多、中期少、后期多的变化趋势。不管是干旱年还是平水年，各覆膜处理玉米生育阶段耗水强度则表现为前期低、中期高、后期低的变化规律，即拔节至抽雄期是玉米的耗水高峰期。在玉米播种—拔节和拔节—抽雄期，全膜双垄沟耗水强度均最大，2007年分别为 2.1 mm·d^{-1} 和 5.9 mm·d^{-1}，比半膜双垄沟、膜侧及露地高 24% 和16%、91% 和 23%、75% 和 31%；2008 年分别为 2.1 mm·d^{-1} 和 3.7 mm·d^{-1}，比半膜双垄沟、膜侧及露地高 17% 和 37%、24% 和 37%、31% 和 32%。这是因为全膜双垄沟较好改善了土壤温度条件，玉米生长旺盛，叶面积迅速扩展，作物蒸腾加剧，从而导致耗水强度增加。

表 4.24　玉米不同覆膜处理耗水量与耗水特征

年份	处理	播种—拔节		拔节—抽雄		抽雄—成熟		总耗水量（mm）	全生育期平均耗水强度（mm·d^{-1}）
		耗水量（mm）	耗水强度（mm·d^{-1}）	耗水量（mm）	耗水强度（mm·d^{-1}）	耗水量（mm）	耗水强度（mm·d^{-1}）		
2007	露地	79	1.2	153	4.5	145	3.0	377	2.5
	全膜双垄沟	97	2.1	181	5.9	110	2.0	388	2.9
	半膜双垄沟	80	1.7	167	5.1	135	2.4	382	2.8
	膜侧	63	1.1	157	4.8	149	2.8	369	2.5
2008	露地	98	1.6	82	2.8	121	2.1	301	2.0
	全膜双垄沟	113	2.1	106	3.7	95	1.9	314	2.3
	半膜双垄沟	100	1.8	84	2.7	120	2.3	304	2.2
	膜侧	92	1.7	85	2.7	118	2.0	295	2.0

不同处理土壤耕层 24 h 温度变化（图 4.15），研究表明，玉米苗期，玉米种植区昼夜 24 h 平均耕层温度大小依次为，全膜双垄沟＞半膜双垄沟＞膜侧＞露地。可见，在苗期，垄膜沟播可有效地提高地温，促进玉米生长发育。在玉米灌浆期，玉米种植区昼夜 24 h 平均耕层温度大小依次为：膜侧＞露地＞全膜双垄沟＞半膜双垄沟。可见，

垄膜沟播在玉米灌浆期昼夜 24 h 平均耕层温度较低，有利于延长灌浆时间，为玉米高产奠定基础。整个生育期，垄膜沟播耕层昼夜 24 h 平均地温比露地高 2.4 ℃，表现出在提高土温方面的优越性。

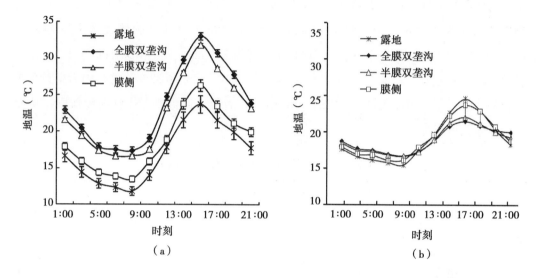

图 4.15　苗期（a）和灌浆期（b）不同覆膜方式地温变化

方差分析结果表明（表 4.25），不同覆膜方式下玉米籽粒产量差异极显著（$P <$ 0.01）。2008 年是特旱年型，半膜双垄沟播产量最高，平均产量为 11 869 kg·hm^{-2}，较对照（露地）增产 34%，但与全膜双垄沟播产量差异不显著，显著高于膜际；2009 年是干旱年型，全膜双垄沟播产量为 12 165 kg·hm^{-2}，较半膜双垄沟播、膜际和露地分别提高 5%、32% 和 76%；2007 年是平水年型，全膜双垄沟播产量显著高于其他处理，比半膜双垄沟播、膜际和露地分别提高 9%、21% 和 91%；2011 年玉米灌浆初期遭遇严重的冰雹灾害，全膜双垄沟播产量最高，为 9 131 kg·hm^{-2}，较对照增产 144%；2010 年和 2012 年属于丰水年型，全膜双垄沟播产量最高，分别为 14 579 和 14 318 kg·hm^{-2}，但与半膜双垄沟播差异不显著，较对照分别增产 21% 和 58%。试验结果表明，垄膜沟播增产主要原因是增加了百粒重和穗粒数。2007—2012 年，全膜双垄沟播百粒重和穗粒数较对照分别增加 8.4 g 和 179.1 粒/穗、7.8 g 和 44.5 粒/穗、12 g 和 112.2 粒/穗、2.4 g 和 73.5 粒/穗、13.1 g 和 151.1 粒/穗、4.8 g 和 97.7 粒/穗。从产量结果分析来看，干旱、平水和丰水年份，全膜双垄沟播产量最高；而在特旱年份，半膜双垄沟播产量最高，但与全膜双垄沟播差异不显著。6 年全膜双垄沟播平均产

量最高（$P < 0.01$），为 12 650 kg·hm^{-2}，较对照提高 57.8%，可见全膜双垄沟播是旱作区抗旱减灾的有效途径。

表 4.25　不同覆膜处理的玉米产量及农艺性状表现

年份	处理	百粒重（g）	穗粒数	秃顶长（cm）	穗粗（cm）	穗长（cm）	株高（cm）	产量（kg·hm^{-2}）
2007	全膜双垄沟	37.8	697.4	1.1	5.5	23.1	246.1	14 335A
	半膜双垄沟	36.2	645.0	1.6	5.4	22.6	237.7	13 105B
	膜侧	33.5	618.7	2.2	5.4	22.9	235.2	11 810C
	露地	29.4	518.3	2.4	5.0	20.9	222.8	7 506D
2008	全膜双垄沟	36.1	538.7	2.7	5.7	22.7	216.0	11 370A
	半膜双垄沟	36.9	546.3	2.5	5.6	22.1	211.9	11 869A
	膜侧	33.3	507.4	3.7	5.3	22.5	215.9	9 671B
	露地	29.1	501.8	3.9	5.2	22.2	221.9	8 861C
2009	全膜双垄沟	35.8	614.4	2.5	5.8	23.2	216.0	12 165A
	半膜双垄沟	33.8	595.7	4.4	5.3	22.5	208.9	11 580B
	膜侧	25.5	544.2	5.2	5.2	22.1	200.1	9 195C
	露地	23.8	502.2	5.3	5.0	22.2	186.1	6 885D
2010	全膜双垄沟	39.9	609.7	1.6	5.5	23.9	267.0	14 579A
	半膜双垄沟	39.6	597.5	1.9	5.3	22.5	271.7	14 177A
	膜侧	39.4	562.7	2.4	5.1	22.2	230.3	13 410B
	露地	37.5	536.2	2.7	5.1	20.2	227.0	12 059C
2011	全膜双垄沟	33.5	459.6	5.1	5.3	17.2	257.2	9 131A
	半膜双垄沟	31.9	399.4	5.9	5.1	16.3	255.9	7 434B
	膜侧	24.2	334.8	6.1	5.1	16.8	256.8	4 817C
	露地	20.4	308.5	7.3	4.9	15.9	245.4	3 749D
2012	全膜双垄沟	39.6	621.5	1.3	5.6	23.1	298.4	14 318A
	半膜双垄沟	38.1	608.1	2.5	5.3	22.9	287.5	13 978A
	膜侧	37.9	557.1	3.0	5.2	21.5	275.9	12 294B
	露地	34.8	523.8	3.4	5.2	20.8	271.2	9 047C

（续表）

年份	处理	百粒重 （g）	穗粒数	秃顶长 （cm）	穗粗 （cm）	穗长 （cm）	株高 （cm）	产量 （kg·hm^{-2}）
平均	全膜双垄沟	37.1	590.2	2.4	5.6	22.2	250.1	12 650A
	半膜双垄沟	36.1	565.3	3.1	5.3	21.5	245.6	12 024B
	膜侧	32.3	520.8	3.8	5.2	21.3	235.7	10 200C
	露地	29.2	481.8	4.2	5.1	20.4	229.1	8 018D

注：同列不同大写字母表示处理间差异极显著（$P<0.01$）。

总之，在完全依靠自然降水的半干旱及半湿润偏旱区，秋覆膜、全膜双垄沟覆盖集雨抗旱技术均具有明显的抗旱防灾效果，但也有一定的适宜区域。在 1 800 m 以上的高海拔冷凉区、年降水 350～500 mm 的半干旱区全膜双垄沟抗旱增产幅度最大，是该项技术的最适宜种植区，年降水不足 350 mm 地区或超过 500 mm 地区全膜覆盖增产幅度有限，投入成本高，为次适宜区；在年降水 350～450 mm 的半干旱一年一熟区，一般春季耕层土壤墒情均较差，播种保全苗是关键，是秋覆膜技术的适宜区。

4.2.1.2　内蒙古玉米覆膜抗旱技术研究

中国农业大学研究团队在内蒙古自治区农业部武川农业环境科学观测实验站进行了春玉米覆膜抗旱技术试验，主要防控技术包括覆膜与垄膜沟植。试验地点位于典型的半干旱农业区内蒙古武川，年降水量 250～400 mm，主要集中于 6—8 月，且年际分布不均；1961—2010 年年平均温度约为 3.5 ℃；无霜期 90～120 d；1961—2010 年≥0 ℃积温为 2 675.7 ℃·d；干旱灾害是该地区主要农业气象灾害。2013 年为丰水年，玉米生长季降水分配较为适宜。从试验结果来看，覆膜与垄膜沟植的抗旱增产效果显著。

试验选取两个玉米品种，分别为冀承单三号和九丰早熟一号，2013 年设置了 3 个试验处理，分别为覆膜、垄膜沟植和平作处理，每个处理 3 次重复，小区随机分布。玉米穴播，株距 30 cm，采用宽窄行，行距分别为 40 cm 和 60 cm。施尿素 37.5 kg·hm^{-2}，二铵 75 kg·hm^{-2}，氯化钾 37.5 kg·hm^{-2}，做种肥一次性施用。

2013 年两个早熟玉米品种产量构成因子百粒重、穗粒数、产量及增产率见表 4.26。从此可以看出：与平作相比覆膜和垄膜沟植处理玉米百粒重显著增加，穗粒数差异不显著，表明覆膜和垄膜沟植增产的主要原因是穗粒重增加。与平作相比，早熟品种冀承单三号覆膜和垄膜沟植产量增加显著；极早熟品种九丰早熟一号覆膜技术增产效果显著。

表 4.26　2013 年不同品种和处理下玉米产量、产量特征要素

品种	处理	百粒重（g）	穗粒数	产量（kg·hm^{-2}）
冀承单三号	覆膜	21.6cd	593a	6 371.6e
	垄膜沟植	20.4d	576a	6 276.6e
	平作	15.1e	555a	3 898.7f
九丰早熟一号	覆膜	26.8a	504a	7 622.1a
	垄膜沟植	24.0b	533a	7 275.9abc
	平作	23.2bc	506a	7 026.8bc

注：同一列上的不同小写字母表示不同处理间在 5% 水平上的显著差异。

4.2.2　甘肃冬小麦夏休闲覆盖抗旱增产技术研究

针对甘肃旱地冬小麦收获后夏休闲期（7—9 月）降水高峰与土壤水分蒸发高峰同期特点，以冬小麦为研究对象，夏休闲传统耕作对照，设计试验，比较了夏休闲地膜覆盖、夏休闲高留茬翻耕 + 绿色覆盖（播种油菜）、夏休闲高留茬少耕 + 绿色覆盖和夏休闲高留茬少耕等 4 种覆盖方式对冬小麦播前土壤贮水量、土壤水分入渗规律、降水高效利用、农田周年生产力、杂草发生和养分归还量的影响，分析旱地冬小麦夏休闲覆盖栽培抗旱增产机理和适宜的覆盖材料，为该地区抗旱增产提供科学依据。

甘肃省农业科学院研究团队系统总结了 2007—2008 年度和 2008—2009 年度在农业部甘肃镇原黄土旱原生态环境重点野外科学观测站（35°30′N，107°29′E）开展的试验结果，提炼了甘肃冬小麦夏休闲覆盖抗旱增产技术。

试验采取随机区组设计，共设五个处理：夏休闲传统耕作为对照，简称"传统耕作"；夏休闲地膜覆盖，简称"夏覆膜"；夏休闲高留茬少耕，简称"少耕"；夏休闲高留茬翻耕 + 绿色覆盖，简称"深翻绿盖"；夏休闲高留茬少耕 + 绿色覆盖，简称"少耕绿盖"。"传统耕作"：麦收后留茬 5~10 cm，秸秆和麦穗全带走，于 7 月中旬深耕，8 月下旬浅耕耙糖保墒；"夏覆膜"：在 7 月中旬深耕后降水时施肥覆膜，膜面宽 1.2 m，膜间 0.2 m；"少耕"：麦收后留茬 25~30 cm，9 月 10 日深翻还田并同时耙糖；"深翻绿盖"：7 月中旬深耕，8 月 5 日播种油菜，其余同"少耕"；"少耕绿盖"：8 月 5 日在麦茬行间播种油菜，其余同"少耕"。

各处理 3 次重复，小区面积 30 m^2（6 m × 5 m）。结合播前整地基施普通过磷酸钙 875 kg·hm^{-2}，尿素 235 kg·hm^{-2}，返青后撒播追施尿素 156 kg·hm^{-2}。夏休闲地膜覆盖处理尿素一次基施 391 kg·hm^{-2}，整个生育期不追肥。试验管理按常规措施进行。

2 个年度中，试验在同一地块进行。"夏覆膜"处理于 9 月 26 日用单行地膜小麦穴播机播种，51.45 万穴·hm^{-2}，每穴 7~9 粒。其余处理均于 9 月 18 日人工开沟撒播，行距 0.2 m，基本苗为 375 万株·hm^{-2}。

4.2.2.1 对小麦播种时土壤贮水量的影响

从表 4.27 可以看出，无论是干旱年，还是在平水年，各种处理都提高夏休闲麦田土体贮水量。2007、2008 和 2009 年夏休闲期降水 203 mm、152 mm 和 201 mm，各处理土壤贮水量均有所增加。与前作收获后 0~2 m 土壤水分相比，深翻绿盖、少耕绿盖、少耕、夏覆膜及传统耕作 0~2 m 土层土壤贮水 3 年平均增加 87 mm、73 mm、71 mm、147 mm 和 88 mm，蓄水率 3 年平均为 46.2%、38.8%、38.2%、78.9% 和 46.5%。即休闲期地膜覆盖蓄水和保水效果明显，对底墒恢复作用最好，夏闲末 0~200 cm 土层比传统耕作多蓄降水 60 mm，蓄水率提高 32.4%；其次为深翻绿盖，夏闲末比传统耕作少蓄降水仅为 0.4 mm，蓄水率降低 0.3%，表明夏闲地翻耕播种油菜作为覆盖作物可使降水边蓄边用，用不影响蓄，减少了土壤水分的非生产性消耗，提高了有限降水的利用效率；少耕最差，夏闲末比传统耕作少蓄降水 16 mm，蓄水率降低 7.7%。

表 4.27 冬小麦播种时不同覆盖方式 0~2 m 土层土壤贮水量比较

年份	项目	深翻绿盖	少耕绿盖	少耕	夏覆膜	传统耕作
2007	休闲开始土壤储水量（mm）	237	237	237	237	237
	休闲末土壤储水量（mm）	325	308	313	391	330
	夏休闲降水量（mm）	203	203	203	203	203
	土壤蓄水率（%）	43.1	35.0	37.6	76.0	45.6
2008	休闲开始土壤储水量（mm）	255	238	241	245	242
	休闲末土壤储水量（mm）	309	290	295	355	300
	夏休闲降水量（mm）	152	152	152	152	152
	土壤蓄水率（%）	35.7	34.2	35.6	72.6	37.9
2009	休闲开始土壤储水量（mm）	237	240	241	245	242
	休闲末土壤储水量（mm）	357	335	324	421	354
	夏休闲降水量（mm）	201	201	201	201	201
	土壤蓄水率（%）	59.7	47.3	41.4	88.0	56.0

4.2.2.2 对小麦播种时 0~2 m 土层土壤湿度分布的影响

由图 4.16 可以看出，夏休闲不同覆盖方式在垂直方向上表现出不同的水分分布状况。在 2007 年和 2009 年夏休闲降水较多的年份，降水后土壤水分得到补给，土壤含水量相对较高。

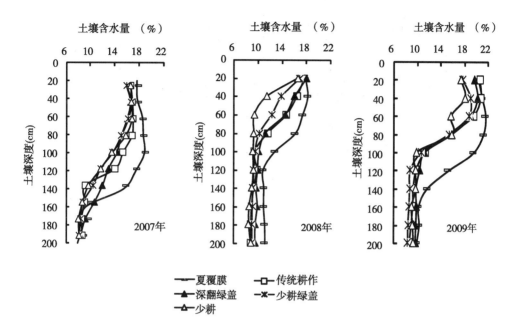

图 4.16 冬小麦播种时不同处理 0～2 m 土壤剖面水分分布

0～140 cm 土层不同覆盖处理之间土壤含水量差异较大，在 140～200 cm 土层，随深度增加，处理间的土壤水分差异逐渐缩小。在 2008 年夏休闲降水较少的年份，土壤含水量明显较低，0～100 cm 土层不同覆盖处理之间土壤含水量差异较大，100～200 cm 土层，随深度的增加，处理间的土壤水分差异逐渐缩小，即差异随土层深度的增加而递减。无论在夏休闲期降水多少，不同处理间 0～160 cm 土层剖面夏覆膜处理水分含量显著高于其他处理，表明地膜覆盖能增加降水入渗；深翻绿盖处理 0～120 cm 土层剖面水分含量与传统耕作没有差异，但高于少耕绿盖和少耕处理，120～200 cm 土层剖面土壤水分高于传统耕作，少耕绿盖和少耕处理，说明夏休闲翻耕播种油菜也能增加降水向土壤深层入渗，增加土壤水分有效性。

4.2.2.3 对冬小麦不同生育阶段 0～2 m 土壤水分状况的影响

如图 4.17 所示，夏休闲覆膜处理冬小麦播种—扬花期，0～2 m 土壤水分含量始终高于对照（传统露地），播种、返青期、拔节期、扬花期土壤水分含量较对照高 5.4%、2.5%、1.0% 和 0.7%。可见夏休闲覆盖膜实现了夏季降水跨年利用，改善了土壤水分，有效抵御冬小麦生长季春夏干旱。

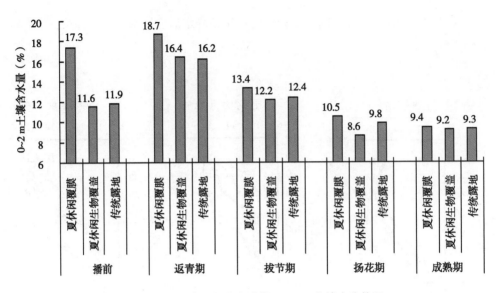

图 4.17　冬小麦不同生育阶段 0~2 m 土壤水分状况

4.2.2.4　对抗旱减损相关指标的影响

与对照相比，各处理籽粒产量和生物学产量的水分利用效率差异极显著，表明栽培方式显著影响土壤水分利用效率（表 4.28）。2007—2008 年度（正常降水年型），深翻绿盖处理年水分利用效率（$kg \cdot hm^{-2} \cdot mm^{-1}$）为 60.30，显著高于其他处理，较对照（传统耕作）增加 74.8%，少耕绿盖和少耕处理年水分利用效率为 50.10 和 33.15，夏覆膜处理年水分利用效率最低，为 30.65，较对照减少 11.2%，这可能与该年度小麦倒伏有关。2008—2009 年度（干旱年型），深翻绿盖处理年水分利用效率也显著高于其他处理，为 47.85，较对照（传统耕作）增加 132.8%，少耕绿盖和夏覆膜处理年水分利用效率分别为 31.20 和 25.35，少耕处理年水分利用效率最低，为 15.60，比对照减少 24.1%。进一步分析表明，深翻绿盖处理显著提高年水分利用效率的主要原因是在不影响后茬作物冬小麦籽粒产量和秸秆生物产量水分利用效率的条件下，用夏休闲期播种油菜覆盖裸地的方法，把裸地无效蒸发的一部分降水转化为油菜生物产量，提高了水分利用效率。

表 4.28　不同覆盖方式的水分利用率（WUE）　　　　（单位：$kg \cdot hm^{-2} \cdot mm^{-1}$）

栽培方式	籽粒产量 WUE		油菜生物学产量 WUE		秸秆生物学产量 WUE		年 WUE	
	2007—2008	2008—2009	2007—2008	2008—2009	2007—2008	2008—2009	2007—2008	2008—2009
深翻绿盖	16.65A	9.45A	21.00A	28.50A	22.65A	9.90BC	60.30A	47.85A
少耕绿盖	15.75A	7.95B	13.35B	12.45B	21.00A	10.80BC	50.10B	31.20B
少耕	14.40B	6.75C	0	0	18.75B	8.85C	33.15C	15.60D

（续表）

栽培方式	籽粒产量 WUE		油菜生物学产量 WUE		秸秆生物学产量 WUE		年 WUE	
	2007—2008	2008—2009	2007—2008	2008—2009	2007—2008	2008—2009	2007—2008	2008—2009
传统耕作	15.15AB	9.00AB	0	0	19.35AB	11.55B	34.50C	20.55D

注：表中数据后带有相同大写字母表示在 0.01 水平差异不显著，年 WUE = 籽粒产量 WUE + 油菜生物学产量 WUE + 秸秆生物学产量 WUE。

4.2.2.5 对麦田周年生产力的影响

由表 4.29 可见，2007—2008 年度（正常降水年型），深翻绿盖处理年产量显著高于其他处理，为 14 916.0 kg·hm^{-2}，较对照（传统耕作）增加 26.6%，少耕绿盖和夏覆膜处理分别为 13 704.0 和 12 280.5 kg·hm^{-2}，比对照增加 16.3 和 4.2%，少耕最低，为 10 791.0 kg·hm^{-2}，比对照减少 8.4%。2008—2009 年度（干旱年型），夏覆膜处理年产量最高，为 6 813.0 kg·hm^{-2}，比对照增加 51.8%，但与深翻绿盖处理（6 895.8 kg·hm^{-2}）差异不显著，少耕绿盖和少耕处理年产量分别为和 3 618.0 kg·hm^{-2}，分别较对照增加和减少 17.6 和 16.7%。进一步分析表明，深翻绿盖处理显著提高年产量的主要原因是在不影响后作冬小麦籽粒产量和秸秆生物产量的条件下，用夏休闲期播种油菜覆盖裸地的方法，把裸地无效蒸发的一部分降水转化为油菜生物产量。

表 4.29 不同覆盖方式的周年生产力 （单位：kg·hm^{-2}）

年份	栽培方式	籽粒产量	覆盖油菜生物学产量	秸秆生物学产量	年产量
2007—2008	深翻绿盖	5 332.5A	2 350.5A	7 233.0A	14 916.0A
	少耕绿盖	5 127.0A	1 762.5B	6 814.5AB	13 704.0B
	少耕	4 692.0B	0	6 099.0B	10 791.0D
	夏覆膜	4 792.5B	0	7 488.0A	12 280.5C
	传统耕作	5 169.0A	0	6 615.0AB	11 784.0CD
2008—2009	深翻绿盖	1 785.3B	2 848.5A	2 262.0BC	6 895.8A
	少耕绿盖	1 654.5B	1 213.5B	2 241.0BC	5 109.0B
	少耕	1 638.0B	0	1 980.0C	3 618.0D
	夏覆膜	2 832.0A	0	3 981.0A	6 813.0A
	传统耕作	1 741.8B	0	2 602.5B	4 344.3C

注：表中数据后带有相同大写字母表示在 0.01 水平差异不显著，年产量 = 籽粒产量 + 油菜生物学产量 + 秸秆生物学产量。

4.3 华北地区主要作物抗旱减灾技术研究

华北平原是我国冬小麦和夏玉米主产区，小麦种植面积和产量均占全国总量的50%左右，玉米种植面积占全国的30%，产量占全国玉米总产量的50%左右。由于华北平原地处东亚季风气候区，降水时空分布不均匀，干旱是制约该地区粮食生产的主要农业气象灾害（成林等，2014）。受全球气候变暖的影响，华北干旱呈现加剧的趋势。20世纪后期到21世纪初，华北地区有半数以上的年份出现干旱，甚至严重干旱。1997年全年四季都有干旱发生，以夏、秋两季干旱的范围广、持续时间长；同时，河北、山东河南夏季受灾面积50年来少见。1998年夏末之后干旱再次袭击华北地区，造成华北冬麦区受灾面积巨大。因此，加强华北地区主要作物防旱减灾技术研究对于该地区保产稳产，确保国家粮食安全具有重要意义。

4.3.1 夏玉米抗旱技术研究

华北地区夏玉米生长季为6月上旬到9月中旬，根据玉米不同生育阶段以及干旱发生的季节特点，可分为初夏旱、伏旱和秋旱3类。初夏旱即6月上中旬夏玉米播种和出苗期发生的干旱，此时出现干旱，严重影响玉米播种时间，玉米出苗率降低，最终影响玉米产量。伏旱又称"卡脖旱"，玉米抽雄前10~15 d至抽雄后20 d是玉米一生中需水最多、耗水最大的时期，且对水分特别敏感，此期缺水影响抽雄和小花分化，幼穗发育不好，果穗小，籽粒少，还会造成雄、雌穗间隔期太长，授粉不良，降低结实率，从而严重影响产量。

4.3.1.1 河南夏玉米秸秆覆盖抗旱技术

华北玉米秸秆覆盖技术研究始于20世纪80年代中后期，90年代初在大田中推广应用。夏玉米播种到苗期由于降水较少，常发生"初夏旱"，影响夏玉米的正常播种和苗期生长，通过秸秆覆盖可有效减少土壤水分的无效蒸发，对提高表层土壤水分含量具有明显的效果。

河南省气象科学研究所团队于2013—2014年在郑州、驻马店、鹤壁等地开展了秸秆覆盖防旱技术试验研究及示范。试验于播种后将小麦秸秆均匀覆盖在农田中，覆盖厚度为2~3 cm，灌溉、施肥等其他管理方式与当地常规管理方式相同，以未进行秸秆覆盖的临近田块作为对照，分析秸秆覆盖对增加土壤水分以及产量的影响。

（1）秸秆覆盖对土壤水分的影响

秸秆覆盖可以阻止蒸发层表面及下层土壤的毛管水分向上输送，减弱土壤与近地面层交换强度，有效抑制土壤蒸发，从而增强土壤蓄水保墒能力，改善土壤持水和供水性能。

图 4.18 为秸秆覆盖处理与对照相比，各层土壤重量含水率的变化。从图中可以看出，驻马店和郑州两个试验中，秸秆覆盖后，土壤含水量与对照相比均有一定程度的提高，特别是 0～10 cm 土层，生长季内大部时间显著高于未覆盖处理。驻马店 2013 年玉米全生育期 0～50 cm 土壤重量含水率较未覆盖处理累计提高 5.6%，0～10 cm 累计提高 4.1%；郑州 2014 年 0～30 cm 土壤重量含水率较未覆盖处理累计提高 7.93%，0～10 cm 累计提高 14.22%。由于玉米播种—出苗期气温升高迅速，无覆盖条件下，表层土壤水分散失较快，而秸秆覆盖后，抑制了表层水分蒸发，对提高表层土壤含水量具有明显的效果，因此，可以有效防御夏玉米播种—出苗期干旱。

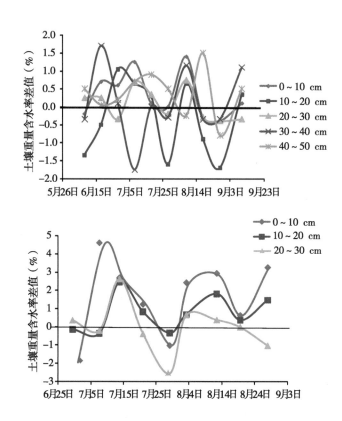

图 4.18　秸秆覆盖与未覆盖处理各层土壤含水量差异（2013，驻马店；2014，郑州）

（2）秸秆覆盖对夏玉米生长状况及产量影响

秸秆覆盖改善了土壤水分状况，为作物生长发育提供了有利水分条件，创造了一个适宜于玉米生长的小气候环境，同时可培肥地力，增加土壤微生物数量，改善表层土壤物理结构,增加土壤透气性;减少田间杂草。这些效应最终均对产量构成要素及产量产生影响。

表4.30～表4.32为2013—2014年鹤壁、郑州和驻马店秸秆覆盖试验结果。各试验点的结果比较一致,即秸秆覆盖后玉米产量构成要素与未覆盖相比均有一定差异,籽粒产量提高2.34%～8.6%。主要是由于秸秆覆盖效果与当地气候条件、当年降水量条件、秸秆覆盖量以及作物品种特性等有关。

表4.30　秸秆覆盖与未覆盖夏玉米产量构成要素及产量对比（2014，鹤壁）

项目	秸秆覆盖	未覆盖	增减百分比（%）
果穗长（cm）	16.1	15.4	4.5
果穗粗（cm）	5.0	4.6	8.7
秃尖比（%）	0.05	0.03	66.7
单株籽粒重（g）	168.09	159.69	5.3
百粒重（g）	26.64	27.94	-4.7
产量（kg·hm^{-2}）	11 196.0	10 564.5	6.0

表4.31　秸秆覆盖与未覆盖夏玉米产量构成要素及产量对比（2014，郑州）

项目	秸秆覆盖	未覆盖	增减百分比（%）
果穗长（cm）	18.3	17.9	1.73
果穗粗（cm）	5.2	5.0	4.12
穗行数	16.5	15.4	6.82
行粒数	36.2	35.3	2.56
百粒重（g）	32.8	30.8	6.45
产量（kg·hm^{-2}）	10 581.8	10 339.4	2.34

表4.32　秸秆覆盖与未覆盖夏玉米产量构成要素及产量对比（2013，驻马店）

处理	穗粒数	穗粒重（g）	百粒重（g）	产量（kg·hm^{-2}）
未覆盖	524.9	125.1	25.4	7 354.0
覆盖	535.3	127.5	25.8	7 987.5
增加百分比（%）	2.0	1.9	1.4	8.6

（3）秸秆覆盖的其他配套技术

秸秆覆盖 + 播后镇压：华北地区夏玉米播种期气候干燥，土壤水分蒸发快，如不采取一定的保墒措施，严重影响出苗质量。因此，夏玉米播前秸秆覆盖结合镇压等措施，提高土壤墒情，确保轻度干旱条件下夏玉米出苗质量。

秸秆覆盖 + 深松：该项技术比较适用于降水较多豫南雨养区。

秸秆覆盖 + 抗旱保水剂：通过秸秆覆盖与营养型抗旱保水剂耦合技术可提高水分利用效率，适用于华北地区。

秸秆覆盖 + 垄作：该项技术可最大程度蓄存降水，适用于华北旱作雨养区。

4.3.1.2　河南夏玉米应急补灌抗旱技术

华北夏玉米生长季处于一年降水丰沛时段，但由于降水分配不均影响，阶段性干旱时有发生。应急补灌抗旱技术主要是针对生长季内可能发生的阶段性干旱，研究不同阶段适宜的补灌时机，减少干旱的影响。

根据作物生长发育规律以及实际干旱发生特征，在不同的生育阶段设定不同的补灌下限指标，作物对水分不敏感阶段经受一定程度水分胁迫，而在水分敏感阶段及时进行补充灌溉以减少干旱损失。因此，应急补灌技术的关键环节是确定不同阶段的补灌下限指标。

河南省气象科学研究所团队于2013—2014 年在郑州农业气象试验站开展了 2 年夏玉米干旱控制试验，研究夏玉米各生育阶段不同等级干旱条件下产量及产量性状变化，以确定不同生育阶段应急补灌土壤水分下限指标。试验中主要分为夏玉米抽雄前和抽雄后两个阶段，设置不同的土壤水分处理，试验期间每周测定一次 0 ~ 50 cm 土壤含水量，根据各处理的目标水平计算灌溉量进行补灌，土壤水分控制的处理采用大型防雨棚进行遮挡，以实现不同水分处理水平。2013 年试验播种前后没有进行统一的充分灌溉，而2014 年于播种前对各个小区进行了一次充分灌溉，因此2014 年玉米播种、出苗及苗期生长土壤水分供应都比较充足。

由试验结果可以看出，无论是抽雄前还是抽雄后，随着土壤水分降低，夏玉米产量明显降低，相同土壤水分条件下，抽雄后产量降低幅度大于抽雄前。抽雄前土壤水分50% ~ 60% 是一个产量降低转折点，而抽雄后60% ~ 70% 的土壤水分水平对产量已经产生较为显著的影响（图 4.19 ~ 4.22）。

根据试验结果及夏玉米各生育阶段水分敏感程度和需求，确定了夏玉米不同阶段应急补灌的土壤水分下限指标，播种—出苗期：当0 ~ 30 cm 土壤含水量低于 55% 时进行灌溉；出苗—拔节期：当 0 ~ 30 cm 土壤含水量低于 50% 时进行灌溉；拔节—抽雄期：当 0 ~ 50 cm 土壤含水量低于 60% 时进行灌溉；抽雄—乳熟期：当 0 ~ 50 cm 土壤含水量低于65%时进行灌溉，乳熟—成熟期：当0～50 cm 土壤含水量低于60%时进行灌溉。在干旱发生时，有灌溉条件地区，基于该指标确定最佳的灌溉时机，达到应急抗旱减灾目的。

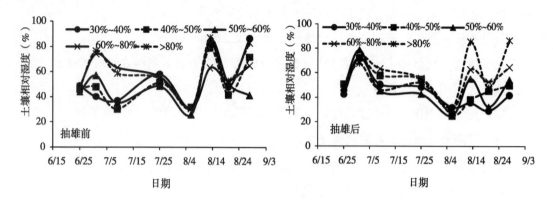

图4.19　抽雄前后水分控制处理土壤墒情变化（2013，郑州）

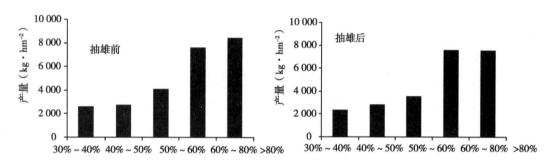

图4.20　抽雄前后不同水分控制处理产量变化（2013，郑州）

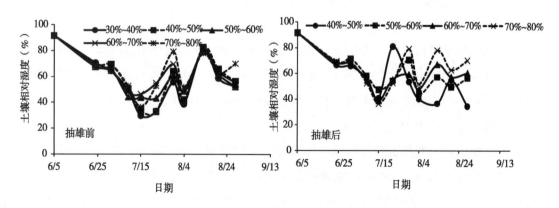

图4.21　抽雄前后水分控制处理土壤墒情变化（2014，郑州）

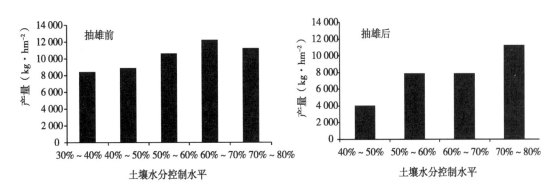

图 4.22　抽雄前后不同水分控制处理产量变化（2014，郑州）

4.3.1.3　河北吴桥夏玉米苗期抗旱技术

黑龙港地区气候特点是降水量少，且分布不均。降水量主要集中在 7—8 月，而夏玉米播种到出苗、吐丝期到成熟期是干旱频发期，吐丝期后虽然降水量减少，但土壤蓄水量接近饱和状态，因此干旱并不严重；夏玉米播种到出苗因降水少，土壤蓄水量少，干旱造成危害较大。针对黑龙港地区吴桥县夏玉米苗期干旱，设置了夏玉米苗期限量灌溉、改变氮肥施入方式、改变夏玉米品种的试验，旨在寻找夏玉米抗苗期干旱有效的技术组合。试验采用完全区组设计，分别为品种：郑单 958（Z）和浚单 20（J）；灌溉：播种后灌溉（G）与不灌溉（N）；施肥方式：氮肥全部底施（Q）和一半氮肥底施，一半氮肥拔节期追施（F）。种植密度为 72 000 株·hm^{-2}，灌溉量为 60 mm·hm^{-2}（当地灌溉量为 75 mm·hm^{-2}），机播（每穴 1 粒），施肥量是纯氮为 225 kg·hm^{-2}，P$_2$O$_5$ 138 kg·hm^{-2}，K$_2$O 为 112 kg·hm^{-2}。2013 年 6 月 12 日播种，10 月 5 日收获，2014 年 6 月 13 日播种，10 月 3 日收获。

（1）不同处理对夏玉米拔节期、成熟期株高及穗位高的影响

不同处理对夏玉米拔节期、成熟期株高及成熟期穗位高的影响达到了显著水平，限量灌溉条件下，2013 和 2014 年生长季灌溉对夏玉米拔节期、成熟期株高及成熟期穗位高的影响表现一致：夏玉米播种后灌溉处理（ZGF、ZGQ、JGQ、JGF）拔节期、成熟期株高及成熟期穗位高均显著高于不灌溉处理（ZBQ、ZBF、JBQ、JBF），但各处理穗位高系数之间差异不显著。表明限量灌溉条件下，夏玉米苗期灌溉对于夏玉米前期生长有促进作用，并且能够一直保持到生育后期，使夏玉米株高和穗位高有所增加，但穗位高系数与不灌溉处理差异不显著，植株重心变化不大。

在 2013 和 2014 年两个夏玉米生育期内，保持品种和灌溉条件不变，改变氮肥的施用方式，由全部底施（ZGQ、ZBQ、JBQ、JGQ）改为一半底施，另一半在拔节期或者

吐丝期追施（ZGF、ZBF、JBF、JGF）对夏玉米拔节期、成熟期株高及成熟期穗位高影响不显著。同样保持灌溉和施肥方式不变，改变夏玉米品种，用浚单20（JBQ、JBF、JGF、JGQ）替代郑单958（ZBQ、ZBF、ZGF、ZGQ）对拔节期、成熟期株高及成熟期穗位高的影响未达到显著水平（图4.23）。

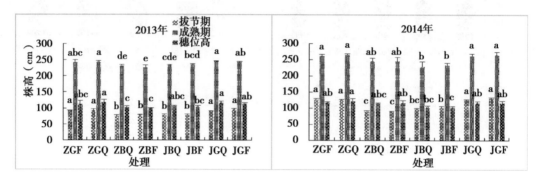

图4.23　不同处理对夏玉米拔节期、成熟期株高及穗位高的影响

（2）不同处理对夏玉米拔节期、吐丝期、成熟期叶面积指数的影响

夏玉米不同处理对夏玉米拔节期、成熟期株高和叶面积指数的影响达到了显著水平，但各处理之间夏玉米吐丝期叶面积指数之间差异不显著。2013年和2014年两个夏玉米生育期叶面积指数变化趋势一致，叶面积指数表现出先增加后降低的趋势，在吐丝期达到最大值。限量灌溉条件下，2013和2014年夏玉米苗期灌溉对拔节期、吐丝期、成熟期叶面积指数的影响表现一致：夏玉米苗期灌溉处理（ZGF、ZGQ、JGQ、JGF）拔节期叶面积指数显著高于不灌溉处理（ZBQ、ZBF、JBQ、JBF），吐丝期各处理叶面积指数之间差异不显著，成熟期不灌水处理叶面积指数较灌溉处理大，但差异不显著。表明限量灌溉条件下，夏玉米苗期灌溉对于夏玉米生育前期叶面积的增长起到了积极的促进作用，但不灌水处理的夏玉米由于苗期经历了干旱，达到了蹲苗的效果，因此在生育后期叶面积衰老相对减慢，叶面积指数较灌溉处理大。

在2013和2014年夏玉米两个生育期品种和灌溉条件不变的条件下，改变氮肥的施用方式，由全部底施（ZGQ、ZBQ、JBQ、JGQ）改为一半底施，另一半在拔节期或者吐丝期追施（ZGF、ZBF、JBF、JGF）对夏玉米拔节期、吐丝期、成熟期叶面积指数影响不显著。同样的在灌溉条件和施肥方式不变的条件下，改变夏玉米品种，用浚单20（JBQ、JBF、JGF、JGQ）替代郑单958（ZBQ、ZBF、ZGF、ZGQ）对拔节期、吐丝期、成熟期叶面积指数的影响也没达到显著水平。2014年各处理夏玉米拔节期、吐丝期、成熟期的叶面积指数较2013年相应处理大，主要是因为2013年夏玉米种植前季冬小麦整个生育期均未进行灌溉，而 2014 年夏玉米种植前季冬小麦进行了不同的灌溉处理，但 2013 年与 2014 年各处理对夏玉米不同生育时期叶面积指数的影响是一致的。

不同处理对夏玉米拔节期、吐丝期、成熟期叶面积指数的影响见图 4.24。

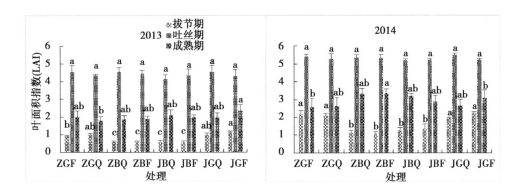

图 4.24　不同处理对夏玉米拔节期、吐丝期、成熟期叶面积指数的影响

（3）不同抗旱技术措施对夏玉米产量及构成因素的影响

不同抗旱技术措施对夏玉米产量和产量构成因素的影响达到了显著水平（表 4.33）。2013 和 2014 年抗旱技术措施对夏玉米产量及产量构成因素的影响表现一致，在灌溉和施肥方式一定的条件下，浚单 20 穗粗、行粒数、千粒重和产量均显著大于郑单 958，秃尖长显著小于郑单 958，穗长在 2014 年显著长于郑单 958，穗行数与郑单 958 差异不显著；在品种和施肥方式不变的条件下，夏玉米苗期限量灌溉处理的千粒重和产量显著大于不灌溉处理，秃尖长显著小于不灌溉处理，行粒数、穗长、穗粗、均大于不灌溉处理，在 2014 年达到显著水平；在品种和灌溉一定的条件下，氮肥分次施入处理的产量与产量构成因素与全部底施处理之间差异不显著。

各抗旱技术组合对夏玉米产量、产量构成因素的影响达到了显著水平。2013 年各技术组合中，以 JGQ 处理的产量、千粒重、穗粗最大或与相应指标中最大值差异不显著，分别为 9 781.5 kg·hm^{-2}、331.2g、48.9 mm，秃尖长最小，0.05 cm。2014 年以 JGQ 处理的产量、千粒重、穗长、穗粗、穗行数、行粒数最大或者与相应指标最大值差异不显著，分别为 11 981.5 kg·hm^{-2}、277.6g、17.43 cm、49.4 mm、15.0 行、37.7 粒。秃尖较小，为 0.69 cm。两个夏玉米生育期的产量及产量构成因素均以 ZBQ 处理最小或者与相应指标最小值差异不显著，秃尖最大。

表 4.33　不同处理对夏玉米产量和产量构成因素的影响

年份	处理	穗长（cm）	穗粗（mm）	秃尖（cm）	穗行数	行粒数	千粒重（g）	产量（kg·hm⁻²）
2013	ZGF	16.63ab	47.3ab	0.67b	14.3bc	36.3b	316.9abc	8 959.3ab
	ZGQ	17.45a	48.5ab	0.53b	14.3bc	38.9a	312.5bc	9 704.7a
	ZBQ	16.13bc	46.0b	1.07a	14.3bc	34.8b	283.9d	7 680.4d
	ZBF	16.61ab	47.3ab	1.11a	14.3bc	35.2b	303.9cd	7 995.5cd
	JBQ	16.17bc	48.2ab	0.52b	15.1a	34.8b	303.8cd	9 249.0ab
	JBF	16.28bc	49.3a	0.13c	14.5ab	36.0b	303.0cd	8 742.2bc
	JGQ	15.63c	48.9a	0.05c	14.1bc	35.8b	331.2ab	9 781.5a
	JGF	15.72bc	48.3ab	0.07c	13.8c	35.2b	337.2a	9 661.5a
2014	ZGF	16.39abc	49.6a	0.90abc	15.3ab	36.5abc	274.4ab	10 967.0ab
	ZGQ	16.14bc	48.6ab	0.83bc	15.1ab	35.6abcd	260.0abc	10 159.0bc
	ZBQ	14.32d	47.1bc	1.10ab	15.6a	32.4d	232.4c	7 835.8d
	ZBF	14.33d	47.2bc	1.27a	15.6a	33.1cd	222.0c	8 053.6d
	JBQ	15.73c	47.2bc	0.85bc	14.8ab	34.6bcd	256.4abc	9 607.3bcd
	JBF	15.32cd	46.5c	0.58c	14.8ab	33.6cd	249.0bc	8 954.6cd
	JGQ	17.43ab	49.4a	0.69c	15.0ab	37.7ab	277.6ab	11 981.5a
	JGF	17.66a	48.9a	0.58c	14.5b	38.5a	295.6a	12 096.6a

注：同一列上的不同小写字母表示不同处理间在 5% 水平上的显著差异。

通过两年的试验研究表明：

夏玉米播种后限量灌溉可显著提高拔节期株高和叶面积指数，对夏玉米前期生长起到促进作用，且保持到生育后期，株高和穗位高有所增长。

2013 年和 2014 年夏玉米生长季，对于郑单 958 来说，播种后灌溉 60 mm，总耗水量分别增加 40 mm 和 53 mm，土壤蓄水量分别增加 20 mm 和 14 mm，产量分别提高 1 494.0 kg·hm⁻² 和 2 618.3 kg·hm⁻²，增长 19.06% 和 32.96%；对于浚单 20 来说，播种后灌溉 60 mm，总耗水量分别增加 82 mm 和 41 mm，土壤蓄水量分别增加 21.71 mm 和 19 mm，产量增加 725.9 kg·hm⁻² 和 2 758.1 kg·hm⁻²，增长 8.07% 和

29.72%。夏玉米生育期土壤处于蓄水状态，2013 年夏玉米生育期耗水量和降雨量均高于 2014 年，两年夏玉米耗水量均以营养生育阶段为主，2013 年 0～160 cm 土体均处于蓄水状态，2014 年 0～80 cm 土体处于蓄水状态，80～120 cm 处于轻微失水状态。

夏玉米苗期限量灌溉处理的产量和耗水量均显著高于对照；品种更换产量显著高于郑单 958，耗水量高于郑单 958，在 2014 年达到了显著水平；夏玉米在施肥量较高的条件下，氮肥分次施入与全部处理的产量之间差异不显著，考虑到夏玉米氮肥分次施入费时费力，因此，针对夏玉米苗期干旱，应该最先考虑抗旱品种和苗期进行限量灌溉。

上述可见，针对黑龙港地区夏玉米苗期干旱问题，可以采取抗旱性品种、苗期限量灌溉模式，这种措施夏玉米产量显著高于对照，从而达到抗旱效果。

4.3.2　冬小麦抗旱技术研究

干旱是华北地区冬小麦最主要农业气象灾害，发生频率高，持续时间长，波及范围大，直接影响冬小麦产量。冬小麦从 10 月上旬前后播种，直至次年 6 月上旬前后收获，在冬小麦生长季内易遭受春旱和初夏旱。气候变化背景下华北干旱呈扩大趋势，旱情日益严重。而面对水资源日益紧缺现状，针对干旱新特点，研发和优化区域抗旱减灾模式。

4.3.2.1　河南冬小麦秸秆覆盖防旱技术

河南省气象科学研究所团队于 2012—2014 年在驻马店农业气象观测站开展了冬小麦秸秆覆盖防旱技术试验。驻马店冬小麦生长季降水量在 350～400 mm，基本能够满足冬小麦的需水要求。但由于降水时空分布不均，干旱仍时有发生。由于该地区部分麦田灌溉条件较差，或地下水呈弱碱性不适于灌溉，因此秸秆覆盖成为适用于该地区的防旱技术。供试品种为郑麦 698，2012 年和 2013 年播种时间均为 10 月 22 日。覆盖方式选择冬前覆盖，即 11 月下旬小麦越冬前，将麦秸均匀地撒在地表。每公顷秸秆覆盖量为 4 500 kg 左右。冬前覆盖不影响小麦苗期生长，并可起到增温护苗、蓄水保墒作用。配套措施包括：①选用良种。选用抗病、高产优良品种，播量适当，确保适宜的基本苗。②平衡施肥。小麦生物覆盖田要结合配方施肥，施足底肥。要比一般麦田多施 15% 的氮肥，有利于土壤中微生物活动，利于秸秆腐烂。③防治病虫害。一般秸秆覆盖要注意病虫害预报和防治，要在秸秆覆盖前用农药进行处理。为评价秸秆覆盖效果，测定土壤水分和叶片水势，生长发育状况、产量及产量结构。

（1）秸秆覆盖的水分效应

由于气象条件的差异，不同年型秸秆覆盖对土壤含水率的提高效果不同。2013年5月8日，对秸秆覆盖处理和对照进行墒情测定，由于2013年4月1日至5月7日期间累积降水36 mm，对照处理表层墒情明显好于秸秆覆盖处理，而30 cm以下土壤秸秆覆盖保墒优势比较明显。2014年土壤水分取样时间为4月29日，由于播种至4月28日，试验区降水量仅169 mm，属于降水偏少年份，秸秆覆盖与对照处理各层土壤含水率差异不明显，但30 cm以下土层土壤含水率相比秸秆覆盖处理仍呈偏高趋势。

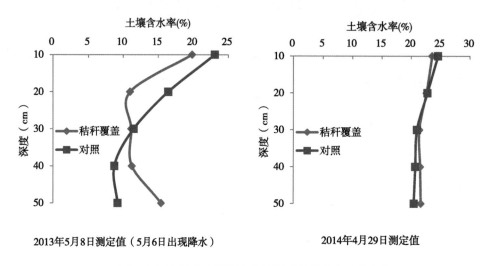

2013年5月8日测定值（5月6日出现降水）　　　　2014年4月29日测定值

图4.25　驻马店秸秆覆盖条件下不同层次土壤含水率

秸秆覆盖一方面更好地接纳降水，另一方面可抑制土壤水分蒸发，利于提高土壤含水率。试验结果显示，土壤深层含水率增加，同时秸秆覆盖麦田土壤团粒结构稳定，土壤疏松多孔，土壤的导水性强，降水就地入渗快，地表径流少，土壤饱和导水率提高。

（2）秸秆覆盖对作物生长和产量的影响

覆盖处理较不覆盖冬小麦出苗晚1~2 d，苗情较不覆盖麦田偏差，分蘖期之后，冬小麦分蘖超过不覆盖处理；随着春季气温迅速上升，覆盖处理麦田温度相对低，致使抽穗期较不覆盖晚2~3 d；覆盖处理成熟期较不覆盖晚2~4 d，主要原因是秸秆覆盖降低了小麦生育中后期土壤耕作层的温度，延长了灌浆时间。

驻马店秸秆覆盖试验对冬小麦抽穗期的随机取样发现，2013年降水相对较多，秸秆覆盖处理后，小麦株高、穗长等生物性状均有提高，旗叶的叶绿素含量、叶片水势等生理指标也较对照有一定改善，因2013年4月上旬驻马店地区发生了冬小麦晚霜冻，因秸秆覆盖保墒增温，较对照处理冬小麦减损 13.2%。而在降水相对偏少且没有出现晚霜冻的年份（2014），覆盖处理与对照处理的差异减小。

表 4.34 驻马店 2013—2014 年秸秆覆盖处理小麦生长量对比

年份	项目	覆盖	对照	增长率
	株高（cm）	76.4±5.5	69.01±5.1	10.71%
	穗长（cm）	8.56±1.3	8.49±1.2	0.82%
2013	SPAD	61.2±2.7	58.1±3.1	5.30%
	叶水势（Mpa）	−2.17±0.2	−2.61±0.2	16.86%
	产量（kg·hm⁻²）	6 749.9	5 962.2	13.21%
	株高（cm）	74.6±4.3	71.8±5.1	3.90%
	穗长（cm）	8.5±1.1	8.46±1.1	—
2014	SPAD	55.74±2.9	54.47±2.1	—
	叶水势（Mpa）	−3.27±0.5	−3.34±0.5	—
	产量（kg·hm⁻²）	6 460.0	6 304.7	2.46%

（3）河南省冬小麦秸秆覆盖干旱防控技术要点

冬小麦秸秆覆盖主要有 3 种形式。即夏覆盖、播后覆盖和冬前覆盖。夏覆盖保墒效果最好，适用于休闲麦田；播后覆盖和冬前覆盖适用于非休闲麦田，冬前覆盖不影响后茬作物，具有增温护苗、蓄水保墒作用。

（4）秸秆覆盖存在的问题

气候湿润地区，秸秆覆盖后病虫发生率上升，并且覆盖的时间越长病虫害发生几率越大，由此带来的损失也越大。农民习惯采用机械方式将秸秆直接洒在田间，易造成秸秆覆盖不均匀。常年湿润地区，秸秆吸收大量水分而紧贴在地表，影响作物的生长。秸秆覆盖使土壤升温速率缓慢，小麦越冬后期和返青拔节期土壤温度低，冬后积温不足，影响了小麦春季分蘖和营养生长，从而导致小麦减产。

4.3.2.2 河南冬小麦关键生育期优化灌溉抗旱技术

近年来，河南省大力建设农田水利设施，农田灌耕比例大大提高，尤其是豫北豫东等平原地区，基础水利条件良好，灌溉是最直接有效的应急防旱技术。但发生严重干旱时，地下水位下降，灌溉用水成本增加，因此需要采用关键生育期优化灌溉技术，在水资源优化利用的同时，有效减小干旱损失。冬小麦关键生育期优化灌溉技术，适用于灌溉条件相对较好，大田坡度较小的田块，仅需要土壤水分观测作为基础保障，有较强的普适性。

河南省气象科学研究所研究团队于2011—2012年和2012—2013年两个年度在郑州农业气象试验站开展优化灌溉田间试验。供试小麦品种为郑麦366，播种日期均为10月20日。试验基地从东向西设有19个水分处理，每处理3个重复，每个小区面积为11 m^2。各处理均埋有2 m深中子管，采用中子仪测定土壤水分；每个小区四周设有150 cm深的隔离层，以防止各处理之间水分水平运移；试验场安装自动滴灌系统，可根据试验要求定量均匀灌溉；试验场上方有一个大型活动式防雨棚，便于人为控制试验处理的土壤水分。从西到东的1、2处理为全生育期水分充足处理，即冬小麦各发育期0~100 cm土壤相对含水量保持70%~85%，3、4小区为雨养处理。其他小区分出苗—分蘖、分蘖—越冬、越冬—返青、返青—拔节、拔节—抽穗、抽穗—灌浆和灌浆—成熟7个不同时期的缺水处理与灌水处理。缺水处理控制0~100 cm土壤相对湿度<60%，从进入对应发育期至少前5 d进行遮雨准备，其他阶段水分相对充足，土壤相对湿度保持在70%~85%；灌水处理保证对应处理发育期在该时段内墒情适宜，土壤相对湿度达到70%~85%，其他时段为雨养状态。测定的项目包括：发育期，土壤水分含量、产量及产量结构，观测方法均参考《农业气象观测规范》。

（1）灌溉时期的选择

已有研究表明，冬小麦整个生育期灌水量相同时，由于供水在各生育阶段的分配方式不同，会对产量和水分利用效率等造成不同的影响。

在冬小麦全生育期仅灌一水、等量条件的浇灌方式下，对冬小麦进行冬灌，一般对冬小麦安全越冬，特别是防止翌年早春干旱具有重要作用，但越冬水对产量影响最小。因为冬小麦从出苗到越冬，生育特点是长根、长叶、长分蘖、完成春化阶段，即"三长一完成"，生长中心是分蘖。越冬前期正值夜冻日消，灌水主要是在保苗的基础上，促进根生长，确保分蘖，使弱苗转壮，壮苗稳长，确保麦苗安全越冬，为来年穗多、穗大打下良好的基础。

冬小麦拔节孕穗标志着植株已经进入旺盛生长时期，生理需水量剧增，且这个时期气温回升快，在25~30 d时间内小麦的耗水量可占全生育期总耗水量的20%~25%，其阶段蒸腾量或耗水强度均为其一生中最高的时期，拔节期—孕穗期也是小麦小花分化开始到花粉母细胞四分体形成期，为小麦需水临界期，该时期干旱对幼穗发育的生殖细胞分化形成均产生不利影响，这个时期及时补充灌溉可为丰产增产奠定基础，因此拔节—孕穗期是应急补灌最佳时期。

冬小麦另一个需水量较大的时期为灌浆前期，小麦抽穗后，气温急剧升高，叶片的光合强度和小麦机体的生命活力都很旺盛，充足水分供给才能满足强烈的代谢过程，因此灌浆水影响小麦灌浆期的光合作用，是促进子粒灌浆、提高粒重的重要措施。小麦大多品种的灌浆高峰出现在开花后 12 ~ 20 d 之内，灌浆前期充足水分供应，是灌浆顺利进行的基础，因此孕穗—灌浆前期也是开展优化应急灌溉的较好时机。具体灌溉时期可根据不同年型和干旱出现的具体时段而选择。

在拔节与灌浆期均进行水分补充，增产效果更为显著。但在干旱年型若少量多次灌溉，水分难以渗透至土壤深层，表层土壤水分蒸发失墒快，在同样的灌溉量处理下，耗水量高而产量却相对较低。

（2）灌溉量的确定

农民通常在越冬前、返青、孕穗和灌浆期进行灌溉，合计灌溉 3 ~ 4 次，灌溉方式多为大水漫灌，造成有限水资源的浪费。关键生育期优化灌溉满足小麦关键期用水同时，经过适当水分胁迫，促使小麦根系下伸，增强小麦抗旱能力优化灌溉的目标灌溉量用下式计算：

$$I = 0.1 \times (a \times \theta_t - \theta) \times \rho \times h \times 100 \qquad 式（4.6）$$

I 指控制土层达到目标湿度所需灌水量（mm）；α 是目标系数，指占田间持水量的百分比，取值在 0.75 ~ 1.0；θ_t 指重量田间持水量（%）；θ 指监测或推算得到的土壤相对湿度（%）；ρ 指土壤容重（$g \cdot m^{-3}$）；h 指灌溉目标控制的土层厚度（m）；0.1 为单位换算系数。

（3）优化灌溉对冬小麦生长发育的影响

两个年度田间试验表明，越冬期间水分状况对成穗率影响不大，返青冬小麦恢复生长以后至抽穗以前，水分供给有利于幼穗分化，也有助于提高株穗数，而后期灌水则对穗数基本无影响。返青—拔节期灌水较其他时期灌溉株成穗率增加 4.2%，这一时期增加水分供给，有利于预防拔节后幼穗分化因水分供给不足导致分化中止或死亡，因此，拔节—抽穗期补充灌溉对株成穗率的提高也有一定作用。

不同时期优化灌溉对冬小麦穗粒数的影响也有差异，其中，返青—拔节期优化灌溉处理的穗粒数较对照处理增加了 23.2%。小麦千粒重主要受后期水分条件的影响，郑州试验观测结果显示对照 2 平均千粒重为 40.90 g，对照 1 平均千粒重为 34.57 g，千粒重比对照 2 损失了 15.5%。抽穗—灌浆前期优化灌溉小麦千粒重 38.06 g，较对照 2 损失了 6.9%，相当于抽穗—灌浆前期补充灌溉挽回 8.6% 千粒重损失。灌浆后期灌水的效果已不如灌浆前期明显，但千粒重仍较自然对照处理增加 5.4%。

表4.35　不同发育期优化灌溉处理对产量构成性状的影响

项目	越冬—返青	返青—拔节	拔节—抽穗	抽穗—灌浆前期	灌浆—成熟
灌水量（mm）	51.20	37.90	65.95	76.70	74.00
0~50 cm土壤相对湿度（%）	45.10	54.20	35.10	33.10	32.00
株成穗数增长率（%）	—	4.23	2.74	—	—
穗粒数增长率（%）	11.0	23.2	16.8	19.7	—
千粒重增长率（%）	2.2	4.2	4.5	10.1	5.4

（4）优化灌溉的效益分析

由于小麦不同时期耗水状况不同，因此不同时期的优化灌溉的效益表现出较大差异。从表4.36可以看出，抽穗—灌浆—成熟期是冬小麦产量形成最重要时期，这期间冬小麦蒸散量大，光合作用旺盛，水分条件对穗粒数和千粒重均有影响，抽穗—灌浆期优化灌溉减损率最高达22.5%，这一时期灌水对提高穗粒数和千粒重均有贡献，是产量明显提高主要原因，其次为灌浆期灌水处理，试验期间这一时期降水持续偏少，补充灌溉对提高千粒重效果十分明显；其次为拔节—抽穗期灌溉处理，由于，拔节—抽穗期持续时间相对其他发育期较短，此期水分供给增产效果十分明显，优化灌溉产量损失也最小，与缺水处理相比，减损率为15.08%。

为了体现优化灌溉在大田实际生产过程中的优势，特在南阳方城县气象局试验场进行了20亩优化灌溉处理试验，并以相邻常规管理地块为对照。大田试验每旬动态观测0~50 cm土层土壤相对湿度，关键生育阶段出现中度和重度干旱时，目标湿度按80%计算净灌溉量。2013年3月上中旬，南阳地区持续降水偏少，气温偏高，冬小麦正处于拔节期，土壤相对湿度降至42%，按照优化灌溉技术规程，及时补充灌溉675 m³·hm⁻²，最终与未灌溉地块相比减损18%；2014年4月方城县持续降水偏少，冬小麦正值抽穗期，土壤相对湿度降至48%，计算得每公顷净灌溉量585 m³，较大田常规灌溉（750 m³·hm⁻²）节水165 m³，虽然最终测产地块产量差异不明显，但也体现出了优化灌溉的减损效益。

田间试验和辅助点观测结果表明，冬小麦秸秆覆盖防旱技术和关键生育期优化灌溉技术是华北地区干旱灾害防控的有效措施。正常年型和偏旱年型条件下试验结果表明，秸秆覆盖对于减小土壤深层水分消耗有明显作用，对小麦干旱的减损效果存在年际间差异，为3%~10%。冬小麦关键生育期优化灌溉，在全生育期一般水分亏缺条件下，关键生育期灌溉一次，即可达到抗旱减损目的，综合本研究团队结果，关键生育期中旱和重旱条件下，优化灌溉技术可实现减损 20% 左右，轻旱条件下减损在 10% 以内，且同时减小水分投入，也体现出了优化灌溉的减损效益。

表 4.36　不同时期优化灌溉的减损率

项目	越冬—返青	返青—拔节	拔节—抽穗	抽穗—灌浆	灌浆—成熟
优化灌溉产量损失（%）	8.83	7.48	1.94	-1.55	2.11
缺水处理产量损失（%）	11.84	20.14	17.02	20.97	21.12
减损率（%）	3.00	12.66	15.08	22.51	19.01

4.4　小　结

本章基于东北、西北和华北各地区小麦、玉米、大豆生长季内干旱及其影响特征，结合多年的田间试验，明确了各区域干旱防御、应急和补救技术减灾效果，提出了针对东北玉米苗期和全生育期干旱的育苗移栽、垄作、覆盖、免耕等抗旱技术 7 套，大豆耕作、补灌等抗旱技术 3 套；提出西北玉米、小麦秋覆膜、双垄沟播等抗旱技术 4 套；提出华北冬小麦、夏玉米覆盖及应急补灌技术 5 项。

参考文献

陈和生，孙振亚．2000．生物降解塑料的研究进展 [J]．塑料科技（4）：36 – 39．

陈志辉，李立，黄虎兰．2011．玉米品种抗旱性鉴定方法与指标研究 [J]．农业现代化研究，32（1）：120 – 124．

成林，张广周，陈怀亮．2014．华北冬小麦 – 夏玉米两熟区干旱特征分析 [J]．气象与环境科学，37（4）：8 – 13．

李默隐．1983．地膜覆盖栽培对土壤温度、容重、水分、及烟叶常量的效应 [J]．土壤通报（1）：27 – 29．

李尚中，樊廷录，王磊，等．2013．不同覆膜方式对旱地玉米生长发育、产量和水分利用效率的影响 [J]．干旱地区农业研究，31（6）：22 – 27．

李应金，张晨东，王明显．2004．烟田降解膜试验研究 [J]．云南农业大学学报，19（1）：91 – 94．

李跃伟，孙慕芳．2005．小麦垄作栽培技术 [J]．河南农业，07：23

刘群，穆兴民，袁子成，等．2011．生物降解地膜自然降解过程及其对玉米生长发育和产量的影响

[J].水土保持通报，31（6）：126－129.

刘忠堂.2002.大豆窄行密植高产栽培技术的研究［J］.大豆科学，21（2）：117－122.

马超，王德民，史红志，等.2007.不同地力条件下小麦垄作栽培对产量构成因素的影响［J］.山东农业科学，4：71－73.

王黄英，郭还威，罗坤，等.2000.几个玉米品种抗旱性的直接鉴定［J］.玉米科学，8（1）：40－41.

王进先.2010.高强度可降解地膜应用前景分析［J］.新疆农业科技（1）：56.

王顺霞，王占军，左忠，等.2004.不同覆盖方式对旱地玉米田土壤环境及玉米产量的影响［J］.干旱区资源与环境，18（9）：134－137.

王旭清，王法宏，董玉红，等.2002.小麦垄作栽培的肥水效应及光能利用分析［J］.山东农业科学，4：3－4.

王耀林.1988.地膜覆盖栽培技术大全［M］.北京：中国农业出版社.

伍玉春.1998.玉米育苗定向移栽与直播对比试验简报［J］.耕作与栽培（1）：23－24.

夏自强，蒋洪庚，李琼芳，等.1997.地膜覆盖对土壤温度、水分的影响及节水效益［J］.河海大学学报，25（3）：39－46.

袁跃斌，杨静，刘圣高，等.2010.淀粉基可生物降解地膜在烤烟生产中的应用［J］.安徽农业科学，38（15）：7 824－7 825.

张卫星，赵致，柏光晓，等.2007.不同基因型玉米自交系的抗旱性研究与评价［J］.玉米科学，15（5）：6－11.

张雅倩，张洪生，林琪，等.2011.水分胁迫对不同肥水类型小麦幼苗期抗旱特性的影响［J］.农学学报（8）：1－7.

中华人民共和国国家统计局.2000—2013.中国统计年鉴［M］.北京：中国统计出版社.

第5章 北方地区主要作物抗
低温减灾技术研究

温度是决定作物正常生长发育以及产量和品质关键的气象因素之一，北方地区受典型大陆性季风气候影响，加之全球变化背景下气候波动性增加，使得东北玉米、大豆和水稻低温冷害、华北冬小麦冻害以及西北玉米冷害时有发生。研究北方地区主要作物低温减灾技术，对防灾减灾具有重要意义。

本章主要从抗耐冷品种筛选等低温防御技术，高效多功能抗低温化控制剂和生长调节剂等低温应急防控技术出发，研究各区域不同作物的抗低温减灾技术的效果，为北方地区应对低温灾害保障粮食稳产提供技术支撑。

5.1 东北地区主要作物抗低温减灾技术研究

由于东北地区特定的地理位置，低温冷害发生频繁，且具有一定的区域性和周期性，对水稻、大豆、玉米等喜温作物生长发育和产量有明显影响，是该区域粮食产量波动原因之一。针对东北地区主要作物低温灾害特征，开展抗低温减灾技术研究对于提高东北地区抗灾能力具有重要意义。

5.1.1 玉米抗低温技术研究

5.1.1.1 黑龙江省玉米育苗移栽抗低温技术

玉米育苗移栽是采用耐寒品种，结合化控技术及栽培措施达到抗低温效果。育苗移栽在春季可以提早播种，在秋季可早成熟避免生育后期冷害。

黑龙江八一农垦大学研究团队于2013年在黑龙江省农业科学院大庆分院红旗泡基地，选用生育期较大庆地区主栽品种生育期长的6个品种，4月下旬在冷棚中播种育苗，5月15日移栽大田。以先玉335、铁研38、铁研39、铁研55、铁研58、铁研120、甘农118低温播种做为对照，5月2日播种时5~10 cm土壤温度稳定通过6℃，每个处理4次重复。对育苗移栽以及对照的抽雄、吐丝、安全成熟时期调查、测产。

玉米抽雄、吐丝、安全成熟结果见表5.1，7月22日玉米育苗移栽处理各品种都进入抽雄期，而低温播种的对照处理铁研39、铁研58、铁研120均未达到抽雄标准，说明育苗移栽各品种抽雄期早于对照处理。育苗移栽处理的铁研39品种没有安全成熟，铁研58接近安全成熟期，铁研38、55、120，甘农118安全成熟。低温播种对照处理的铁研38、甘农118安全成熟，其他品种均未能安全成熟。移栽与低温播种相比，育苗移栽能够抢出积温，使直播种不能安全成熟的品种铁研58和铁研120可安全成熟，育苗移栽能够提早成熟，避免早霜减产，如图5.1。

表5.1　玉米育苗移栽与低温播种（CK）处理的抽雄、吐丝和安全成熟调查

品种	移栽			低温播种（CK）		
	抽雄	吐丝	安全成熟	抽雄	吐丝	安全成熟
铁研38	是	是	是	是	是	是
铁研39	是	否	否	否	否	否
铁研55	是	否	是	是	否	是
铁研58	是	否	接近	否	否	否
铁研120	是	否	是	否	否	否
甘农118	是	是	是	是	是	是

注：10月1日玉米植株因霜冻停止生长。

玉米育苗移栽处理与低温播种对照产量比较如图5.1，可以看出，玉米移栽6个品种产量与低温播种（CK）进行比较，其中铁研38和铁研55产量低于CK，减产幅度−3.25%～−15.59%；铁研39、铁研58、铁研120产量增幅在6.28%～10.94%，甘农118与CK相接近，说明在黑龙江省西北地区不同玉米品种采用育苗移栽技术产量变化幅度不同，适宜的品种采用育苗移栽技术不仅可以避开春季低温，还能提早成熟，

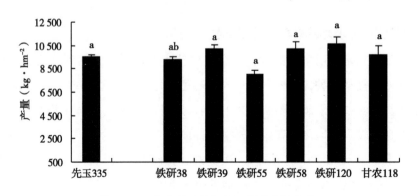

图5.1　玉米育苗移栽与低温播种产量比较

避开秋季低温，相对低温播种 5% ~ 10% 实现稳产。

采用育苗移栽技术与低温播种相比较，能够增加可利用的有效积温天数 14 ~ 15 d，增加有效积温 200 ~ 250 ℃·d，如表 5.2 所示。因此玉米育苗移栽可较好地躲避种子萌发期和苗期早春低温，并且可以提早成熟，既避开春季低温的不利影响，又可避开秋季霜冻。玉米育苗移栽技术可应用于黑龙江省偏冷凉的北部讷河、北安一带，东南部牡丹江市密山、虎林一带，东北部三江平原低湿的佳木斯市汤原、勃利等地。在生产实际应用时，可棚室育苗后移栽定植，及时浇水确保玉米苗成活。

表 5.2 育苗移栽与常规直播技术比较

项目	大田播种	育苗移栽播种	差值
日期	5 月 12 日	4 月 28 日	15 d
积温（℃·d）	1 609.3	1 849.2	239.9

5.1.1.2 黑龙江省玉米垄作抗低温技术

垄作栽培与传统平作栽培相比，改变了光、热、水条件和微生物活动环境，较好地协调作物赖以生存的小气候条件，最大限度地降低了不利因素的影响，可节能、降耗（Burrows，1963；Randall，1990；王旭清等，2001）。

黑龙江八一农垦大学研究团队于 2012—2013 年在黑龙江省大庆市林甸县幸福乡吉祥村进行了玉米垄作和平作对比试验，着重比较垄作处理和平作在 6、7 月 8∶00 和 14∶00 不同深度耕层土壤平均温度，试验结果如表 5.3 ~ 表 5.5，从中可以看出，垄作不同深度耕层土壤温度均高于平作，尤其 5 cm 耕层土壤，垄作增温效果更为明显。垄作处理增加了玉米株高和穗位高，但在茎粗、穗长、穗粗、秃尖长和穗轴方面与平作无显著差异（表 5.4）。垄作处理穗行数显著大于平作处理，行粒数和穗粒重虽未明显大于平作处理，但穗粒重在数值上较平作处理高。最终产量表现为垄作处理显著高于平作处理。究其原因，与垄作处理提高了各耕层土壤温度，为玉米生长提供了相对良好的温度和营养密切相关（表 5.5）。

表 5.3 垄作和平作 6、7 月 8∶00 和 14∶00 土壤平均温度

月份 + 时间	5 cm 耕层土壤温度（℃）		15 cm 耕层土壤温度（℃）		25 cm 耕层土壤温度（℃）	
	垄作	平作（CK）	垄作	平作（CK）	垄作	平作（CK）
6 月 8∶00	19.20 ± 0.57b	18.11 ± 0.49a	17.57 ± 0.48a	17.14 ± 0.45a	16.85 ± 0.47a	16.58 ± 0.48a

（续表）

月份+时间	5 cm 耕层土壤温度（℃）		15 cm 耕层土壤温度（℃）		25 cm 耕层土壤温度（℃）	
	垄作	平作（CK）	垄作	平作（CK）	垄作	平作（CK）
6 月 14：00	20.51±0.16b	19.56±0.13a	19.66±0.13a	19.37±0.13a	19.75±0.10b	19.40±0.12a
7 月 8：00	23.35±0.80b	21.91±0.55a	19.17±0.46b	18.16±0.43a	16.73±0.41a	16.51±0.41a
7 月 14：00	25.75±0.13b	24.31±0.12a	20.51±0.09b	20.07±0.10a	19.41±0.11a	19.67±0.09a

表5.4　垄作和平作对玉米形态指标的影响

处理	株高（cm）	茎粗（cm）	穗位高（cm）	穗长（cm）	穗粗（cm）	秃尖长（cm）	轴粗（cm）
垄作	312.07±6.85b	2.22±0.02a	108.43±0.69b	18.90±0.70a	4.86±0.17a	2.43±0.15a	2.58±0.05a
平作（CK）	298.50±6.03a	2.16±0.07a	98.73±3.33a	19.07±0.4a	4.86±0.10a	2.27±0.22a	2.66±0.13a

表5.5　垄作和平作对玉米产量构成因子及产量的影响

处理	穗行数（行·穗$^{-1}$）	行粒数（粒·穗$^{-1}$）	穗粒重（g·穗$^{-1}$）	产量（kg·hm^{-2}）
垄作	16.13±0.47b	38.13±1.33a	198.33±5.80a	12 258.9±338.1b
平作（CK）	15.47±0.13a	38.33±1.03a	186.50±8.83a	11 477.0±248.7a

综合分析土壤温度和玉米形态、产量构成因子及产量可知，垄作可有效提高地温，尤其是表层土壤温度，并影响玉米产量构成因子，最终促进玉米穗粒重增加，提高玉米产量。就提高地温来看，垄作技术适用于黑龙江省各地，尤其对于积温较低的北部地区。

5.1.1.3　黑龙江省玉米化控防（抗）低温技术

植物生长调节剂能够有效调节作物内部生理代谢活动，增强作物抵抗低温灾害的能力。目前该技术已成为我国作物生产中高产、稳产和高效农业新技术的一个重要组成部分。鉴于以往诸多调节剂产品存在着高毒、高残留等缺点，因此开发新型、安全高效、低毒的玉米专用调节剂产品势在必行。为此，黑龙江省八一农垦大学研究团队针对黑龙江玉米生长发育期间常受到低温的危害，造成玉米生长发育不良，产量和品质降低等问题开展了玉米调节剂的研制工作，以减少低温对玉米产量造成的损失，最终达到中度灾害少减产、轻度灾害不减产或增产的目的。通过玉米化控技术的研究与应用发现，适宜剂型和剂量的复合型玉米生长调节剂，能够降低玉米株高和穗位高（表5.6），减少玉米秃尖（表5.7）。2013年黑龙江省大部分地区春季涝害，在玉米生长季节长期持续出现低温天气，致使玉米整体产量受到了一定的影响，通过应用复配玉米调节剂 A（主要成分为烯效唑（S3307））和调节剂 B（主要成分为乙烯利（ETH））发现，不同剂型和剂量的调节剂在玉米上均有一定的增产效果（表5.8）。由此可见，复合型玉米调节剂具有提高玉米抗低温胁迫的能力，适合在黑龙江地区推广应用。

表 5.6　不同剂型和剂量的调节剂对玉米株高和穗位高的影响

（2013 年，黑龙江林甸试验区）

处理	株高（cm）	± CK%	穗位高（cm）	± CK（%）
CK	303.24aA	—	112.60aA	—
A150	302.00aA	− 0.41	109.80bA	− 2.49
A100	300.65aA	− 0.85	109.55bA	− 2.71
B50	300.50aA	− 0.90	112.05aA	− 0.49
B25	302.50aA	− 0.24	112.50aA	− 0.09

注：喷调节剂时期：玉米大喇叭口期，其中 A 和 B 分别代表不同剂型的两种调节剂。

表 5.7　调节剂对玉米果穗秃尖的影响（2013 年，黑龙江林甸试验区）

处理	秃尖长度（cm）	± CK%	差异显著性	
			5% 显著水平	1% 极显著水平
CK	2.04	—	a	A
A150	1.78	− 12.88	ab	A
A100	1.50	− 26.38	ab	A
B50	1.68	− 17.79	ab	A
B25	1.57	− 22.82	ab	A

注：表中大小写字母分别表示差异达到极显著和显著水平。

表 5.8　不同剂量的调节剂对玉米产量的影响（2013 年，黑龙江林甸试验区）

处理	产量（kg·hm⁻²）	± CK（%）	差异显著性	
			5% 显著水平	1% 极显著水平
CK	8 238.46	—	b	A
A150	9 621.24	16.78	ab	A
A100	8 946.22	8.59	ab	A
B50	9 614.89	16.71	ab	A
B25	9 914.49	20.34	ab	A

注：表中大小写字母分别表示差异达到极显著和显著水平。

5.1.1.4 黑龙江省玉米耐低温品种筛选技术

耐寒性鉴定的方法很多，总体上可以分为两大类，直接鉴定和间接鉴定。直接鉴定就是给予植物低温胁迫后，通过植物受害的程度、死苗率和生长状况等方面鉴定耐冷性。间接鉴定是基于冷害发生的机理及植物抗冷的途径基础之上的鉴定，如通过测定核酸（Buxton，1977）、酶活性（张敬贤等，1993）和激素水平（Ristic，1998；罗正荣，1989）等大量指标进行抗寒性鉴定。根据遭受低温的时期来划分，又可以将鉴定方法分为低温发芽率鉴定和苗期低温鉴定。低温发芽鉴定不仅可以在一定程度上鉴定作物耐冷性，也可进行耐冷种质资源的筛选。苗期低温鉴定是利用幼小植株接受低温伤害后观察其受害程度（形态、发育阶段和生长速度的变化）、死亡率、存活率以及测定其失水、质膜透性等生理变化。在低温处理过程中，根据株高、叶片数、幼苗干鲜重等指标的变化，可以很好地区分不同品种的耐冷性。这种方法比种子低温发芽率鉴定更客观、更准确。

针对黑龙江省春季低温影响玉米出苗率及粉籽这一问题，黑龙江八一农垦大学研究团队设置玉米抗冷品种筛选试验，通过测定相对发芽率、苗期抗冷性、低温早播出苗情况及田间产量等指标，从黑龙江省主要栽培品种（德美亚 2 号、德美亚 1 号、绥玉 7、哲单 37、垦单 10、龙单 38、兴垦 3 号、先玉 335、京单 28、东农 253、郑单 958、先玉 508、良玉 88、龙单 58、嫩 15）中筛选出耐春季低温的玉米品种。

按国家规定的农作物种子检验规程和标准，开展不同温度发芽实验。每份杂交种分为 2 组，分别取 20 粒种子，3 次重复。一组为处理组，6 ℃低温发芽；一组为对照组，25 ℃正常温度发芽。统计相对发芽率，初筛抗冷杂交种。

发芽率 =（第七天发芽的种子数/供试种子总数）×100%

相对发芽率 =（处理发芽率/对照发芽率）×100%

抗冷杂交种的苗期低温筛选：以初筛的品种为供试材料，感冷杂交种做对照。所用种子材料分 2 组，玉米幼苗 3 叶 1 心期，放入人工气候箱内进行低温（6 ℃）处理 10 d，每处理选长势均匀 4 株。从气候箱取出后测定各个处理的叶绿素，及玉米叶片萎蔫程度。叶片萎蔫情况分级：0 级，叶片正常未受冷害；1 级，仅有少数叶片边缘有轻度的皱缩萎蔫；2 级，半数以上的叶片萎蔫死亡，但生长点未死；3 级，半数以上叶片萎蔫死亡，生长点死亡；4 级，植株完全死亡。

分期早播大田试验：试验地点为黑龙江省农业科学院大庆分院红旗泡基地，调查出苗日期、苗龄、成熟后测产考种。

低温萌发试验从 15 个供试材料中选出 4 个在 6 ℃下 17 d 发芽的抗冷品种，分别为德美亚 2 号、嫩丰 13、先玉 335 和京单 28，表现为萌芽期耐冷萌发能力相对较快。能在 6 ℃下 22 d 发芽的抗冷品种 7 个，低温状态萌芽期耐受性从高到低顺序为德美亚 2 号、龙单 58、良玉 88、嫩单 13、京单 28、嫩单 14 和先玉 335，表现出长期低温状态萌芽期耐受性好。

苗期低温试验供试品种 15 个，苗期抗冷性表现主要集中在 1 级和 2 级。1 级有 6 个品种分别为德美亚 1 号、垦单 10、龙单 38、兴垦 3、东农 253 和郑单 958；2 级有 9 个品种，分别为龙单 58、先玉 335、哲单 37、德美亚 2 号、嫩单 15、绥玉 7、良玉 88、先玉 508 和京单 28。不同基因型玉米苗期低温 6 ℃ 处理 10 d 后，品种间叶绿素值（SPAD）变化范围在 16.70 ~ 22.48，比处理前叶绿素整体值降低，低温对幼苗叶绿素都产生了明显的影响，品种间没有达到显著性差异。

大田分期早播试验：2013 年春季低温影响玉米正常播期，实际生产中玉米播期推迟，部分地区选择种植生育期短于当地积温品种，甚至改种其他短生育期的救灾作物。利用 2013 年春季低温条件，进行玉米品种间低温鉴定的验证。低温早播田间鉴定产量如表 5.9，结果显示低温对不同品种出苗时间和产量影响差异显著，对出苗后叶片中可溶性糖、叶绿素等指标均有影响，且差异显著。与主栽品种绥玉 7 相比较，德美亚 2 号、京单 28 和先玉 335 综合耐冷害指标较好。与主栽品种绥玉 7 相比较，德美亚 2 号、京单 28 和先玉 335 综合耐冷害指标较好。针对黑龙江省春季多发冷害采用 6 ℃相对发芽率、苗期抗冷性、早播出苗日期、低温叶绿素以及 6 ℃低温叶片可溶性糖含量等指标，结合春季低温灾害播种产量验证，筛选出适合黑龙江省西部的耐延迟性冷害品种 3 个，分别为：德美亚 2 号、京单 28 和先玉 335。

表 5.9　玉米耐低温品种筛选调查部分指标

品种	6 ℃相对发芽率（%）	抗冷性（苗期）	早播出苗（月/日）	低温叶绿素（SPAD）	6 ℃可溶性糖（%）	低温早播产量（kg·hm⁻²）
绥玉 7（CK）	0c	2 级	5/16	18.80b	1.29c	7 081.86 ± 417.31b
德美亚 2 号	85.00a	2 级	5/11	22.33b	1.49ab	6 496.22 ± 554.55b
京单 28	60.00ab	2 级	5/13	48.00a	1.33bc	8 999.38 ± 814.94a
先玉 335	54.39b	2 级	5/13	19.67b	1.52ab	9 583.63 ± 127.66a

5.1.2　大豆抗低温技术研究

已有研究表明，低温年也是黑龙江大豆低产年，1949 年以来黑龙江省几次单产大幅度下降的年份中有 60% 以上的年份是由于较严重的冷害造成的，如 1957、1969、1972、1976、1981 和 1993 年都是低温冷害年，每年减产幅度均在 10% ~ 30%。可见低温冷害造成减产的危害程度大，是影响黑龙江省大豆生产最主要的农业气象灾害之一。因此，从品种筛选、土壤耕作、地膜覆盖、化控技术等方面开展大豆低温防御研究，降低低温对大豆影响。

5.1.2.1 黑龙江省大豆耕作增温技术

针对黑龙江省春季及大豆生长季内阶段性低温特点，黑龙江省八一农垦大学团队重点开展了大豆生育前期不同耕作措施对大豆土壤温度影响田间试验研究，第一组试验为平作条件下播种后镇压与耙地对土壤温度的影响，设置平作条件播后镇压（A1）和平作条件下播后镇压并耙地（A2）两个处理。第二组试验为垄作条件下不同中耕措施对大豆生育前期土壤温度的影响，设置6个处理，分别为B1：垄作苗期第一遍中耕深松25 cm，第二、第三遍中耕同正常大田管理；B2：垄作苗期第一遍中耕深松25 cm，深松后垄沟用耙子搂一遍（将中耕后垄沟大土块搂碎）；第二、第三遍中耕同正常大田管理；B3：垄作苗期第一遍中耕深松10 cm，第二、第三遍中耕同正常大田管理；B4：垄作苗期第一遍中耕深松10 cm，深松后垄沟用耙子搂一遍（将中耕后垄沟大土块搂碎）；第二、第三遍中耕同正常大田管理；B5：垄作苗期不深松，只做一遍小培垄（B1第一遍中耕时进行），以后不进行任何作业；B6：垄作苗期不深松，前两次中耕小培垄，第一遍小培垄在B1第一遍中耕时进行，第二遍小培垄在B1第二遍中耕时进行，第三遍大培垄。平作条件下播后镇压和播后镇压并耙地两个处理8：00和15：00不同深度耕层土壤（5 cm、15 cm和25 cm）温度比较如图5.2所示，从图中可以看出，耙地处理8：00和15：00不同深度耕层土壤温度均较不耙地处理高。究其原因，耙地处理使表土与底层土壤之间形成间隙，增加了土体内外气体交流，进而促进空气中的热量进入土体。

垄作条件下深松、耙地和培垄对8：00和15：00不同耕层（5 cm、15 cm和25 cm）土壤温度的影响，如图5.3～图5.5所示。从图中可以看出，深松25 cm和深松25 cm耙地处理8：00和15：00两个时间5 cm和15 cm深度土壤温度均较其他处理高，而15 cm深松和培垄处理土壤温度相对较低，适宜深度的深松处理可提高5 cm和15 cm耕层土壤温度，培垄处理对土壤温度没有显著影响，由此表明，一定深度深松促进土体吸收热量起到"防春寒"的作用。

不同耕作措施对大豆幼苗生长影响如表5.10和表5.11所示，比较不同耕作处理第二片复叶期和初花期大豆幼苗生长相关指标可知，虽然各处理在株高、茎粗、主茎节数、地上部和地下部鲜重方面无显著差异，但垄作苗期深松25 cm耙地处理（B2）在数值上均略大于其他处理，幼苗质量优于其他各处理。不同耕作措施处理对大豆植株形态指标和产量的影响，如表5.12所示，对收获期不同耕作措施处理大豆植株形态指标和产量进行方差分析可知，垄作苗期深松 25 cm（B1）和苗期深松 25 cm 耥地处理（B2）的单株荚数、单株粒数均较其他处理高，百粒重与其他处理无显著差异，最终产量显著高于其他处理。

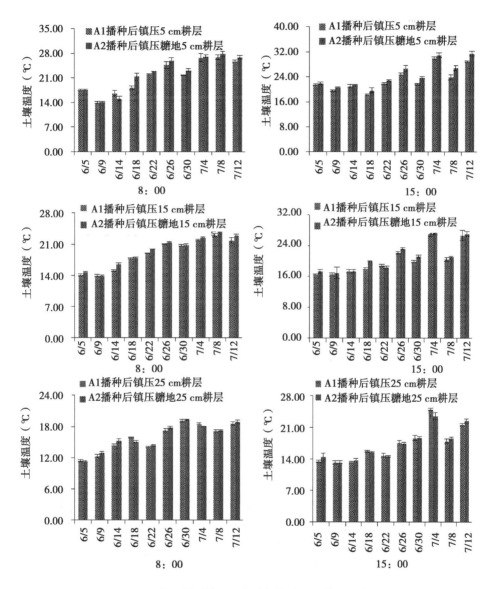

图 5.2　平作下播后镇压不耥地与耥地处理耕层土壤温度

表 5.10　第二片复叶期不同耕作处理大豆幼苗生长相关指标比较

处理	株高（cm）	茎粗（cm）	主茎节数	地上部鲜重（g）	地下部鲜重（g）
A1	19.31 ± 1.77a	0.54 ± 0.05a	2.97 ± 0.17a	25.84 ± 0.87a	7.72 ± 0.52a
A2	19.60 ± 1.23a	0.57 ± 0.06ab	2.97 ± 0.13a	26.33 ± 2.87a	8.71 ± 0.54a

（续表）

处理	株高（cm）	茎粗（cm）	主茎节数	地上部鲜重（g）	地下部鲜重（g）
B1	20.79 ± 1.31a	0.61 ± 0.05ab	2.97 ± 0.16a	26.93 ± 2.05a	8.81 ± 0.85a
B2	20.89 ± 1.77a	0.65 ± 0.03b	2.97 ± 0.14a	27.52 ± 2.19a	8.81 ± 0.87a
B3	19.60 ± 1.40a	0.63 ± 0.06ab	2.97 ± 0.19a	25.94 ± 1.93a	8.61 ± 0.77a
B4	19.31 ± 1.67a	0.61 ± 0.03ab	2.97 ± 0.14a	25.84 ± 1.93a	8.61 ± 0.39a
B5	18.41 ± 0.93a	0.62 ± 0.06ab	2.97 ± 0.18a	24.85 ± 1.54a	8.71 ± 0.65a
B6	18.22 ± 0.67a	0.60 ± 0.03ab	2.97 ± 0.12a	25.25 ± 2.33a	8.32 ± 0.51a

注：新复极差法，竖行比较。下表同。

表 5.11　初花期不同耕作处理大豆幼苗生长相关指标比较

处理	株高（cm）	茎粗（cm）	主茎节数	地上部鲜重（g·株⁻¹）	地下部鲜重（g·株⁻¹）
A1	45.38 ± 4.20a	0.96 ± 0.09ab	8.82 ± 0.50b	333.33 ± 11.37a	49.59 ± 3.37a
A2	44.89 ± 2.86a	0.95 ± 0.10ab	7.84 ± 0.33a	328.53 ± 36.19a	50.57 ± 3.16a
B1	46.65 ± 2.97a	0.95 ± 0.07ab	7.84 ± 0.42a	342.84 ± 26.32a	51.06 ± 4.95a
B2	47.04 ± 4.03a	0.97 ± 0.05b	8.82 ± 0.43b	343.72 ± 27.65a	53.12 ± 5.29a
B3	44.89 ± 3.23a	0.90 ± 0.08ab	8.82 ± 0.57b	332.84 ± 25.07a	49.30 ± 4.46a
B4	44.01 ± 3.85a	0.87 ± 0.05ab	8.82 ± 0.41b	313.44 ± 23.62a	47.93 ± 2.18a
B5	42.83 ± 2.19a	0.86 ± 0.09a	8.82 ± 0.55b	322.16 ± 20.15a	48.12 ± 3.61a
B6	44.89 ± 1.68a	0.85 ± 0.04ab	7.84 ± 0.32a	331.76 ± 30.88a	49.10 ± 3.04a

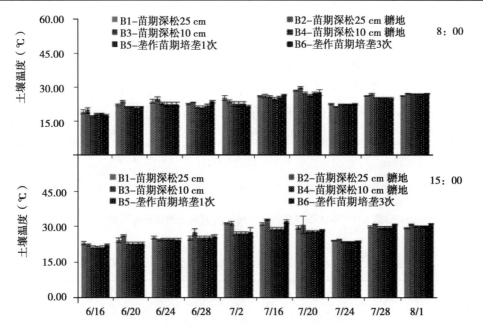

图 5.3　垄作下不同深度深松处理 5 cm 耕层土壤温度

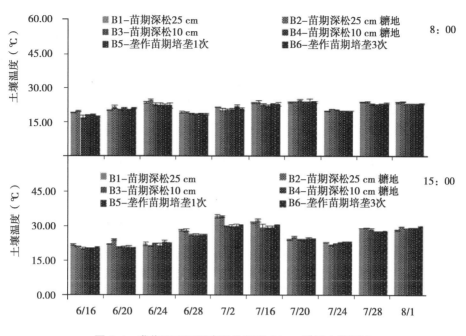

图 5.4　垄作下不同深度深松处理 15 cm 耕层土壤温度

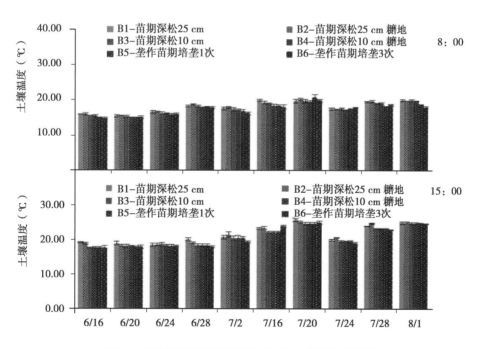

图 5.5　垄作下不同深度深松处理 25 cm 耕层土壤温度

综合分析认为，适当深松在发挥垄作促进苗期垄体温度提高作用的同时，进一步促进垄体温度快速上升，养分快速活化，因而促进苗期大豆幼苗的生长，并最终获得较高产量。深松与耪地同时进行处理的增产效果更为明显。

垄作结合中耕深松技术有助于进一步提高土壤接收太阳辐射的能力，有效提高土壤温度，兼具保温作用，对于高纬度地区应对低温冷害具有重要作用。同时，土壤温度升温相对较快，有助于土壤微生物数量增加和活力增强，对于土壤养分释放起到积极作用。因此，垄作结合中耕深松技术可提高春季土壤温度，适用于包括黑龙江省在内的北方地区。

表 5.12　不同耕作处理大豆产量方差分析

处理	株高（cm）	底荚高（cm）	单株荚数	单株粒数	百粒重（g）	产量（kg·hm^{-2}）
A1	69.53±1.24a	14.75±0.42cd	24.74±1.40ab	50.68±1.71a	18.12±1.22a	2 721.5±136.1b
A2	73.81±3.64ab	14.45±0.34cd	24.77±1.04ab	51.52±5.62a	17.93±1.11a	2 754.6±82.7b
B1	77.22±4.21b	13.43±0.55ab	26.59±1.41bc	54.98±4.18ab	18.36±1.76a	3 079.2±83.4c
B2	76.12±4.22ab	12.55±0.82a	28.57±1.38c	60.64±4.83b	18.37±1.81a	3 216.3±116.7c
B3	72.46±3.32ab	13.64±0.44bcd	25.67±1.65ab	52.25±3.90a	18.38±1.64a	2 770.2±138.6b
B4	74.35±4.53ab	13.34±0.57ab	25.33±1.17ab	51.53±3.84a	18.58±0.84a	2 744.7±164.6b
B5	75.52±3.63ab	14.82±0.68d	23.55±1.45a	48.57±3.01a	17.54±1.30a	2 467.5±123.0a
B6	75.44±3.16ab	13.23±0.43ab	24.35±0.99ab	49.75±4.58a	18.82±1.15a	2 708.6±162.6b

5.1.2.2　黑龙江省大豆化控防（抗）低温技术

自 20 世纪 70 年代以来，国内外学者通过种子处理、叶面喷施、离体培养等多种方式研究植物生长调节剂对大豆生长发育的调控效应，发现调节剂在调控株型，控制倒伏，提高产量和品质方面具有良好的生物学效应。

以往研究认为，调节剂通过影响内源激素系统来调节作物的生长、发育和产量形成。作物正常生长条件下，体内活性氧代谢处于平衡状态，但在遭受逆境胁迫时，如低温条件，这种平衡被破坏（李晓玲等，1999）。POD 和 SOD 均属于清除活性氧的保护酶，SOD 催化氧自由基 O_2^- 的歧化反应产物生成过氧化氢（H_2O_2），H_2O_2 又被 POD 还原为无害的分子氧和水，MDA 是膜脂过氧化产物，其含量的高低，反映了生物膜被伤害的程度。同时，MDA 又反过来严重损伤植物细胞膜系统，干扰植物细胞的光合、呼吸及其他代谢过程。植物在正常情况下的酶促反应和一些低分子有机物的自动氧化反应都会产生活性氧物质，植物需要提高保护酶如 CAT、POD、SOD 及 ATP 酶（AT-Pase）的酶促防御系统来清除有害物质，从而保护机体不受伤害，或被非酶类物质如 Pro 等所抑制，增强抗逆性和减少落荚是提高大豆产量的重要因素。

黑龙江省八一农垦大学研究团队对大豆化控剂开展了多项研究。2013 年大豆生长期间，黑龙江省遇到了罕见的持续低温天气，低温时期正处于大豆开花到鼓粒期，通过田间采集样品室内分析研究表明，初花期叶片喷施调节剂能够对保护酶系统及脱落相关酶具有一定的调控作用，叶面喷施植物生长调节剂后，在生育后期 S3307 和 DTA-6 处理提高了大豆荚皮的 POD、SOD 活性（图 5.6 和图 5.7），降低了大豆荚皮多聚半乳糖醛酸酶和纤维素酶活性（图 5.8 和图 5.9），进而减轻了大豆的膜脂过氧化程度，推断这是化控剂抗（防）低温胁迫的重要技术原理。另外，喷施调节剂降低了大豆的花荚脱落率（表 5.13），从而为大豆产量形成奠定了基础。5 个品种试验表明，喷施调节剂均有效降低了产量减损百分率（表 5.14），可见，调节剂对大豆抗（防）低温具有重要的作用，是适合东北地区重要防（抗）低温技术之一。

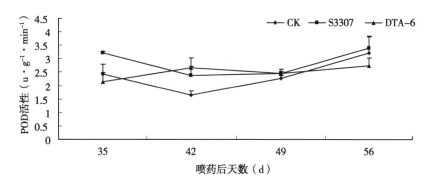

图 5.6　PGRS 对豆荚 POD 活性的影响

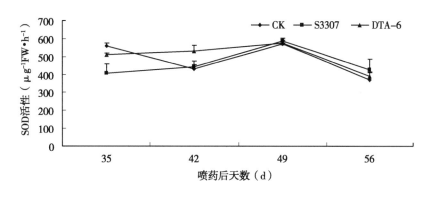

图 5.7　PGRS 对豆荚 SOD 活性的影响

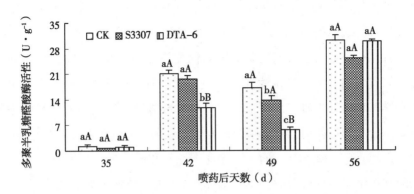

图 5.8 PGRS 对豆荚多聚半乳糖醛酸酶活性的影响

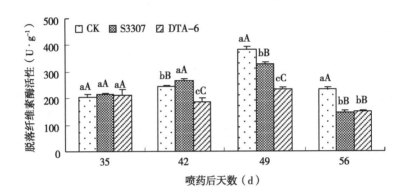

图 5.9 PGRS 对豆荚纤维素酶活性的影响

表 5.13 植物生长调节剂对大豆花荚建成的影响

处理	座荚率（%）	落花落荚率（%）
CK	37.16±2.27bB	62.84±2.67aA
DTA–6	49.76±1.55aA	50.24±1.55bB
S3307	52.13±4.11aA	47.87±4.11bB

5.1.2.3 黑龙江抗（耐）低温大豆品种筛选技术

东北地区从大豆播种到成熟期间经常出现低温冷害，造成大豆出苗不齐，生长发育受阻，落花落果，降低大豆的产量和品质，选育抗（耐）冷大豆品种是减少低温危害的有效途径。

表 5.14　调节剂对不同基因型大豆产量性状及减损的影响

品种	处理	株高（cm）	茎粗（cm）	底荚高度（cm）	产量（kg·hm⁻²）	产量减损（%）
抗线 6	CK	132.87a	0.84a	23.55a	2 553.14a	—
	DTA－6	137.21a	0.85a	24.18a	2 590.99a	1.48
	S3307	131.98a	0.78a	23.78a	2 819.62a	10.43
16 垦丰	CK	95.85a	0.74a	23.86a	2 883.93a	—
	DTA－6	96.14a	0.75a	25.41a	3 321.44a	15.17
	S3307	94.04a	0.71a	26.41a	3 497.36a	21.27
绥农 28	CK	107.18a	0.7b	28.87a	3 476.67a	—
	DTA－6	110.2a	0.84a	28.41a	3 816.01a	9.76
	S3307	110.24a	0.82a	29.61a	4 078.48a	17.31
合丰 50	CK	107.04a	0.79a	26.84a	3 568.26a	—
	DTA－6	107.2a	0.8a	21.82a	4 069.81a	14.06
	S3307	103.77a	0.8a	25.82a	4 066.83a	13.97

2012—2013 年黑龙江省八一农垦大学研究团队以当地丰产性较好的 10 个大豆品种为供试材料，如表 5.15，在室内进行发芽试验和幼苗低温生长试验，筛选适合本地区种植的抗（耐）低温大豆品种。试验结果如表 5.16，从中可以看出温度为 6 ℃时相对发芽率超过 85% 的品种有黑农 67、抗线虫 9 号、垦丰 16、绥农 31、抗线虫 12 号、抗线虫 6 号和黑农 63，表现为高抗（耐）冷特征；幼苗低温生长试验低温下鲜重和干重变化特征表明，低温条件下地上部鲜重降低，地下部鲜重增加，地下部干重增加，根冠比干鲜重增大。说明低温促进根部发育，对于地上部影响因品种而不同。从表 5.17 和表 5.18 中可以看出，低温处理大豆地上部干重没有降低的品种有黑农 63、黑农 67、垦丰 16、抗线虫 12 号、绥农 31 和抗线虫 6 号，干重根冠比增加量达到 1 以上品种为垦丰 16、黑农 68、黑农 63、抗线虫 6 号、绥农 31、绥农 28、抗线虫 8 号和抗线虫 9 号。综合上述两个试验结果，可初步判定黑农 67、抗线虫 9 号、垦丰 16、绥农 31、抗线虫 12 号、抗线虫 6 号和黑农 63 为苗期抗（耐）冷性品种。

表 5.15　耐（抗）冷害大豆试验材料

序号	品种名称	序号	品种名称	序号	品种名称	序号	品种名称
1	抗线虫 12 号	2	抗线虫 9 号	3	黑农 68	4	垦丰 16
5	抗线虫 6 号	6	黑农 63	7	绥农 28	8	绥农 31
9	抗线虫 8 号	10	黑农 67				

表 5.16　低温 6 ℃大豆萌芽期的相对发芽率

品种名称	相对发芽率（%）	抗性分级
黑农 67	94.9	
抗线虫 9 号	94.74	
垦丰 16	94.34	
绥农 31	92.5	相对发芽率的抗性分级如下：
抗线虫 12 号	92.36	（1）相对发芽率≥85%，高抗类型（H. R）；
抗线虫 6 号	87.74	（2）相对发芽率 50% - 84.9%，中抗类型（M. R.）；
黑农 63	85.71	（3）相对发芽率＜50%，敏感类型（S.）
黑农 68	80.13	
抗线虫 8 号	78.71	
绥农 28	68.18	

表 5.17　低温（6 ℃）处理对植株鲜重的影响

品种	地上部分（g）		地下部分（g）		根冠比		
	室温	低温	室温	低温	室温	低温	差值
黑农 63	0.84	0.60	0.18	0.40	0.21	0.67	0.46
黑农 68	1.05	0.59	0.22	0.36	0.21	0.61	0.40
垦丰 16	0.96	0.62	0.17	0.31	0.18	0.50	0.33
抗线虫 12 号	0.96	0.64	0.22	0.32	0.22	0.50	0.28
绥农 31	0.95	0.62	0.22	0.28	0.24	0.45	0.22
抗线虫 6 号	1.01	0.68	0.19	0.26	0.18	0.39	0.21
绥农 28	1.10	0.73	0.24	0.30	0.22	0.41	0.19
抗线虫 8 号	1.03	0.71	0.21	0.27	0.21	0.38	0.17
抗线虫 9 号	1.06	0.72	0.21	0.25	0.20	0.35	0.15
黑农 67	0.94	0.83	0.19	0.24	0.20	0.29	0.09

表 5.18　低温（6 ℃）处理对植株干重的影响

品种	地上部分（g）		地下部分（g）		根冠比		
	室温	0.40	室温	低温	室温	低温	差值
垦丰 16	0.11	0.09	0.01	0.18	0.10	1.85	1.76
黑农 68	0.14	0.11	0.01	0.20	0.09	1.82	1.73
黑农 63	0.11	0.14	0.01	0.22	0.11	1.55	1.43

（续表）

品种	地上部分（g）		地下部分（g）		根冠比		
	室温	0.40	室温	低温	室温	低温	差值
抗线虫 6 号	0.13	0.13	0.01	0.19	0.09	1.46	1.38
绥农 31	0.13	0.11	0.01	0.15	0.10	1.40	1.30
绥农 28	0.13	0.14	0.01	0.15	0.11	1.12	1.00
抗线虫 12 号	0.13	0.13	0.01	0.14	0.10	1.06	0.96
抗线虫 8 号	0.12	0.14	0.01	0.12	0.10	0.89	0.79
抗线虫 9 号	0.13	0.14	0.01	0.11	0.11	0.79	0.68
黑农 67	0.09	0.15	0.04	0.11	0.46	0.74	0.29

为明确所选大豆品种在田间条件下，抗御不同生育阶段低温冷害能力，采用错期播种方法，观测错期播种大豆出苗始期、出苗率、出苗势、成熟期及各产量指标。田间试验在黑龙江省大庆市农科院安达基地进行，错期播种于 2013 年 4 月 25 日进行，正常播种期为 2013 年 5 月 4 日，比较出苗期间气温可以看出（图 5.10 和图 5.11），播后到苗期，间断性出现低于 10 ℃天气，各品种产量如表 5.19，从中可以看出所选 10 个品种均表现为对低温具有较强的适应性，其中绥农 31、黑农 63、抗线虫 12 号、垦丰 16、绥农 28 和抗线虫 8 号等品种表现出极强的抗低温能力，在早播的情况下产量均超过 2 700 kg·hm^{-2}。

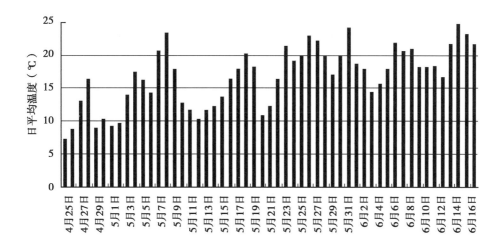

图 5.10　2013 年播种到出苗的日平均温度

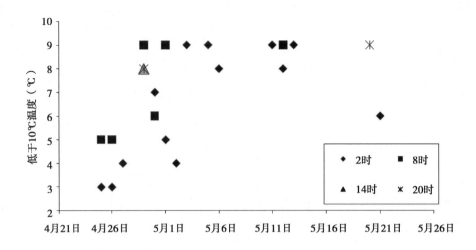

图 5.11 春季出苗前后低于 10 ℃温度的分布

表 5.19 错期播种与正常播种条件下各品种产量情况

品种	错期播种产量 （kg·hm^{-2}）	正常播种产量 （kg·hm^{-2}）	增产 （%）
绥农 31	2 926.5	2 154.0	35.9
黑农 63	2 916.0	2 418.0	20.6
抗线虫 12 号	2 887.5	2 560.5	12.8
垦丰 16	2 797.5	2 214.0	26.3
绥农 28	2 793.0	2 115.0	32.1
抗线虫 8 号	2 754.0	2 403.0	14.6
抗线虫 6 号	2 728.5	2 079.0	31.2
黑农 68	2 619.0	2 227.5	17.6
抗线虫 9 号	2 599.5	2 458.5	5.8
黑农 67	2 301.0	2 070.0	11.2

5.1.3 水稻抗低温技术研究

冷害是影响水稻产量主要农业气象灾害，尤其对黑龙江寒地水稻影响巨大。生产实际中需采取有效防控措施，降低冷害对水稻生长发育和产量的影响。主要的防控技术包括水稻耐冷型品种筛选、适宜播期确定、深水灌溉及化控技术等。

5.1.3.1 黑龙江省寒地水稻调整播期防御低温技术

黑龙江省水稻生产中若插秧过早，春季气温波动较大，缓苗时间长，易发生冷害，影响水稻的正常生长发育；若插秧过晚，后期遇低温风险增加，水稻不能安全成熟。因此针对当地积温偏低，种植水稻农时紧张这一问题，选择当地可安全成熟品种，确定适宜插秧期，保障水稻在气温降至 13 ℃ 前可安全成熟。黑龙江八一农垦大学团队根据黑龙江水稻生产实际，充分利用当地温光资源、减轻冷害发生几率，提出通过调整播期防御冷害方案。

2013 年开展播期试验，共设 5 个播期，分别为 4 月 5 日、4 月 10 日、4 月 20 日、4 月 30 日和 5 月 10 日。

各播期的株高、穗长、倒二、倒三和倒四节间长度变化随播期延迟呈先增加后降低的变化趋势，以 4 月 10 日播种为最佳，4 月 20 日播种次之。方差分析表明，与 5 月 10 日播种相比，4 月 10 日播期显著提高植株高度、穗长和倒二、倒三节间长度（表 5.20）。从枝梗变化上看，一次枝梗的空秕率远低于二次枝梗的，且 5、6 粒之间的差异不是很大，而二次枝梗空秕率变化均表现为 2 粒 < 3 粒 < 4 粒，其中以 4 月 5 日的空秕率为最低。在产量构成方面，千粒重以 5 月 10 日的为最高（27.14 g），单株重以 4 月 30 日最大。不同播种日期处理，理论产量和实际产量均以 4 月 10 日的为最高。方差分析表明，实际产量在 4 月 10 日与 4 月 20 日之间达显著水平（$P < 0.05$）（表 5.21）。综上分析，4 月 10 日为试验年度最佳播种日期。

表 5.20　不同播期对寒地水稻农艺性状的影响

处理	株高（cm）	穗长（cm）	节间长（cm）			
			倒一	倒二	倒三	倒四
4 月 5 日	83.78 ± 1.70bB	15.23 ± 0.67bB	29.72 ± 1.84bB	20.83 ± 1.66cB	14.56 ± 1.74bcBC	3.12 ± 0.58
4 月 10 日	94.61 ± 1.90aA	16.47 ± 0.64aA	31.39 ± 1.85abAB	23.39 ± 1.41abA	17.89 ± 3.01aA	3.83 ± 0.98
4 月 20 日	94.22 ± 2.92aA	15.89 ± 0.80abAB	31.78 ± 1.73aAB	23.78 ± 1.42aA	16.83 ± 2.12abAB	3.50 ± 0.50
4 月 30 日	93.11 ± 2.80aA	15.56 ± 0.73bAB	32.06 ± 2.07aAB	23.11 ± 1.39abA	16.56 ± 2.07abAB	3.02 ± 0.43
5 月 10 日	85.28 ± 1.48bB	15.16 ± 0.57bB	33.00 ± 1.87aA	22.11 ± 0.55bAB	12.83 ± 2.56cC	2.56 ± 0.10

表 5.21　不同播期对枝梗空秕率、产量及产量构成的影响

处理	一次枝梗		二次枝梗			千粒重（g）	单株重（g）	产量（kg·hm⁻²）	
	五粒	六粒	二粒	三粒	四粒			理论	实际
4 月 5 日	4.74	6.49	12.03	20.69	23.30	25.53	1.48	9 638.3aA	9 643.8abA
4 月 10 日	6.76	6.40	18.24	30.49	46.88	25.06	1.45	10 091.0aA	9 735.8aA
4 月 20 日	6.67	6.75	16.00	32.06	37.97	24.54	1.46	9 665.4aA	9 213.8bAB
4 月 30 日	6.66	6.89	22.12	34.87	61.26	25.63	1.51	8 497.2bB	8 199.0cB
5 月 10 日	6.07	6.23	100.00	34.40	44.44	27.14	1.46	7 583.1cB	7 351.1dC

5.1.3.2　黑龙江省水稻深水灌溉增温技术

水稻生长发育受地温、水温和气温的影响，一般水温较气温高 3～4 ℃，寒地水稻以水保温、增温是防御低温冷害重要技术措施之一。温度高低主要影响水稻生长点，生长点在土壤中时受地温影响，在水中时受水温影响，长出水面受气温影响。寒地水稻种植区特别要注意提高水温，促进水稻营养生长。在井灌区采取综合增温技术（设备增温与灌水技术增温），即后半夜到日出前补充灌水，白天停灌增温，白天水温高，夜间降温小，日平均水温相对较高，避免长期串灌。孕穗期的小孢子初期（剑叶叶耳间距 ±5 cm），采取深水灌溉是减轻冷害有效方法，水层深度应为 16～18 cm。从幼穗分化到孕穗前水温高低以及水层深度，直接影响冷害对孕穗期水稻的危害程度。

2012 年和 2013 年开展了小孢子初期控制水层深度灌溉处理。在水稻对低温最敏感时期（减数分裂期小孢子初期，即倒一叶与倒二叶叶耳间距在 ±10 cm 期间为减数分裂期，叶耳间距 ±5 cm 时为小孢子初期，即抽穗前 8～14 d）田间水层深度保持 16 cm 以上，有效防御障碍型冷害，提高水稻单株粒数、粒重、结实率，降低水稻空秕粒率，最终提高产量。试验结果显示，8 月初到 9 月初，早 6 h 之前和晚 18 h 之后表现为：深水＞常规＞气温，6～18 h 变化正相反，其中 8 月中下旬到 9 月初，温度多在 10～17 ℃，这对水稻籽粒灌浆是极为不利，尤其是穗下部籽粒（图 5.12）。

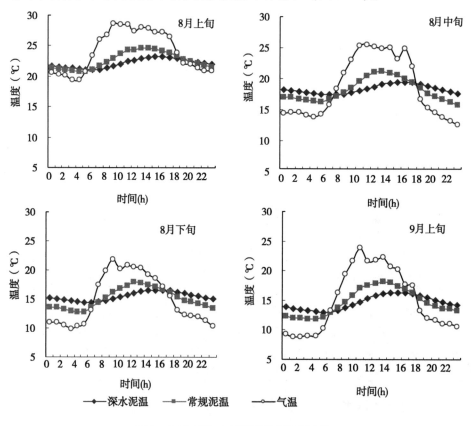

图 5.12　8 月和 9 月气温及泥温日变化

深水灌溉处理夜间泥温较气温高 0.5~4.5 ℃，深水灌溉处理白天泥温明显低于常规处理（图 5.13）。

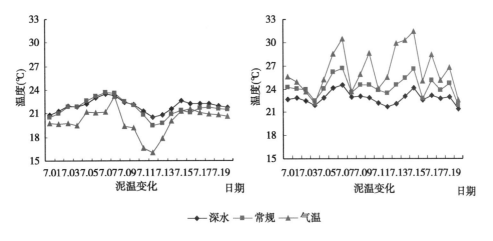

图 5.13　低温敏感期气温和泥温变化趋势

2012 年供试材料为空育 131（11 叶），在小孢子初期进行不同水层深度灌溉处理，分别为灌溉深度 3 cm、8 cm 和 15 cm，水层深度保持 7 d 不变。通过在水稻冷害关键期进行不同水层灌溉处理，结果如表 5.22，除空秕粒率随灌溉水层增加而递减之外，结实率、千粒重和产量均呈增加趋势。其中灌溉深度 15 cm 处理单株粒数较 3 cm 和 8 cm 的分别增加了 13.25% 和 6.98%，而结实率变化幅度较大表现为 91.50%；空秕粒率变化正好相反，与 3 cm 水层处理相比，15 cm 和 8 cm 处理的空秕粒率降幅分别为 165.65% 和 94.34%。可以看出，各性状中以空秕粒率的变化最为敏感，其次是结实率。

表 5.22　不同水层对寒地水稻产量及产量构成的影响

水层深	单株		空秕粒率	结实率	千粒重	产量
灌处理	粒数（个）	粒重（g）	（%）	（%）	（g）	（kg·hm^{-2}）
3 cm	56.36b	1.43b	22.58aA	77.42b	25.35	7 467.3b
8 cm	60.44a	1.56b	11.62bB	88.38a	25.87	8 252.6a
15 cm	64.97a	1.68a	8.50cB	91.50a	25.91	8 676.6a

2013 年以空育 24（12 叶）为供试材料，于小孢子初期进行不同水层深水灌溉处理，分别为 16 cm、8 cm 和 4 cm，每天换一次水，各小区内 7 d 水层保持不变。水稻冷害关键期进行不同水层灌溉处理结果分析表明，冷害关键期保持 16 cm 以上水层深度效果明显，16 cm 水层深度灌溉处理一次和二次枝梗实粒数分别为 916.7 粒和 699.54

粒；一次枝梗空秕率以 4 cm 水层深度灌溉处理最高为 10.75%，其次是 8 cm 水层灌溉处理，而二次枝梗空秕率则以 4 cm 水层深度灌溉处理最高为 44.94%，16 cm 水层灌溉处理最低为 27.52%；不同水层处理一次枝梗间结实率差异不大，而二次枝梗变化差异较大，表现为 16 cm > 8 cm > 4 cm（表 5.23）。各处理间的每穴谷重、一次枝梗粒重和千粒重、每平方米产量均表现为 16 cm > 8 cm > 4 cm，其中 16 cm 处理每穴谷重、一次枝梗粒重和平米产量分别表现为 37.62g、23.09g 和 1 015.71g。相比之下，千粒重变化幅度不明显（表 5.24）。

表 5.23　冷害关键期不同水层深度灌溉对寒地水稻粒数的影响

水层深度	实粒数（个）		空秕率（%）		结实率（%）	
	一次	二次	一次	二次	一次	二次
4 cm	826.11	468.95	10.75	44.94	89.25	55.06
8 cm	856.80	557.36	10.27	30.52	89.03	69.48
16 cm	916.94	699.54	9.89	27.52	90.11	72.48

表 5.24　冷害关键期不同水层深度灌溉对寒地水稻粒重的影响

水层深度	每穴重（g）	粒重（g）		千粒重（g）		单位面积产量（g·m^{-2}）
		一次	二次	一次	二次	
4 cm	30.59	20.50	10.09	24.82	21.52	825.94
8 cm	33.31	20.99	12.32	24.50	22.11	899.42
16 cm	37.62	23.09	15.43	25.18	22.06	1 015.71

5.1.3.3　黑龙江省水稻化控防（抗）低温技术

研究表明，适宜浓度 DTA - 6 浸种可降低水稻幼苗因低温冷害的电解质渗透量，说明 DTA - 6 浸种可减轻低温对质膜的损伤。油菜素内脂可增强植物在某些不良条件下的抗性，用其浸种 24 h，既能促进水稻幼苗在 18 ℃下的生长并使低温胁迫（5 ℃ ±1 ℃，48 h）后在 28 ℃下迅速恢复生长（王炳奎，1993）。外源激动素能够促进 SOD 和 POD 的合成，使其含量增加，从而起到保护稻苗的作用（吴珍龄等，2000）。外源水杨酸（SA）能使 ABA 诱导闭合气孔张开（Djajanegara et al，1999），抑制乙烯的生物合成，干预质膜去极化，阻止质膜受损伤，提高植物的光合速率和增加光合色素含量，显著降低低温胁迫下水稻幼苗叶片的相对电导率，降低低温下水稻幼苗的质膜透性，因此，应用植物生长调节剂防御和减轻冷害对水稻造成危害和损失具有很好的作用。

2012年以垦鉴稻6号为供试品种（12叶），采用深井水灌溉设置冷害条件，进行叶面喷施植物生长调节剂A（以烯效唑（S3307）为主成分）和调节剂B（以乙烯利（ETH）为主成分）。试验结果表明，叶面喷施调节剂A＋B明显降低植株高度和倒一节间长度，显著降低了倒三和倒四节间长度（表5.25）；叶面喷施调节剂A＋B显著增加了水稻单株粒数、粒重和千粒重，降低空秕粒数和空秕率，水稻结实率提高，水稻产量显著提高（表5.26）。

表5.25　不同植物生长调节剂对水稻农艺性状影响

处理	株高（cm）	穗长（cm）	节间长（cm）			
			倒一	倒二	倒三	倒四
A	80.5±2.8a	14.6±0.8ab	24.6±2.6ab	19.1±1.6b	13.1±3.6ab	4.2±0.8ab
B	79.8±1.6ab	14.8±0.7a	24.7±1.6ab	20.6±1.6a	11.3±2.8bc	3.5±0.6bc
A＋B	77.2±1.9ab	15.1±0.6a	25.4±0.8a	20.3±1.0ab	9.3±1.6c	2.5±0.6c
CK	81.5±4.3a	14.8±1.4a	24.7±1.2ab	20.0±2.1ab	15.1±2.1a	5.3±1.1a

表5.26　不同植物生长调节剂对水稻产量构成要素及产量影响

处理	单株		千粒重（g）	结实率（%）	产量（kg·hm^{-2}）
	粒数（个）	粒重（g）			
A	14.8±3.5b	0.34±0.08b	22.84±1.03b	19.58±2.95b	2 016.2±120.2bB
B	14.4±4.9b	0.32±0.09b	22.32±0.75b	17.88±4.85b	1 904.7±215.3bB
A＋B	21.2±2.8a	0.53±0.07a	24.05±0.57a	31.59±5.95a	3 435.5±325.7aA
CK	12.7±2.5b	0.28±0.06b	22.39±1.16b	15.26±2.79b	1 688.1±125.4cB

以垦鉴稻6号为供试品种（12叶），延迟播种（5月中旬播种，6月中旬移栽）于8月20日以清水为对照（CK），调节剂处理分别为A、B和A＋B，8月中下旬正是温度较低时期（图5.14），水稻延迟成熟，制造自然冷害条件。研究结果表明，调节剂A可以明显增加水稻穗长和植株高度，且较对照增加了3.26%，水稻每穴总粒重、实粒数以及实粒重均增加，但未达到显著水平；比较节间长度，调节剂A和A＋B均明显降低了水稻倒一节间长度，增加了倒二、倒三和倒四节间长度，调节剂A处理较对照处理达显著水平。从谷草比上来看，同样是以调节剂A和A＋B表现最佳；在空秕率上，则是以调节剂A＋B的为最低（表5.27和表5.28）。

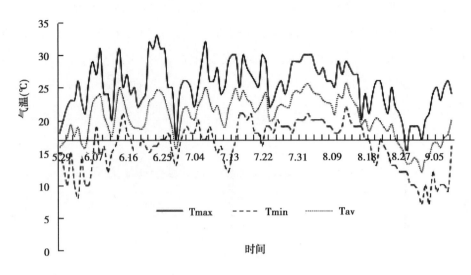

图 5.14　水稻生育期气温变化

表 5.27　不同植物生长调节剂对水稻农艺性状影响

处理	株高（cm）	穗长（cm）	节间长（cm）			
			倒一	倒二	倒三	倒四
A	71.67±2.73a	17.07±1.01	24.05±1.42b	16.18±1.19	10.64±2.19aA	3.42±1.59aA
B	67.83±3.71b	16.87±0.79	25.45±1.73ab	15.14±1.92	7.14±1.79cC	1.05±0.60cB
A+B	70.00±1.79ab	16.41±0.63	24.59±1.84ab	16.23±1.31	9.14±1.25bAB	2.92±1.07abAB
CK	69.33±1.86ab	16.42±0.65	25.86±1.50a	15.73±0.96	8.45±1.78bcBC	2.03±0.52bcAB

表 5.28　不同植物生长调节剂对水稻产量构成要素及产量影响

处理	粒重（g·穴⁻¹）	实粒数（个·穴⁻¹）	实粒重（g·穴⁻¹）	空粒数（个·穴⁻¹）	谷草比	空粒率（%）
A	19.30±1.34a	880.8±73.5a	16.71±1.46ab	814.3±137.8	0.80±0.11a	47.89±3.74ab
B	14.77±3.66b	659.1±186.5b	12.38±3.49b	726.8±96.8	0.55±0.15b	53.14±2.35a
A+B	19.98±3.73a	869.8±133.1a	17.79±3.48a	732.3±111.8	0.81±0.12a	33.78±6.24b
CK	17.37±3.81ab	857.5±182.9a	16.17±5.25ab	643.3±69.7	0.68±0.11ab	37.24±3.72b

通过叶面喷施植物生长调节剂 A+B 能够明显增加千粒重，显著提高结实率，从而提高产量（表5.29）。

表 5.29　不同调节剂对水稻产量构成和产量的影响

处理	单株		千粒重 （g）	结实率 （%）	产量 （kg·hm^{-2}）
	粒数（个）	粒重（g）			
A	35.23 ± 2.94a	0.67 ± 0.06ab	19.00 ± 1.13	51.93 ± 3.16b	4 381.7 ± 199.8b
B	26.38 ± 6.25b	0.50 ± 0.11b	18.75 ± 0.78	46.47 ± 6.31b	3 683.1 ± 102.3c
A + B	34.79 ± 5.32a	0.71 ± 0.12a	19.72 ± 1.42	66.00 ± 6.68a	4 671.2 ± 152.6a
CK	34.31 ± 6.35a	0.65 ± 0.16ab	17.86 ± 0.71	61.71 ± 9.70a	4326.5 ± 211.8b

5.1.3.4　黑龙江省水稻耐冷品种筛选

黑龙江省水稻田多分布于第二、第三和第四积温带，多为低洼易涝地，井水灌溉达 90%，水稻冷害发生频率较高，1949—2005 年有 11 次较重冷害发生，约 3 ~ 5 年 1 遇，冷害年较常年单产降低 36.5%。水稻在低温感受期（最低气温低于 17 ℃时）产生障碍型冷害，但品种间存在着一定的差异。安排黑龙江水稻生产时，除考虑抽穗到成熟需要 700 ~ 800 ℃·d 积温的生育日数，调节抽穗前 15 d 左右的花粉母细胞形成和减数分裂时期处于当地最低气温稳定在 17 ℃以上的高温季节外，选用抗孕穗开花期冷害水稻品种，是提高抗冷害的首选条件。黑龙江省粳稻品种为感温性品种，整个生育期对温度都很敏感，但不同品种对温度敏感性也不尽相同。一般水稻品种耐冷性主要受遗传因素影响，其次是受环境影响，因此，筛选耐冷性品种是抵抗冷害的最有效手段。黑龙江八一农垦大学研究团队于 2012—2013 年，开展水稻耐冷性品种筛选研究，在确保水稻正常成熟的条件下，两年参选品种 92 份。试验中将品种分 10 叶、11 叶和 12 叶 3 个组，将每个供试品种分为两份，一份在冷水条件下种植做耐冷性筛选（同熟期用挡板隔开），另一份在正常江水灌溉条件下种植做对照。冷水田采用 17 ℃混合水直接进行串灌，于各组 10 叶早熟品种的幼穗分化始期起，白天进行串灌，上下午各一次，当灌溉圃水温稳定达到 17 ℃时，灌至水深 15 cm 左右时停灌，至各组中 12 叶品种抽穗始期结束。

水稻不同品种对低温冷害抵抗能力不同，同一熟期品种在减数分裂期遇到相同低温，各品种在植株形态、抽穗出现日期、产量及其构成具有明显差异如表 5.30 和表 5.31。2012 年通过对 32 个品种（系）进行耐（抗）低温品种（系）筛选分析，不同水稻品种间株高变异幅度在 2.2% ~ 22.3% 范围内，其中降幅在 5% 以下的有 7 个；千粒重下降幅度表现在 4.9% ~ 49.4% 范围内，可以看出，千粒重指标敏感性较强；冷水处理后的各品种（系）的空壳率变化表现为增加趋势，且增加幅度范围多在 50% ~ 80% 范围内，单产最高为垦鉴 90 - 31，表现为 3 268.5 kg·hm^{-2}，其次是垦 04 - 1093、垦稻 12 和垦系 017，产量均在 2 700 kg·hm^{-2} 之上（表 5.30）。

表 5.30 2012 年不同耐冷性品种农艺状比较

叶片数	品种	株高 (cm)		穗长 (cm)		千粒重 (g)		空粒率 (%)		抽穗期		产量
		处理	对照	处理	对照	处理	对照	处理	对照	处理	对照	(kg·hm⁻²)
10 叶	垦 94 – 227	83.0	86.4	15.5	17.9	22.3	26.8	60.3	22.1	7/15	7/25	2 328.5
	垦 04 – 1093	85.5	93.7	17.3	19.8	22.6	26.5	61.5	19.8	7/16	7/25	3 054.5
11 叶	垦鉴 90 – 31	88.0	89.9	14.8	15.4	23.8	25.2	45.9	23.4	7/24	7/24	2 820.0
	垦粳 03 – 471	87.0	91.2	16.0	18.1	21.5	25.6	81.2	20.3	7/27	7/27	1 395.3
	垦 04 – 549	91.0	97.5	15.0	18.5	25.0	26.5	54.7	26.9	7/27	7/27	1 168.4
	垦稻 21	93.0	97.7	15.8	19.3	20.5	25.5	84.0	22.6	7/27	7/28	1 329.8
	垦 07 – 1	75.0	86.3	16.7	20.5	19.7	25.2	45.9	18.9	8/1	7/27	1 576.1
	垦 04 – 488	82.5	88.9	13.5	17.7	20.7	25.6	71.8	28.7	7/26	7/27	2 158.1
	绥粳 3	81.0	90.4	13.7	16.9	22.2	26.5	81.7	22.8	7/30	7/25	1 364.9
	龙育 03 – 1084	85.0	91.9	15.5	18.3	25.4	27.1	73.4	16.9	7/25	7/17	2 173.4
	龙交 04 – 2182	80.0	88.9	13.3	17.3	18.5	24.7	82.0	19.8	7/25	7/19	1 208.7
	龙粳 29	87.5	96.6	15.3	18.1	22.7	25.4	80.7	25.6	7/30	7/31	1 589.9
	龙花 01 – 687	92.5	103.7	15.0	18.3	19.5	24.7	96.4	23.4	7/31	7/31	1 417.1
	垦 07 – 7	107.0	111.0	16.3	17.1	22.5	24.1	80.7	27.1	7/28	7/27	1 702.5
	垦稻 07 – 1197	87.0	104.0	16.3	17.1	22.1	25.0	86.3	23.7	7/19	7/19	2 548.2
	垦稻 07 – 2160	98.0	119.0	19.7	20.1	21.7	24.9	71.8	34.3	7/22	7/21	1 675.5
	垦 04 – 174	89.0	91.0	17.3	18.5	20.7	24.7	63.5	33.9	7/29	7/25	978.6
	垦稻 06 – 193	91.0	100.0	18.5	18.8	20.3	25.6	99.0	36.7	7/28	7/27	1 528.5
	建 586	90.0	99.0	15.8	17.0	22.7	25.8	67.1	20.0	7/31	7/29	2 184.9
	北粳 0908	89.0	94.0	16.9	19.4	22.2	24.3	60.9	25.9	7/29	7/28	1 852.5
	垦 07 – 876	89.0	98.0	14.9	16.1	23.2	25.9	89.6	39.7	7/31	7/29	1 993.1
	垦稻 06 – 192	97.0	94.0	15.4	16.8	22.3	25.6	99.4	27.7	7/30	7/25	1 199.9
12 叶	垦 95 – 295	81.5	88.6	17.8	19.3	20.1	25.5	93.8	33.7	7/21	7/27	1 353.2
	垦稻 12	82.5	88.4	16.0	20.7	21.5	26.7	74.5	23.5	7/28	7/22	2 660.6
	垦鉴黑香粳 1 号	90.0	103.2	17.5	19.9	24.3	27.6	80.6	30.4	7/31	7/30	1 424.9
	龙花 99 – 454	87.5	101.4	16.3	19.1	22.3	26.7	55.4	19.8	7/23	7/21	1 252.1
	垦稻 08 – 2551	82.0	99.7	15.3	20.4	21.2	25.8	64.1	27.8	8/5	8/3	2 498.7
	东农 428	87.0	97.6	16.8	17.9	24.4	26.6	76.1	21.7	8/2	7/27	2 383.2
	垦系 013	87.0	104.0	16.3	19.2	20.5	25.0	69.8	29.3	8/5	7/28	1 510.5
	垦系 017	88.0	94.6	17.3	18.5	24.3	25.9	53.6	28.6	7/30	7/30	2 613.6
	垦糯 04 – 160	94.0	115.0	18.3	19.7	16.4	24.5	66.1	22.2	8/8	8/2	1 363.5
	绥 98 – 001	86.0	91.0	17.0	18.5	20.6	25.5	82.1	39.6	8/5	7/29	2 161.7

在 2012 年试验基础上，2013 年共选取 60 个品种（系），以当地主栽 11 叶和 12 叶水稻品种为主，研究结果表明，除 7 个品种外，其余品种（系）均表现为抽穗延迟。

株高降幅在 0.5%～15.6% 范围内；千粒重下降幅度表现在 0.0%～58.5% 范围内，其中下降幅度较小的品种（系）有垦鉴 90-31、垦稻 17、垦 05-1075、垦稻 12 和垦 07-348；下降幅度较大的品种（系）主要是绥 98-001 和垦 95-295；空壳率增幅多在 30%～60% 范围内，其中以垦鉴 90-31、垦稻 17 和垦 07-348 的增幅较小，而增幅在 70% 以上有 9 个品种（系）。由于黑龙江省水稻冷害以障碍性冷害为主，因此可用空壳率和结实率作为耐冷品种筛选主要指标。综上，两年试验共筛选出 5 个抗低温能力强的品种（系）分别为：垦鉴 90-31、垦稻 12、垦稻 17、垦稻 10 和垦 05-1075。共同的特点是分蘖力强、后熟快、抗倒性和空壳率明显低于其他品种（系），而结实率、千粒重和产量明显高于其他品种（系），结果如表 5.31。

以上试验中表现较好垦鉴 90-31 和垦稻 17 为 11 叶品种，生育期需活动积温 2 300 ℃·d，适于在黑龙江省第三积温带种植；筛选出的垦稻 12 和垦 05-1075 为 12 叶品种，需活动积温 2 400 ℃·d，适于在黑龙江省第二积温带种植；筛选出的垦稻 10 为 12～13 叶品种，需活动积温 2 550 ℃·d，适于黑龙江省第一积温带下限和第二积温带上限种植。在冷害频发黑龙江省三江平原地区，种植水稻早熟和中熟品种，降低晚熟品种种植比例可以有效防御低温冷害的影响。

表 5.31　2013 年不同耐冷性品种农艺性状比较

叶片数	品种	抽穗期		株高（cm）		千粒重（g）		空粒率（%）		产量（kg·hm^{-2}）
		处理	对照	处理	对照	处理	对照	处理	对照	
11 叶	垦鉴 90-31	7.2	7.2	90.0	91.1	24.6	26.5	21.5	19.8	5 805.0
	垦稻 21	7.3	7.3	95.5	99.0	18.2	26.5	22.7	19.5	4 314.8
	垦 07-1	8.0	7.3	97.5	99.2	22.5	25.5	52.0	22.6	4 561.1
	龙育 03-1084	7.3	7.2	85.5	91.9	21.8	26.5	49.7	22.8	5 158.4
	龙交 04-2182	7.3	7.2	89.4	93.4	23.5	27.1	41.4	16.9	3 908.7
	垦 95-075	7.3	7.3	84.5	90.4	22.2	24.7	50.0	19.8	4 053.2
	垦稻 17	7.3	7.3	92.0	94.1	24.4	25.4	27.4	25.6	5 360.6
	垦鉴 13	7.3	7.3	97.0	105.2	22.4	24.7	64.4	23.4	4 124.9
	龙花 98-425	7.2	7.2	111.5	116.5	22.3	24.1	48.7	27.1	3 952.1
	绥 98-027	8.1	7.3	93.6	95.8	22.6	24.3	28.9	25.9	4 719.9
	垦育 10025	8.0	7.3	102.0	100.7	24.0	25.7	51.6	20.3	5 083.2
	龙粳 29	7.3	7.3	89.0	92.5	23.4	24.9	49.9	17.5	4 214.9
	龙花 01-687	7.3	7.3	96.5	99.6	22.5	25.6	26.5	23.3	4 042.1
	垦 07-7	7.3	7.2	101.5	106.7	21.2	25.3	61.5	21.1	4 327.5
	垦稻 07-1260	7.2	7.2	116.0	117.6	20.8	24.3	47.8	24.8	4 300.5
	垦稻 06-193	7.3	7.3	107.0	117.8	23.1	25.1	38.9	32.1	4 153.5
	北粳 0908	7.3	7.3	100.0	102.5	22.8	25.8	63.7	34.4	4 477.5

（续表）

叶片数	品种	抽穗期		株高（cm）		千粒重（g）		空粒率（%）		产量（kg·hm⁻²）
		处理	对照	处理	对照	处理	对照	处理	对照	
12叶	垦稻08-2551	8.1	8.0	82.5	88.4	20.1	25.5	53.8	33.7	5 123.7
	垦系017	7.3	7.3	88.0	94.6	22.3	26.7	35.2	19.8	3 438.6
	垦06-344	7.3	7.3	94.0	115.0	21.2	25.6	34.1	27.8	4 618.1
	垦09-112	7.3	7.3	89.0	91.0	24.4	24.9	36.1	21.7	3 824.9
	龙花99-454	7.2	7.2	89.0	92.6	20.5	25.8	29.8	29.3	3 877.1
	垦糯04-160	8.1	8.0	91.0	92.3	24.3	25.7	32.1	28.6	3 988.5
	垦05-1075	8.0	7.3	89.4	90.5	25.8	27.3	21.2	18.4	5 677.5
	绥98-001	8.1	8.0	88.0	93.6	16.4	26.0	26.1	22.2	4 644.9
	东农428	8.0	7.3	95.3	98.4	20.6	25.5	42.1	39.6	5 008.2
	垦系013	8.1	7.3	92.5	93.4	24.5	26.4	40.5	25.5	4 135.5
	垦10-546	7.2	7.3	82.0	99.7	22.4	27.3	55.3	19.6	3 978.2
	垦育10001	7.3	7.2	87.0	97.6	21.5	26.3	42.2	13.7	5 285.6
	垦稻12	7.3	7.3	92.0	93.1	24.6	26.0	29.5	26.5	5 285.6
	垦黑香1号	7.3	7.3	98.0	102.6	20.7	26.4	27.5	22.4	4 049.9
	垦07-1082	8.0	7.3	89.0	96.5	23.6	25.9	31.6	25.4	5 008.2

5.1.3.5 吉林省水稻耐冷品种筛选

吉林省亦是我国主要粳稻生产区之一，种植面积为81.3万 hm²。水稻生育期内日照时间达13~16 h，光照充足，昼夜温差大，有利于水稻生长和干物质积累。随着全球气候变暖，吉林省已经很少发生大范围严重的低温冷害，但区域性和阶段性低温冷害仍时常发生，而且越来越频繁和严重，因此在目前推广的品种当中，筛选耐冷性强的优良水稻品种，对保证吉林省水稻安全生产具有重要意义。

吉林省农业科学院研究团队收集了203份吉林省、黑龙江省以及其他国家和地区的水稻品种，利用19℃冷水灌溉设施，对水稻幼穗发芽期至孕穗期进行低温处理，调查农艺性状，并依据结实率及产量进行耐冷性水稻品种的筛选（表5.32）。结果表明，品种的平均结实率为31.4%，变幅较大在0.3%~83.3%。此外，产量变异幅度大，且变异系数高，表明不同参试品种的耐冷性存在很大差异。

比较不同地区水稻品种结实率，结果显示吉林省137个水稻品种的平均结实率为29.6%，变异幅度为0.3%~76.5%；黑龙江省58个品种的平均结实率为52.4%，变异幅度为1.6%~83.3%；其他国家或地区的参试品种结实率均较低。表明吉林省和黑龙江省水稻品种耐冷性存在很大变异（表5.33）。不同熟期组的吉林省水稻品种中，早熟组的平均结实率为43.4%，变异幅度为19.0%~76.5%；中早熟组的平均结实率为

12.4%，变异幅度为 0.3% ~ 29.6%；中熟组的平均结实率为 35.2%，变异幅度为 8.7% ~ 65.5%；中晚熟组的平均结实率为 25.1%，变异幅度为 1.3% ~ 60.8%；晚熟组的平均结实率为 15.0%，变异幅度为 3.0% ~ 37.1%。中早熟组和晚熟组的结实率变异幅度较小，其他熟期组的变异幅度均较大；中早熟组和晚熟组的结实率较低，而早熟、中熟、中晚熟这 3 个熟期组中均包含结实率较高的品种，表明这些熟期组中能够筛选出耐冷性较强的品种（表 5.34）。

表 5.32　供试材料农艺性状表现

变量	平均	变异幅度	变异系数（%）
株高（cm）	97.7 ± 7.1	81.1 ~ 130.6	7.3
穗长（cm）	16.2 ± 1.8	10.1 ~ 20.6	11.1
穗数	17.6 ± 3.6	10.4 ~ 29.6	20.7
穗茎度（cm）	2.0 ± 1.8	− 3.2 ~ 6.6	90.3
单株穗粒数（粒）	117 ± 37	24 ~ 277	31.2
结实率（%）	31.5 ± 19.2	0.3 ~ 83.3	60.8
千粒重（g）	21.2 ± 2.5	13.0 ~ 28.7	11.9
理论产量（g·株$^{-1}$）	13.3 ± 9.2	0.1 ~ 43.1	69.1

表 5.33　不同地区水稻品种结实率比较

地区	品种数	平均（%）	变异幅度（%）	变异系数（%）
吉林省	137	29.6 ± 17.0	0.3 ~ 76.5	57.5
黑龙江	58	52.4 ± 26.3	1.6 ~ 83.3	50.2
辽宁	3	12.3 ± 16.8	1.4 ~ 31.6	136.3
韩国	4	35.8 ± 3.3	31.9 ~ 39.7	9.3
日本	3	34.7 ± 14.7	24.1 ~ 51.5	42.4
其他	5	36.8 ± 15.9	16.8 ~ 52.3	43.4

表 5.34　吉林省不同熟期品种的结实率比较

熟期	品种数	平均（%）	变异幅度（%）	变异系数（%）
早熟	9	43.4 ± 26.1	19.0 ~ 76.5	60.2
中早熟	12	12.4 ± 13.4	0.3 ~ 29.6	107.7
中熟	57	35.2 ± 13.9	8.7 ~ 65.5	39.6
中晚熟	50	25.1 ± 16.1	1.3 ~ 60.8	64.1
晚熟	6	15.0 ± 15.6	3.0 ~ 37.1	104.3

根据结实率结果，初步筛选11个结实率较高的耐冷品种如表5.35。其中在低温条件下牡丹江4号、延粳22、东农416、绥粳7的结实率较高，但减产严重，不适合在生产上推广应用。经过低温处理区与对照区产量的减产率比较，进一步筛选出延粳25、松粳16、合江21、松粳15、松粳12、九稻12和松粘1号7个品种如表5.36。这些品种的结实率最低为68.7%，减产率范围为7.5%~22.5%。本实验为了提高筛选效率，采用了较低温度和较长处理时间，因此，所有品种在试验过程中均受到严重低温冷害，203份水稻品种的平均结实率为31.4%，且平均减产率为65.8%。从严重的低温处理考虑，筛选出的7个品种在实际生产条件下遭遇中度或轻度低温冷害时，更能够保持稳产。所筛选出的7个品种中延粳25为中早熟品种，适于种植吉林省东部冷凉地区；其他6个品种可确定为中熟品种，适于种植在吉林省四平、长春、吉林、通化、辽源和延边等中熟稻区。

表5.35　根据结实率筛选的耐冷性品种

品种名称	来源	抽穗期（月.日）	穗数（个）	穗茎度（cm）	穗粒数（粒）	结实率（%）	千粒重（g）	产量（kg·hm^{-2}）
松粳12	黑龙江省	8.9	14.9	0.4	132.0	87.2	16.6	4 746.0
延粳25	吉林省	8.1	23.1	1.7	92.0	86.3	20.8	7 066.5
牡丹江4	黑龙江省	8.9	19.0	3.5	52.0	83.3	24.5	3 334.5
九稻12	吉林省	8.9	16.9	3.0	116.0	76.7	20.3	5 103.0
延粳22	吉林省	8.7	24.6	2.7	51.0	76.5	22.2	3 528.0
东农416	黑龙江省	8.7	20.4	0.4	32.0	74.2	21.2	1 717.5
合江21	黑龙江省	8.7	17.0	2.9	115.0	72.1	22.0	5 148.0
松粳15	黑龙江省	8.9	24.1	5.0	120.0	71.1	14.7	5 059.5
松粳16	黑龙江省	8.9	22.4	5.0	144.0	69.9	19.2	6 213.0
松粘1号	黑龙江省	8.15	17.9	1.7	115.0	68.7	21.3	5 055.0
绥粳7	黑龙江省	8.11	25.4	2.2	56.0	68.7	26.2	4 248.0

表5.36　筛选出的耐冷性品种

品种名称	品种来源	正常产量（kg·hm^{-2}）	低温处理产量（kg·hm^{-2}）	减产率（%）
延粳25	吉林省	7 640.0	7 066.5	7.5
松粳16	黑龙江省	6 787.5	6 213.0	8.5
合江21	黑龙江省	5 723.0	5 148.0	10.0
松粳15	黑龙江省	5 841.0	5 059.5	13.4
松粳12	黑龙江省	5 697.0	4 746.0	16.7
九稻12	吉林省	6 282.0	5 103.0	18.8
松粘1号	黑龙江省	6 524.5	5 055.0	22.5

5.2 西北内蒙古后山地区玉米抗低温技术研究

在气候变暖背景下,西北干旱区热量资源增加明显,内蒙古后山地区原来不能种植玉米的地区,目前可以种植玉米早熟品种,但受极端天气气候事件增加影响,这些地区冷害呈增加趋势。

中国农业大学研究团队在内蒙古自治区农业部武川农业环境科学观测实验站进行了春玉米覆膜和垄膜沟植抗低温试验,2012 年 8 月 22 日出现初霜冻,玉米遭受严重的霜冻灾害,减产严重。覆膜和垄膜沟植处理能够促进玉米生长发育,有效防控低温灾害,降低玉米因低温霜冻灾害的损失。

试验选取两个玉米品种,分别为冀承单三号和九丰早熟一号,2013 年设置了 3 个试验处理,分别为覆膜、垄膜沟植和平作,每个处理 3 次重复,小区随机分布。玉米穴播,株距 30 cm,采用宽窄行,行距分别为 40 cm 和 60 cm。施尿素 37.5 kg·hm^{-2}、二铵 75 kg·hm^{-2}、氯化钾 37.5 kg·hm^{-2},作为种肥一次性施用,不再追肥。

覆膜处理玉米生育期提前,各生育阶段≥10 ℃活动积温 (℃·d) 减少,对比 2012 年试验观测两个玉米品种各生育阶段≥10 ℃活动积温见表 5.37。由表可见,覆膜处理膜下地温提高,促进玉米出苗和苗期生长发育,使玉米抽雄期提前,抽雄前各生育阶段天数缩短,而生育阶段内实际利用的≥10 ℃的活动积温均小于平作,在抽雄后遭遇霜冻时,抽雄—收获期可利用的≥10 ℃活动积温较平作多,为玉米籽粒的成熟提供更多的热量条件,覆膜技术下玉米防御低温灾害能力加强。

表 5.37 2012 年不同品种和处理下玉米各生育期≥10 ℃活动积温 (单位:℃·d)

品种	处理	播种—出苗	出苗—抽雄	抽雄—收获
九丰早熟一号	覆膜	148.2	928.7	911.2
	垄膜沟植	148.2	971.1	868.8
	平作	148.2	993.3	846.6
冀承单三号	覆膜	148.2	1 025.3	814.6
	垄膜沟植	148.2	1 025.3	814.6
	平作	159.4	1 130.6	698.1

两个早熟玉米品种产量构成因子百粒重、穗粒数、产量及减产率见表 5.38。可以看出:覆膜处理两个早熟玉米品种百粒重和穗粒数均增加、籽粒含水量降低。覆膜技

术防控霜冻低温灾害有显著效果，采用该项技术，在试验当年遭受低温冷害时，减少产量损失9%~28%。试验结果表明，极早熟玉米品种九丰早熟一号的产量显著大于早熟品种冀承单三号，霜冻时其减产率也更低，表明选择更为早熟玉米品种（九丰早熟一号）可以有效防御霜冻低温灾害影响。

表 5.38　2012 年不同品种和处理下玉米产量、产量特征要素

品种	处理	百粒重（g）	穗粒数	穗粒含水率（%）	产量（kg·hm^{-2}）	减产率（%）
冀承单三号	覆膜	13.3a	491a	56.3a	2 882.0bc	—
	平作	9.2b	356a	62.6a	2 086.6c	27.6
九丰早熟一号	覆膜	14.3a	458a	35.9b	3 785.8a	—
	平作	13.5a	400a	39.5b	3 422.4ab	9.6

因此，覆膜种植和垄膜沟植可改善玉米田间小气候，促进玉米生长发育，对防御玉米延迟性冷害和霜冻灾害具有较好的效果，是内蒙古后山地区玉米喜温作物适宜低温灾害防控技术。

5.3　华北地区冬小麦冻害防御技术研究

在华北地区低温灾害主要影响冬小麦，而对夏玉米影响较少。冬小麦低温灾害主要包括冻害和霜冻，受极端天气事件发生频率增加和小麦跨区引种的影响，冬小麦抗寒性降低（代立芹等，2010；张平，2010），小麦低温灾害发生的强度和频率趋于加重，直接影响了冬小麦丰产稳产（李茂松等，2005b；代立芹等，2010）。2005—2006年河北邯郸和邢台等地，盲目引进丰产性较好的弱冬性品种，因低温极端天气影响造成了冬小麦大面积冻害；2009年11月初气温急剧下降且异常偏低，麦苗未经过冬前抗寒锻炼或抗寒锻炼不充足，加之12月到翌年2月气温异常偏低，华北大面积发生冻害，仅河北省受冻面积就达60万公顷（张月利等，2010）。华北北部麦区低温灾害空间差异大，冬季长寒型有逐渐减少趋势，初冬和早春低温灾害逐渐增加，且有多种灾害并发特点（代立芹等，2010）。河北省气象科学研究所基于该区冬小麦越冬冻害特点，提出综合抗寒品种、药剂拌种、适期播种、播后镇压等措施的冬小麦冻害综合防控技术。

5.3.1　播前药剂拌种和化学调控防御冬小麦冻害

河北省气象科研所研究团队2012年在冀中南设置了不同药剂拌种试验，包括不同

配比的微肥、菌肥、杀虫和杀菌剂等混配，如表 5.39 所示，试验于播种前对小麦进行种子处理，进行抗寒性比较。同时在不同时期喷施不同调剂，分别设置清水（为对照）、矮壮素、爱多收、多效唑、金得乐、劲丰、磷酸二氢钾、麦巨金、硼肥、缩节胺共 10 种处理，比较各调节剂抗寒效果。

试验结果表明：采用不同成分组合的药剂拌种对冬前小麦叶片数无明显影响，但一定程度上提高小麦的抗逆能力，保证小麦安全越冬。采用含有甲基异硫磷成分的拌种剂拌种冬小麦可增产 7.04%。同时在药剂拌种基础上，施用劲丰、缩节胺、硼肥、磷酸二氢钾可达到明显提高产量目的，增产幅度最高达 13.5%，同时劲丰处理可对穗下节和第二节间调控效果明显，可实现明显的控上防倒效果，对总节间的调控可达18.7 mm。

表 5.39　冬小麦药剂拌种处理代号及成分

处理号	成分 1	成分 2	成分 3	成分 4
T1	高巧	立克秀	—	—
T2	高巧	立克秀	菌剂常量黄色	—
T3	高巧	立克秀	菌剂常量黑色	—
T4	高巧	立克秀	菌剂高量黑色	—
T5	高巧	立克秀	—	3 种微肥
T6	高巧	立克秀	菌剂常量黑色	3 种微肥
T7	高巧	立克秀	菌剂常量黑色	多元螯合微肥
T8	甲基异硫磷	立克秀	菌剂常量黑色	3 种微肥
T9	拌必丰	立克秀	—	—
T10	拌必丰	立克秀	菌剂常量黄色	3 种微肥
T11	清水对照	—	—	—

5.3.2　适期播种防御冬小麦越冬冻害

确定适宜播种期，保证冬前壮苗也是防御冬小麦冻害重要措施。河北省气象研究所研究团队 2013 年在冀北和冀中南分别设置播期试验，在冀中南设置 4 个播种时期，分别为 10 月 5 日、10 月 10 日、10 月 15 日和 10 月 20 日，采用的品种为冀麦 585、衡水 4399、金禾 9123 和 DH155；冀北设计 3 个播期，分别为 9 月 25 日、10 月 2 日和 10 月 9 日，采用的品种为京冬 8（抗冻性强）、济麦 22（抗冻性中等）、周麦 18（抗冻性弱）。两地的试验结果如表 5.40，结果表明：在冀中南，延迟播期小麦的死苗死蘖率及枯叶率总体呈现减少趋势，冀麦585和衡4399枯叶率趋势一致，金禾9123死苗死蘖率及枯叶率最高，冀麦585和DH155的最低。10月5—15日播种对小麦产量减少无明显差异，继续延迟播期到10月20日小麦产量明显降低，不同品种表现趋势一致，冀中南麦区小麦10月5—15日播种小麦产量无明显差异。冀北推迟播期处理小麦越冬时叶片数显著降低，抗寒较弱品种的枯叶率明显高于品种京冬8和济麦22，从产量来看，小麦的平均产量呈上升趋势，即以10月9日播种的小麦产量最高，其他两期产量较低。

表5.40　冀中南不同播期试验小麦死苗死蘖率及枯叶率　　　（单位：%）

品种	项目	播期（月—日）				平均
		10—5	10—10	10—15	10—20	
DH155	死苗率（%）	0.00	0.00	0.00	0.00	0.00
	死茎率（%）	0.00	0.00	0.00	0.00	0.00
	枯叶/总株重（%）	13.44	13.93	16.84	10.99	13.80
	枯叶/总叶重（%）	20.99	22.32	26.68	17.90	21.97
冀麦585	死苗率（%）	0.00	0.00	0.00	0.00	0.00
	死茎率（%）	0.00	0.00	0.00	0.00	0.00
	枯叶/总株重（%）	30.14	19.37	14.12	10.36	18.50
	枯叶/总叶重（%）	45.68	30.61	23.36	17.06	29.18
金禾9123	死苗率（%）	1.79	0.00	0.00	0.00	0.45
	死茎率（%）	1.22	0.00	0.00	0.00	0.31
	枯叶/总株重（%）	27.14	30.46	27.22	18.40	25.81
	枯叶/总叶重（%）	42.31	48.08	48.06	31.36	42.45
衡4399	死苗率（%）	0.00	0.00	0.61	0.37	0.25
	死茎率（%）	0.00	0.00	0.47	0.15	0.16
	枯叶/总株重（%）	23.83	21.40	16.51	14.34	19.02
	枯叶/总叶重（%）	37.13	33.90	28.91	23.89	30.96
平均	死苗率（%）	0.45	0.00	0.15	0.09	—
	死茎率（%）	0.31	0.00	0.12	0.04	—
	枯叶/总株重（%）	23.64	21.29	18.67	13.52	—
	枯叶/总叶重（%）	36.53	33.73	31.75	22.55	—

采用冀麦585为主要品种，比较宽幅播种和正常等行距播种两种播种方式对小麦抗寒力的影响。在小麦返青期调查小麦死苗率和枯叶率，结果表明，宽幅播种的小麦枯叶率较正常播幅的下降了9.2%，同时宽幅播种的穗下第2～3节的节间长度均较正常播种的下降了7.8%和12.1%，总节间长度也较正常播种的下降6.0%，降低节间长

度的作用明显，具有较好的抗逆抗寒作用。

5.3.3　适期镇压防御冬小麦低温灾害

河北省气象科研所研究团队在 2013 年设置试验，比较不同时期镇压对防御冬小麦冻害效果，试验以不镇压为对照，设置冬小麦播后镇压、越冬期镇压、返青期镇压、起身期镇压和拔节期镇压处理，采用石麦 18 为试验品种。返青期调查小麦死苗率和枯叶率，收获时考种调查测产并测定节间长度，结果表明：冬前播后镇压小麦产量表现为明显的增产趋势，增产幅度为 16%，如表 5.41。春季镇压（小麦起身期和拔节期镇压）对小麦顶 1 节间（穗下节）的降节作用明显，较对照降低了 5.2% 和 8.8%，同时二者的田间株高也较对照下降了 2.2 cm 和 4.8 cm，降杆作用明显，在一定程度降低株高，起到了防御春季低温作用。

表 5.41　镇压试验小麦产量及相关因素

镇压处理	产量 （kg·hm^{-2}）	穗数 （万·hm^{-2}）	穗粒数 （个）	千粒重 （g）	经济系数 （%）	田间株高 （cm）
CK	6 328.5	883.9	28.92	28.18	0.40	72.8
播后	7 359.0	867.0	30.03	32.17	0.41	74.2
越冬	6 772.5	889.9	30.45	28.40	0.39	74.8
返青	6 585.0	871.1	30.97	27.81	0.39	72.0
起身	6 024.0	858.0	30.12	26.70	0.39	70.6
拔节	6 081.0	862.1	30.63	26.20	0.39	68.0

5.3.4　华北北部冬小麦抗寒性品种筛选

2012—2013 年分别在河北省石家庄、昌黎和吴桥三地同时进行了冬小麦抗寒性品种对比试验，供试品种为 34 个，如表 5.42。两年试验结果表明，在冀中南麦区，石麦 18、石优 20 和金禾 9123 等品种表现为明显的增产趋势，较对照平均增产 6.3% ~ 11.6%，冀麦 585、冀 5265 和 DH155 较对照增产 3.3% ~ 4.2%；冀中北麦区，农大 211、农 825、衡 0628、良星 66、石优 20、沧麦 6003 和冀麦 585 的产量表现突出，较对照品种增产 5.2% ~ 19.6%，从冀中南麦区和冀中北麦区两地的平均产量来看，石优 20、石麦 18、冀麦 585 和 DH155 产量较高，表现为较好的抗逆丰产广适性，而冀中南以南地区的小麦品种周麦 18 和徐麦 31 产量较低，抗逆性较弱，不适宜在该地区种植。综合分析：冀中北地区宜选用农大 211、农大 212、冀麦 5265 等抗寒性强的品种，其中，农大 211 表现为丰产抗寒兼顾型；冀中南地区宜选用冀麦 585、石优 20、DH155、农大 3432 和济麦 22 等抗寒性品种，其中，冀麦 585 和石优 20 等表现为丰产抗寒兼顾型。

表 5.42　河北省冬小麦抗寒性试验品种

试验地点	试验品种
石家庄	DH155，周麦 18、徐麦 31、邯麦 14、金禾 9123、石优 20、石麦 18、石新 811、婴泊 700、冀 5265、济麦 22、冀麦 585、鲁原 502、石麦 22、农大 3432、石 4185、邯 6172、良星 66
昌黎	DH155，周麦 18、徐麦 31、石优 20、石麦 18、冀 5265、济麦 22、冀麦 585、石 4185、邯 6172、良星 66、沧麦 6003、沧麦 119、河农 825、河农 6049、衡 0628、农大 211、农大 212、唐麦 8 号、中麦 175、京东 8、轮选 987
吴桥	中麦 12、石麦 15、济麦 22、农大 211、温麦 19、浙麦 2

表 5.43　河北省麦区筛选抗寒丰产品种

区域	丰产型品种	抗寒型品种	丰产抗寒兼顾型
冀中北	农大 211、衡 0628、河农 825 等	农大 211、农大 212、冀麦 5265 等	农大 211 等
冀中南	冀麦 585、石麦 18、金禾 9123、石优 20 等	冀麦 585、石优 20、DH155、农大 3432 等	冀麦 585、石优 20 等

5.4　小　结

针对东北、西北和华北地区玉米、大豆、水稻和小麦生长季内低温冷害、冻害和霜冻害发生特征，结合多年的田间试验，明确了各区域低温防御技术减灾机理及效果，提出了东北玉米育苗移栽、垄作、化控等抗低温技术 4 套，大豆耕作、化控等抗低温技术 3 套，水稻播期调整、深水灌溉、化控等抗低温技术 5 套，提出西北玉米等低温 1 套；提出华北冬小麦冻害防御技术 4 套。

参考文献

代立芹，李春强，姚树然，等.2010.气候变暖背景下河北省冬小麦冻害变化分析 [J].中国农业气象，31（3）：467-471.

李茂松，王道龙，张强.2005.2004—2005 年黄淮海地区冬小麦冻害成因分析 [J].自然灾害学报，14（4）：51-55.

李晓玲，杨进，骆炳山.1999. 活性氧代谢与植物的抗逆性 [J].荆门职业技术学院学报，14（3）：30－33.

罗正荣.1989. 植物激素与抗寒力的关系 [J].植物学通报（3）：1－5.

王炳奎.1993. 表油菜素内酯对水稻幼苗抗冷性的影响 [J].植物生理学通讯，19（1）：38－42.

王旭清，王法宏，任德昌，等.2001. 作物垄作栽培增产机理及技术研究进展 [J].山东农业科学（3）：41－45.

吴珍龄，胡国权，王康.2000. 激动素促进受冷害稻苗 SOD 生物合成机理的探讨 [J].作物学报，26（1）：116－120.

张敬贤，李俊明，张海明，等.1993. 低温对玉米幼苗细胞保护酶活性及胞质质量参数的影响 [J].华北农学报，8（3）：9－12.

张平.2010. 小麦冻害类型与发生原因及其预防补救调控关键技术 [J].农业科学通讯，8：162－216.

张月利，丁莉华，薛国飞.2010. 冀西山区冬小麦冻害死苗原因及防御措施 [J].现代农村科技（10）：26.

Burrows WC. 1963. Characterization of siol temperature distribution from various tillage—induced microreliefs [J]. Soil Science Society of America Proeeeding, (27)：350－353.

Buxton D R. 1977. Cottonseed germination related to DNA synthesis following chilling stress [J]. Crop Sci., 17：342－344.

Djajanegara I，Holtzapffel R，Finnegan P M，et al.1999. A single amino avid change in the plant alternative oxidase alters the specificity of organie acid activation [J]. FEBS Lett，45（4）：220－224.

Randall CR. 1990. Extension programs and afrlner experiences with ridge tillage [J]. Soil & Tillage Research (18)：283－293.

Ristic Z，Yang G，Sterzinger A，et al. 1998. Higher chilling tolerance in maize is not always related to the ability for greater and faster abscisic acid accumulation [J]. Plant Physio1.，153：154－162.

第6章　北方地区主要作物抗旱抗低温技术模式

针对北方地区主要作物各生育阶段干旱和低温灾害发生特征，在防灾减灾单项技术研究基础上，综合集成了主要作物抗旱抗低温技术模式 13 项，包括东北地区玉米、水稻和大豆的抗旱抗低温综合技术 7 项，西北地区小麦和玉米抗旱防冷技术 4 项，华北地区冬小麦和夏玉米抗旱抗低温技术 2 项，并提出了各模式的技术要点，明确了各项技术的经济效益和减灾效果以及适用范围，这批集成技术可为北方地区主要作物干旱和低温灾害综合防控以及粮食稳产增产提供技术支撑。

6.1　东北地区主要作物抗旱抗低温技术模式

针对东北地区近年来作物生长季内干旱和低温灾害频发新特征，综合集成 7 项玉米、水稻和大豆防旱防低温减灾技术：黑龙江玉米育苗移栽抗旱抗寒技术、黑龙江水稻综合防抗低温冷害技术、黑龙江中西部旱区玉米播种至苗期干旱低温灾害综合防御技术、黑龙江中北部大豆低温干旱灾害防御技术、吉林玉米秸秆覆盖深松抗旱配套技术、吉林玉米宽窄行覆膜抗旱抗低温技术、吉林水稻肥水调控耐低温综合防控技术。各项技术模式图如表 6.1 ~ 表 6.7 所示。

6.1.1　黑龙江玉米育苗移栽抗旱抗寒技术模式

6.1.1.1　技术适用范围

玉米育苗移栽技术适用于黑龙江省北部偏冷凉地区、东北部三江平原、西北部半干旱地区。这些地区春季冷凉少雨，低温和干旱时有发生，玉米育苗移栽技术可有效规避春季低温和干旱风险。该地区温室大棚的发展，为玉米育苗移栽提供了基础设施保障。

6.1.1.2　技术模式及要点

（1）品种选择

因地制宜选择品种，品种选择原则：首先，基于当地气候特征，选择较当地玉米主栽品种生育期长10~15 d品种，其次，选择幼苗期耐低温且抗病的抗逆性强品种，最后，选择产量潜力高，品质优良的品种。比如适合大庆地区玉米育苗移栽品种包括郑单958、先玉335和哲单37。

（2）种子处理

晒种：晒种可以促进种子活性，增强种子吸水能力，提高种子发芽率。播种之前在晴天连续晒种2~3 d。

消毒或包衣：包衣种子直接进行播种，没有包衣的种子进行消毒后播种。

（3）苗床选择

选用水源方便的塑料大棚或暖棚（不需取暖），苗床畦面平整、无作物根茬、无大坷垃土块；苗床宽度视地块或覆盖膜宽度而定，一般0.75~0.8 m；苗床面积与大田比例为每7~10 m² 对应666.7 m² 大田；生产中要注意避免上茬作物的药害。

（4）营养土配制

营养土主要以过筛的田土和有机肥为主，适当加入化肥。田土与有机肥的比例为1∶1~1∶5，化肥比例需严格控制、混匀、以防烧苗。根据当地自然条件，营养土配制原则"就地取材、养分足、不烧苗、低成本"。掺入适量的草木灰、锯末、发酵后的菌渣、草炭等，以不影响根部成坨为宜。适当加入灭菌剂、杀虫剂预防病虫害，用量参考药品说明书。

（5）育苗方式

播种条件：当气温稳定通过7 ℃时即可育苗，有棚室育苗条件，可以根据移栽的最佳时间确定播种日期，一般较移栽时间提前15~30 d播种，可在育苗棚室中避开春寒和苗期低温冷害，不受大田低温影响。

玉米塑料软盘育苗：选用成本较低的100或112孔塑料软盘，软盘育苗根部容易形成土坨、移栽时伤根少、缓苗快、搬运方便。将软盘平铺于苗床上，盘内装入3/4的营养土。浇透水后，播种时将种子芽嘴朝下放入播种孔内，每孔放1粒种子，用过筛细土覆于上部，覆土厚度1~2 cm，厚度要均匀，软盘装平即可，然后浇足水，再盖上地膜，膜四周用细土压实压严，避免透水透气。

纸筒育苗：用废旧书报糊成高10~12 cm，直径3~4 cm的纸筒，或购买尺寸合适的塑料营养体和塑料袋（高9 cm，直径5 cm，无底无缝），每666.7 m² 备用5 000个。营养土先喷湿，以手握成团，落地即散时即可装筒，装至纸筒2/3为宜，蹲实。放入经过粒选和浸种催芽的种子，每筒1~2粒，上面覆盖土，再撒一层细砂，厚度1.5 cm，放入苗床，纸筒不宜过分拥挤，摆好后立即洒水，水要浇足浇透，最后覆膜。

（6）苗床管理

播种后加强温湿度管理，高温高湿促出苗，出苗后蹲苗，培育壮苗。2~5片真叶时移栽。地整好后，等行栽植。

高温高湿促出苗：播种时浇透水，出苗前以增温为主，密封薄膜，一般不补水，以泥土不发白为准，若发现干燥缺水，及时揭膜浇水。

苗齐后蹲苗：可以采取两种方法蹲苗，一是控制水分和温度，当出苗率达1/3时，地膜全部揭开。出苗后一般2 d浇一次水，忌大水浇灌，二叶后如秧苗较弱，在移栽前4~5 d可随水追施硫酸铵。若苗徒长，可使用化控矮化技术，促进苗粗、苗壮。另一种方法是施用化控剂。幼苗2~3叶时，喷施"多效唑"或"复合化控剂"一次，或者在基质中拌入壮苗剂。

幼苗二叶一心时开始炼苗：移栽前在接近大田条件下炼苗2~3 d。具体操作为：晴天中午揭开大棚两侧或拱棚两侧塑料薄膜以降温，下午4：00~5：00盖膜，温度逐步降低，防"闪苗"。

（7）移　栽

移栽大田准备：整地起垄，施足底肥，管理同常规直播。

移栽时间：水浇地只要温度适宜，即可移栽。无灌溉条件地区，保证蹲苗的基础上，等雨移栽。移栽时间以阴雨天最好，若是晴天则在上午10：00前和下午4：00后进行。

规范种植：合理密植，掌握"土肥宜密，土瘦宜稀；肥多宜密，肥少宜稀"的原则。具体应视品种而定，一般与直播密度相同或每666.7 m² 多500~1 000株。选壮苗定向移栽，栽后应及时浇接根水或清粪水，栽后发现缺苗应及时补栽。

移栽方法：先开沟（或刨埯、打眼），移栽时进行等距定向，玉米第一片真叶一律向外且叶片与行向垂直，有条件亦可采用机器移栽。

缓苗后，田间管理同常规。

（8）注意事项

生产实际中出苗后应严格控制水分，进行蹲苗，若生长过旺，要喷矮壮素等化控剂。为防止蹲苗时间过长，扎根过深，移栽时易伤幼根影响成活率，因此育苗时可用塑料薄膜垫底，将育苗袋放在薄膜上面一个个靠拢摆正，在冷凉地区为了提高营养袋温度和保持湿度，在营养袋上面盖一层薄膜（晚上盖膜，白天揭膜）。

6.1.1.3　技术优势和应用效果

育苗移栽能够使晚熟品种成熟期提前，解决了晚熟品种因秋季低温早霜不能安全成熟问题，且躲避了大田春季干旱和低温，而移栽前蹲苗和炼苗，提高了玉米大田抗旱能力。该项技术可增加有效积温天数 14 ~ 15 d，增加有效积温 200 ~ 250 ℃·d；明显降低玉米秃尖长度，提高籽粒蛋白质和赖氨酸含量，采用适宜玉米品种，同比受灾条件下增产 5% ~ 10%，每公顷增收 350 ~ 700 元。

6.1.2　黑龙江水稻综合防抗低温冷害技术模式

6.1.2.1　技术适用范围

该技术适用于黑龙江省三江平原灌溉地区水稻种植区，包括佳木斯市、双鸭山市、鹤岗市和虎林市等地。

6.1.2.2　技术模式及要点

（1）品种选择

第四积温带地区以 9 叶极早熟品种为主，如黑粳 7 号；第三积温带下限井灌区以 10 片叶品种为主，如垦稻 9 和垦稻 19；第三积温带上中限农垦地区，以 11 片叶品种为主，如垦鉴 90 – 31、龙粳 31 和垦稻 17；第二积温带农垦地区，以 12 片叶品种为主，如垦稻 12 和垦 05 – 1075，确保 8 月 5 日前齐穗，切忌越区种植。

（2）旱育壮秧技术

秧田建设

选择地势平坦、背风向阳、排水良好、水源方便、土质疏松肥沃地块，置床高出地面 20 ~ 30 cm。苗床用地做到秋整地、秋做床；秧田常年固定，常年备床土（2.5 m³·hm⁻²），常年培肥地力，常年制造有机肥和培养床土（0.5 m³·hm⁻²）。秧本田比例，旱育中苗 1∶80 ~ 1∶100，每公顷本田需育秧田 100 ~ 120 m²。

置床

做床技术：做置床时要求旱整地旱做床，秋季粗做床使床土平整细碎，床面平整，土质疏松；春季做床使床面达到平（每 10 m² 内高低差不超过 0.5 cm）、直（置床边缘整齐一致，每 10 延长米误差不超过 1 cm）、实（置床上实下松、松实适度一致）。

置床处理方法：摆盘前先测定置床 pH 值，如 pH 值未达到 4.5 ~ 5.5 之间，可用硫酸调至规定标准；每 100 m² 施尿素 2 kg，磷酸二铵 5 kg，硫酸钾 2.5 kg，肥料粉碎均匀施在置床上并耙入土中 0 ~ 5 cm；用 3% 育苗灵 15 ~ 20 mL·m⁻²，对水 50 ~ 100 g·m⁻² 喷于置床上进行消毒；每 100 m² 置床用 2.5% 敌杀死 2 mL 兑水 6 kg 喷于置床上进行防虫。

床土配制：将过筛床土 3 份与 1 份腐熟有机肥或 4 份床土与 1 份炭化稻壳混拌均匀，然后，用壮秧剂调酸、消毒、施肥。按照水稻壮秧剂使用说明将床土与壮秧剂充分混拌均匀后堆放待用，堆好盖严，防止遭雨和挥发。

浸种催芽技术

常规药剂浸种技术：25% 施保克 25 mL + 0.15% 天然芸苔素 20 mL 对水 100 L 浸种 100 kg，选用袋装浸种（通透性好的井底布浸种袋为好），袋内装入 2/3 左右的种子，每日翻动 1~2 次，浸种时水层没过种子 20 cm 以上，温度 11~12 ℃，浸种时间 7~8 d，干燥种子应相对延长浸种时间 2~3 d。

催芽与晾芽：催芽时种子破胸温度为 32 ℃，适宜温度为 25~28 ℃，时间 18~20 h 左右，要求发芽整齐、芽长一致。芽种标准为芽长 2 mm 以内，根芽呈双山型。

播期与播量：当气温达到秧苗生育低限温度指标（气温稳定通过 5 ℃，置床温度 12 ℃）时即可播种，最佳播期为 4 月 14—20 日。根据秧盘和秧苗用途确定播种标准。常规机插中苗每盘播芽种 4 400 粒左右（种子发芽率 90%，机插中苗田间成苗率 90%），即每 100 cm^2 播芽种 275 粒左右。

覆土：摆盘播种后，覆土厚度 0.5~0.7 cm，厚薄一致。钵体装土 3/4 深度浇水后播种覆土，覆土厚度不能超过钵体的上端，严防覆土过厚。

摆盘

机插中苗摆盘：在播种前 3~5 d 进行摆盘，边摆盘边装土，盘内装土厚度 2 cm，盘土厚薄一致，误差不超过 1 mm。

钵育苗摆盘：摆盘时在做好置床上浇足底水，趁湿摆盘，将多张钵盘摞在一起，用木板将钵盘钵体的 2/3 压入泥土中，再将多余钵盘取出，依次摆盘压平。

苗床管理

温度管理：种子根发育期需 7~9 d，要求棚内温度不超过 32 ℃。从第 1 完全叶露尖到叶枕露出需 5~7 d，棚温控制在 22~25 ℃。从第 2 叶露尖到第 3 叶展开（离乳期）需 10~14 d，棚温控制在 2 叶期 22~25 ℃，3 叶期 20~22 ℃，最高温度不超过 25 ℃，最低温度不低于 10 ℃。

水分管理：种子根发育期一般不浇水；第一叶期水分管理除苗床过干处补水外，少浇或不浇水，使苗床保持旱育状态；离乳期如床土发白、根系发育良好、早晚心叶叶尖不吐水或午间心叶卷曲，则在早晨 8 时左右浇水，一次浇透。

追肥、防病与灭草：为了保证秧苗健壮生长，秧苗生长期间在秧苗 1.5 叶期、2.5 叶期各追肥一次，每次追纯氮 g·盘$^{-1}$，同时各浇一遍 pH 为 4 酸水，防治水稻立枯病。喷施育苗青、育苗灵等杀菌剂（按照使用说明书使用）防病。秧田稗草 2~3 叶期采用 10% 千金 40~60 mL·667 m^{-2}，对水 4~5 L 茎叶喷雾防治；阔叶杂草选用 48% 排草丹 160~180 mL·667 m^{-2} 茎叶喷雾防除。

防低温：根据天气情况，如遇 0 ℃低温，下午 3：00 前关闭棚膜。如遇 −4 ℃以下低温，除关闭棚膜以外，夜里 1～2 点熏烟或点煤炉增温。

（3）稻田耕作及插前本田管理

建立轮耕体系：严格轮耕，使耕层深度常年保持 15～20 cm 以上，充分发挥耕深效应。加强排水，做到排水处处干，充分发挥干土效应，使土壤能够释放更多养分。

泡田整地：河水灌区 4 月上中旬开始泡田，4 月中下旬开始水整地；井水灌区 4 月下旬开始泡田、水整地。直收稻田采用打浆平地机进行水整地，以确保整地和插秧质量。

基肥施用：施肥要控氮增磷、钾，由前重施肥适量后移，基肥和追肥协调，中后期辅以叶面肥，以叶龄为指标进行追施。全生育期化肥总量为 25～30 kg·667m^{-2}，其中尿素 10～15 kg，磷酸二铵 5～8 kg，硫酸钾 5～7 kg，氮磷钾比为 2：1：（0.8～1）。基肥量占全生育期总量比例为：尿素 40%、磷酸二铵 100%、硫酸钾 60%～70%。

封闭除草：插秧前水整地后第一次封闭灭草，选择安全性高、防控效果好的除稗剂，有机磷类（阿罗津）、酰胺类（苯噻草胺）、磺酰脲类乙氧磺隆（太阳星）、环丙嘧磺隆、灭草松、恶草酮（农思它）二氯喹啉酸、四唑草胺（拜田净）。施药时期：插前 5～7 d，用毒土法或甩喷法，水层 3～5 cm，保水 5～7 d。

（4）插　秧

日平均气温稳定通过 12～13 ℃时开始插秧，黑龙江省 5 月 15 日至 25 日为移栽高产期，过早或过晚对产量形成不利。插秧行穴距为（30 cm × 12 cm）～（30 cm × 14 cm），每穴 3～5 株。根据秧苗质量，壮苗稀弱苗密；地力水平较高的地应稀些，较低的应密些。基本苗数在 100～120 苗·m^{-2}，穴数在 25～30 穴·m^{-2}。插秧时做到浅（2 cm 左右）、直（行穴距规整）、匀（每穴苗数均匀）、齐（栽插深浅一致）。

（5）本田叶龄标准计划管理

分蘖期管理

施分蘖肥：返青后即施分蘖肥，若分两次追施蘖肥，第二次蘖肥最晚在 6 叶期前施用，追施氮肥量为全生育期氮肥总量的 30%。

灭草：水稻 5～6 叶期根据苗情、草情进行第二次灭草。喷施千金防稻稗，喷施爱美乐、敌杀死进行防虫。

水层管理：花达水（1 cm）移栽，深水（5～6 cm）扶苗，浅水（3 cm）增温促蘖。

生育转换期的管理

水稻完成有效分蘖后，进入幼穗分化期，由营养生长转入生殖生长。

晒田控蘗：11 叶品种 7 叶期开始晒田控蘗。晒至大面积无水，地表出现微裂，复水后再进行第二次晒田。

施调节肥：酌情施氮肥，不超过全生育期施氮量的 10%。

搞好负泥虫及田间杂草防治：根据稻瘟病预报，选用 2% 的加收米 1 200 ~ 1 500 mL·hm^{-2}，及时防治。

病害防治：注意及时防治细菌性褐斑病、胡麻斑病。

长穗期管理

施穗肥：11 叶品种 10 叶前半叶为施穗肥时期，施用尿素总量 20% 及硫酸钾总量 30% ~ 40%。

冷害防治：在水稻低温最敏感时期（减数分裂期和小孢子初期，即倒一叶与倒二叶叶耳间距在 ±10 cm 期间为减数分裂期，叶耳间距正负 5 cm 时为小孢子初期），即抽穗前 8 ~ 14 d，田间水层保持在 16 cm 以上，防御障碍型冷害；也可在该时期的前一周通过叶面喷施植物生长调节剂 BYND – A（黑龙江八一农垦大学研制）防御水稻低温冷害。

病害防治：注意防治叶鞘腐败病。

结实期管理与收获技术

管理目标：养根、保叶、防早衰，保持结实期旺盛的物质生产和运输能力，确保安全成熟，提高稻谷品质和产量。

间歇灌溉：灌 3 ~ 5 cm 浅水，自然落干至地表无水再行补水，如此反复，至腊熟末期停灌，黄熟初期排干。

收割标准：95% 以上的粒颖壳变黄，2/3 以上穗轴变黄，95% 的小穗轴和副护颖变黄，即黄化完熟率达 95% 为收割适期。

入库贮藏：最晚在结冻前完成，防止冰冻、雪捂，降低品质。库房室内温度控制在 10 ℃以下，空气湿度控制在 70%，籽粒水分应降到 14.5%。

6.1.2.3　技术优势及应用效果

耐（抗）低温品种、化学调控与灌水技术相结合，综合防控水稻冷害，明显增强黑龙江省三江平原地区水稻整个生育期的防御低温冷害能力，提高水稻生产效率。2014—2015 年在黑龙江八五六农场两年推广面积 167 hm^2，平均减损 12.4%，减少损失 30 余万元；在黑龙江军川农场两年推广面积 159 hm^2，平均减损 9.7%，减少损失 20 余万元。

6.1.3 黑龙江中西部旱区玉米播种至苗期干旱低温综合防御技术

6.1.3.1 技术适用范围

坐水种与地膜覆盖相结合形成黑龙江省中西部干旱区玉米播种至苗期干旱低温综合防御技术。该项技术适用于黑龙江省中西部地区，包括齐齐哈尔及龙江、甘南、泰来，大庆及杜蒙和林甸。

6.1.3.2 技术模式及要点

（1）选地与整地

地块要求

选择地势平坦，便于覆膜机械操作地块，前茬作物以大豆、小麦、马铃薯或玉米为佳，且未使用长残性除草剂。

耕翻整地

实施以深松为基础，松、翻、耙相结合的土壤耕作制。

伏秋翻整地：耕翻深度 20～25 cm，翻后耙耢，及时起垄或夹肥起垄镇压。

耙茬、深松整地：土壤墒情较好的大豆、马铃薯等茬口，先灭茬深松垄台，后耢平起垄镇压。玉米茬深松整地，先松原垄沟，再破原垄合成新垄，及时镇压。

（2）玉米品种要求

品种选择：选择较当地主栽品种多 100～150 ℃·d 积温、通过国家或黑龙江省、吉林省审定的高产、优质、抗逆性强品种。

种子质量：执行 GB 4404.1 粮食作物种子玉米单交种一级标准，种子纯度不低于 96%，净度不低于 99%，发芽率不低于 85%，含水率不高于 16%。

（3）种子处理

晒种：播种前 15 d 晒种 2～3 d，2～3 h 翻动一次。

试芽：播种前 15 d 进行发芽试验。

催芽：将种子放于 28～30 ℃ 水中浸泡 8～12 h，捞出置于 20～25 ℃ 室温进行催芽，每隔 2～3 h 翻动一次，待种子露出胚根后，置于阴凉干燥处炼芽 6 h 后进行拌种或包衣。

药剂处理：使用符合 GB/T 8321.1、GB/T 8321.2、GB/T 8321.3、GB/T 8321.4、GB/T 8321.5 和 GB 4285 国标规定的农药。地下害虫重、玉米丝黑穗病较轻（田间自然发病率小于 5%）的地区，对于干籽播种的，可选用 35% 的多克福种衣剂，按 1∶70 药种比进行包衣；对于催芽坐水种的，按 1∶（75～80）药种比进行包衣。地下害虫重、玉米丝黑穗病也重（田间自然发病率大于5%）的地区，利用2%戊唑醇按种子重量0.4%进行拌种，播种时再施用辛硫磷颗粒剂 30～45 kg·hm^{-2} 随种肥下地。地下害虫轻、玉米丝黑穗病重的地区，对于干籽播种的，选2%戊唑醇拌种剂或25%三唑酮可湿性粉剂，或12.5%烯唑醇可湿性粉剂，按种子量0.3%～0.4%进行拌种；对于催芽坐水播种的，用2%戊唑醇按种子量的0.3%拌种。

（4）施　肥

有机肥和化肥结合使用

化肥使用 NY/T 496 行业标准规定的肥料，并基于当地土壤肥力条件，合理配施氮、磷、钾及中、微量肥。

施肥量

每公顷施用腐熟有机肥（含有机质8%）30～40 t，纯 N 100～150 kg、P_2O_5 75～112 kg、K_2O 60～75 kg。

基肥：整地时撒施或夹肥条施有机肥。

底肥或种肥：N 肥总量的30%～40%及全部磷肥和钾肥做底肥于播前施入，或做种肥于播种时施入。

追肥：N 肥总量的60%～70%做追肥施入，拔节期施入追肥的1/3，大喇叭口期施入追肥的2/3，追肥施于垄沟，深度 10～15 cm。

（5）农膜准备

农膜规格：65 cm 小垄选用幅宽90 cm、130 cm 大垄选用幅宽130 cm、厚度不低于0.01 mm 普通薄膜。

农膜用量：每公顷用量 30～45 kg。

（6）播种与覆膜

播期

5～10 cm 地温稳定通过7～8 ℃时播种，较当地裸地种植提早播种5～8 d，第一积温带一般以4月20日—4月25日为宜；第二积温带、第三积温带一般以4月25日—4月30日为宜。

种植方式

坐水种：坐水种又称抗旱点种，即在播种土坑中先注水后播种，使种子落在湿土上，然后覆土。

坐水种时间选择：5～10 cm 土壤水分低于田间持水量60%，且播种后几天内无有效降雨时。

坐水种需要条件：一是有水源和取水运水设备；二是水源的控制面积应按每次用

水量不少于 75 m³ · hm⁻² 计算；三是水源至田间运水距离，并可机械运水。

开沟与注水：拖拉机牵引开沟器及水车，在开沟同时向沟中注水，待水渗入后播种。

坐水量确定：依据土壤干湿程度和干土层厚度确定，一般水量可接底墒即可。

播种方法

采用机械精量播种，播种深度一致，覆土均匀，坐水种后隔天镇压，镇压后覆土深度 3～4 cm。

种植密度

耐密型品种，确保 5.5 万～6.5 万株·hm⁻²；稀植品种，确保 4.5 万～5 万株·hm⁻²。

播种量

按种子发芽率、种植密度要求确定播种量。

化学除草

使用符合 GB/T 8321.1、GB/T 8321.2、GB/T 8321.3、GB/T 8321.4、GB/T 8321.5 和 GB 4285 国标规定的农药。

播后覆膜前除草：一年生禾本科杂草为主的地块，选用 90% 乙草胺，每公顷用药量 1 400～1 900 mL；阔叶杂草为主地块，选用 75% 噻吩磺隆，每公顷用药量 20～30 g；或用 2.4 - D 异辛酯 750 mL；或 80% 唑嘧磺草胺 48～60 g，禾本科和阔叶杂草混生的地块，用 96% 精异丙甲草胺，每公顷用药量 1 000～1 800 mL 加 70% 嗪草酮 400～800 g。在施药时可加喷液量 0.5%～1% 的植物油型助剂，喷液量每公顷以 400～600 L 为宜，均匀喷雾于土壤表面。

苗后除草：玉米 3～5 叶期，杂草 2～4 叶期，采用茎叶喷雾方式，每公顷 4% 玉农乐 750～1 200 mL 加 40% 阿特拉津胶悬剂 1 200 mL 或用 40% 阿特拉津胶悬剂 1 200 mL 与 25% 宝成 60 g 混用。

覆膜

封闭除草后，利用铺膜机将地膜平整地铺到两条垄上，从垄沟取土压好地膜，盖膜压实，以防大风。

（7）田间管理

放苗：根据出苗情况及时开口放 1～2 次苗，放苗掌握"放大不放小，放绿不放黄，阴天突击放，晴天避中午，大风不放苗"原则，每穴只放一株壮苗，苗孔以一寸为宜。苗放出后用细湿土把放苗口封严。

查田补栽或移栽：出苗后如缺苗，及时补栽或移栽。玉米 3～4 片叶时，等距定苗，并去除弱苗、病苗、小苗。

中耕及揭膜：两次中耕，第一次在玉米 3 ~ 4 叶期，在未盖地膜的垄沟进行中耕，中耕深松垄沟的同时向膜上覆土；第二次中耕在玉米封垄前，可揭膜，也可带膜中耕。

站秆扒皮晾晒：玉米蜡熟末期扒开玉米果穗苞叶晾晒。

（8）主要病虫害防治

丝黑穗病：用2%戊唑醇拌种剂或25%三唑酮可湿性粉剂，或12.5%烯唑醇可湿性粉剂，按种子量的 0.3% ~ 0.4% 拌种；催芽坐水播种的用2%戊唑醇按种子量的 0.3% 拌种。

粘虫：6 月中下旬用菊酯类农药防治，用量 300 ~ 450 mL · hm^{-2}，对水 300 ~ 450 kg · hm^{-2}；8 月上旬发生的三代粘虫要进行人工捕杀。

玉米螟：每公顷用50%锐劲特乳剂450 mL 兑细沙 30 kg 放入"喇叭口"内点心防治；或每公顷用白僵菌粉剂300 g 兑细沙 30 kg 点心防治。

地下害虫：用35%多克福种衣剂，按药种比 1∶70 进行种子包衣；催芽坐水种的按药种比 1∶（75 ~ 80）进行种子包衣。

（9）收　获

收获时间：完熟期后收获，可适时晚收。

脱粒晾晒：收获后进行晾晒，有条件的可进行烘干。

回收残膜：玉米收获后，应清除农膜。

6.1.3.3　技术优势及应用效果

坐水种解决了玉米播种至苗期因干旱而无法正常播种、正常出苗的问题，地膜覆盖同时具有提高土壤温度和保墒效果，利于玉米苗期抗低温能力的提高。

本项技术2013—2014 年在黑龙江齐齐哈尔市龙江县推广 180 hm^2，减损 13.3% ~ 26.7%，增加收入 70.5 万元。

6.1.4　黑龙江中北部大豆低温干旱灾害防御技术

6.1.4.1　技术适用范围

保护性耕作、化学调控和全程机械化技术相结合，形成黑龙江省中北部大豆低温干旱灾害防御技术。该项技术适用于黑龙江省中北部非灌溉地区大豆种植区，包括黑河市、北安市和五大连池市等地。

6.1.4.2　技术模式及要点

（1）播前准备

轮作换茬

有条件地块实行三年轮作，做到不重茬、不迎茬，前茬作物不能为向日葵。

秸秆还田

将前茬小麦、玉米茎秆粉碎，均匀抛撒于田间，茎秆长度不超过 5 cm。

耕作整地

整地时期：浅翻、深松作业宜在伏秋季进行，深松深度 35～40 cm。无法进行秋整地时，可春季整地，春季深松深度不超过 30 cm。

整地方式：浅翻深松主要用于麦茬，间隔 2～3 年翻一次，耕翻深度 18 cm 左右，深松深度 35～40 cm；原垄卡种用于有深松基础的玉米茬，玉米收获后及时用灭茬机灭茬，把茬管打碎，保持原垄，秋季扶垄，翌年春季垄上播种大豆。

整地标准：土壤耕层要达到深、暄、平、碎。

农机具标准：按要求调整深松机，主梁不变形，保持水平一致，各铲尖应在同一直线上，偏差不得大于 5 mm。耙地要求各耙片下缘应在同一水平线上，偏差不超过 3 mm，圆盘间距相等，偏差不超过 10 mm，前后列耙迹要错开。耙地达不到耙深要求时，要加配重。

土壤封闭除草

施药时期：秋施除草剂一般在 10 月下旬至封冻前，春季播后施除草剂一般在播后 5～7 d，大豆顶土前施用，选择无风或风速 3.3 m·s⁻¹ 以下的轻风、晴朗天气进行。

施药量：根据除草剂生产商建议的最佳用量，确定施药量。

除草剂选择：依据杂草类型，有针对性的选择安全、杀草谱广、持效期适中的除草剂。最好 2～3 种除草剂混用，禁止使用普施特、豆磺隆等长残效期的除草剂。

整地：整地要平细、地表无大土块和植株残茬。

调整喷雾机：连接：连接喷雾机与拖拉机。对牵引式喷雾机，要了解拖拉机动力输出与牵引杆的连接方式，各长度、轮距和装药箱装水后的重量。对悬挂式喷雾机，要了解药箱的规格、连接点高度、喷杆高度和宽度。检查：检查各连接处的紧固状态；泵气室是否充气；药箱和喷杆管路是否干净；喷杆是否有弹簧，是否与地面平行等；进水管、加水管、加水器、药箱口、喷头滤网是否有损坏，损坏的应及时更换。试喷：装水试喷，再次检查安装是否合理，有无堵塞、滴漏现象，各喷头流量是否一致，相邻喷头扇形雾面是否相互重叠 1/4，不符合要求应及时检修和调整。

施药标准：施药要均匀，不重不漏。喷洒作业中随时注意喷管是否有滴漏，喷头是否有堵塞等问题，发现问题要及时排除。注意风速、风向，风速高于 4 m·s⁻¹ 时停止作业。

混土：秋施除草剂需要混土时，采用双列圆盘耙，顺耙一遍，与第一次耙地呈垂直再耙一遍，使除草剂和土壤充分混匀。车速不能低于每小时 10 km·h⁻¹。耙深 10～15 cm。

起垄

起垄时间：建议秋起垄，无法秋起垄，也可春起垄。秋起垄在施药后进行；春起垄地块，早春要及时整地封墒，耙地和起垄复式作业，起垄后要及时镇压。

农机具的调整：起垄机培土铲尖在同一直线上，铲间深度一致，铲柄坚固不变形。调整支撑轮位置，保证起垄深度达到要求；调整左右划印器长度，使结合线准确。按农艺要求调好施肥量，各排肥口流量一致。为保证各层施肥量准确，把单箱单管排肥，改装成双箱双管排肥。

起垄的农艺要求：垄距60~65 cm，保证各行距误差不大于1 cm。秋起垄垄台高度25 cm，不镇压，翌年早春化冻时耢成方头垄；春起垄镇压后垄高度15~20 cm，垄高度偏差不超过1 cm。往复结合线偏差不超过2 cm。起垄深松深度为犁底层以下8~12 cm，以不起大土块为宜。起垄同时分层施底肥，底肥量占总施肥量的2/3。第一层施在种下7~9 cm，占底肥的2/3，第二层施在种下12~14 cm，施肥量占底肥的1/3。起垄时不要把混药的土层起上来。

（2）播 种

品种选择

选用通过国家或黑龙江省农作物品种审定委员会审定推广的高产、优质、抗病、适应性强、适合于机械化栽培的大豆品种。种子质量符合 GB 4404.2—2010 规定的标准，即种子纯度98%以上，发芽率85%以上，含水量不高于13.5%。

种子处理

去杂：种子精选，剔除破瓣、病斑粒、虫蚀粒、青秕粒和其他杂质。

拌种：每公顷用根瘤菌剂3.75 kg，加水搅拌成糊状，避光条件下均匀拌种，拌种后不能混用杀菌剂，阴干24 h后播种；或者每1 kg种子用钼酸铵0.5 g，溶于20 mL水中，喷洒于种子上，阴干后播种；种子包衣用2.5%适乐时悬浮种衣剂按种子重量的0.2%~0.4%进行包衣。

播种要求

时间：以5 cm土壤温度稳定通过6~7 ℃为始限，中熟品种早播，中早和早熟品种晚播，一般在5月上旬至5月中旬播种。

播种量：根据土壤肥力状况，中早熟品种稀播为31.5万~34.5万株·hm^{-2}，密播为34.5万~37.5万株·hm^{-2}，中熟品种稀播为28.5万~31.5万株·hm^{-2}，密播为31.5万~34.5万株·hm^{-2}。播种量可按如下公式计算。

$$公顷播量（kg）= \frac{公顷保苗数 \times 百粒重（g）}{净度（\%）\times 发芽率（\%）\times 10^5 \times （1+田间损失率（\%））}$$

播种机具的调整：根据垄的高度调整好支撑轮的位置并固定；根据播量的要求，确定传动比，选择主动链轮和被动链轮的齿数；调整好施肥量，按垄距要求调整好行距；检查排种器挡种板间隙是否符合说明书要求；调整好施肥杆齿的深度，并安装精确；施肥位置精确调整排种器安装位置，使方向伸缩传动轴在工作状态下传动角度不大于20°；调好开沟器位置，开沟圆盘下缘在同一水平面上；调整好覆土铲两翼的开角。

播种方式

两次作业：有条件地块，将起垄分层施肥与播种分开进行。起垄时，将磷酸二铵施肥总量的1/3做种肥，施在种下3~4 cm；然后，再次作业进行播种。

一次作业：在土壤墒情好的情况下，将起垄、分层施肥和播种一次完成。在铲柄上安装复土板或用链轨销敌V型复土环，强迫施肥沟回土。

玉米茬原垄卡种：有深松基础的地块，在玉米原茬垄上播种。将原播种机上的深松施肥杆齿，改为刃口锋利的深松施肥刀，以切碎地下根茬。

播种标准

播种深度一致，播深4~5 cm，覆土严密，偏差不超过1 cm；播种方向与起垄方向一致；低洼地或低平地，镇压后的垄台高度保持15~20 cm。干旱地区和年份，垄台高度为10~15 cm。

（3）田间管理

中耕

机具调整：用精密耕播机的中耕部件。首先要根据农艺要求，保证行距、杆齿深度和护苗带宽度准确；深松铲杆柄不能变形，固定要牢固；在平台上校正鸭掌铲或培土铲铲尖在同一直线和同一水平面上，铲尖不能翘起，锄齿和支持面之间的间隙不大于10 mm。

三次中耕：第一次在幼苗出土至真叶展开之间进行，用杆齿，不翻动土壤，护苗带宽8~12 cm，中间杆齿深松22~25 cm，苗带两侧杆齿入土10~12 cm。第二次在3片复叶时进行，只用杆齿，护苗带10~12 cm，深松12~14 cm。第三次在7月上旬，大豆封垄前进行。用鸭掌铲或培土铲进行覆土，覆土高度在子叶痕以上，真叶以下。

化控

用豆业丰、壮丰安或烯效唑在初花期结合叶面施肥叶面喷施，每公顷用量375~450 mL，防止大豆徒长倒伏。

追肥

在开花始期喷施商品液肥或每公顷喷施磷酸二氢钾2 250 g + 尿素4 500 g + 米醋

1 500 g。在开花盛期至结荚初期，用飞机航化作业喷施第二遍叶面肥，选商品液肥或每公顷喷施磷酸二氢钾 2 250 g + 尿素 2 250 g + 米醋 1 500 g。

苗后除草

机械除草：三遍灭草，分别在大豆出苗前，子叶距地表 2~3 cm，旋转锄入土深度 1.5~2.0 cm；在大豆子叶期，旋转锄入土深度 2~3 cm 为宜；在大豆 2~3 片复叶时进行，旋转锄入土深度 4~5 cm。最适宜的机车作业速度是为轮式拖拉机 18 km·h^{-1}，履带拖拉机 8~10 km·h^{-1}。

化学除草：农药合理使用符合 GB/T 8321.1、GB/T 8321.2、GB/T 8321.3、GB/T 8321.4、GB/T 8321.5 的规定。农药安全使用符合 GB 4285 的规定。大豆 3 片复叶前进行，每公顷使用 70% 塞克 405 g + 48% 广灭灵 1 050 mL + 90% 乙草胺 1 800 mL 喷施。一般应早晚施药，干旱条件下用药量和喷液量应适当增加；选择喷药后 6~8 h 无雨天气喷施。

（4）主要病虫害防治

灰斑病：7 月下旬 8 月初，大豆初荚期，每公顷用 80% 多菌灵微粒剂 0.75 kg 或 50% 多菌灵可湿性粉剂 1.5 kg 或 40% 多菌灵悬胶剂 1.5 L 喷雾。

食心虫：在成虫盛期，连续 3 d 百米（双行），蛾量达 100 头或一次调查平均百荚卵量达 20 粒，应进行防治。药剂用量，每公顷 2.5% 敌杀死乳油 375~450 mL，或 2.5% 功夫乳油 300 mL，或 20% 速灭杀丁乳油 375~450 mL 喷雾。

（5）收获

机械收获：大豆叶片全部脱落，籽粒呈现本品种色泽，含水量低于 20%，用挠性割台大豆联合收割机进行机械直收。

收获质量要求：割茬要低，不留底荚，不丢枝，田间损失不超过 3%，脱粒损失不超过 1%，破碎粒不超过 5%。

6.1.4.3　技术优势及应用效果

保护性耕作与化控技术、机械化相结合，综合防御低温干旱灾害，大大提高生产效率。通过黑龙江省中北部大豆机械化高效生产技术的实施，可增强大豆防御生育中后期低温干旱灾害的能力。2013—2014 年黑龙江省七星泡农场两年推广示范面积 272 hm^2，减损 4.83%~12.42%，以大豆每千克 3.8 元计算，可减少损失 30 余万元。

6.1.5　吉林玉米秸秆覆盖深松抗旱配套技术

6.1.5.1　技术适用范围

本技术适用于东北三省及内蒙古等光热资源充足、半干旱地区春玉米种植区。

6.1.5.2　技术模式及要点

（1）秋季整地

第一年采用宽窄行栽培的，要对地块进行全面的灭茬旋耕。有条件的可以在田间施入农家肥。采用一次性施肥的，在耕整地的同时，根据土壤肥力的不同，一次施入适量的底肥。第二年，只需对宽行也就是头一年的休耕带进行旋耕。整地后，当表土有 1 cm 左右干土层时，使用双列 V 形镇压器进行镇压。

（2）播　种

品种选择

选择生育期适合当地种植的耐密品种，其性状为高产、稳产、优质、抗病抗虫、抗逆性强及商品性好的品种。

种子处理

去杂：播前对种子人工筛选，去除破、秕、霉病及杂粒等杂质。

晒种：在播种前 5～7 d 先晒种，把种子摊放在干燥向阳处晾晒，并且经常翻动，晚上收回，防止受潮，连续晾晒 2 d。用合适的种衣剂对种子进行包衣，放置干燥处阴干。

播种要求

时间：当耕层土壤 10 cm 处温度通过 10 ℃时即可播种。

行距调整：在秋翻地基础上将原有 60 cm 的均匀行距改 40 cm 的窄苗带和 80 cm 的宽行空白带（各地苗带和空白带距离大小不等），用双行精播机实施 40 cm 窄行带精密点播或精确半株距加密播种。

镇压：播种后，当土壤出现 1 cm 左右干土层时，用苗带重镇压器对苗带进行重镇压，较干旱的地块，播种后应立即镇压。

除草：播种后，要及时选用高效、低残留的除草剂对土壤进行苗前封闭除草。

（3）深松追肥

时间：在 6 月中下旬雨季到来之前。

深度：用深松追肥机在 80 cm 宽行带实施 30～40 cm 深松追肥，采用一次性施肥的地块，只进行深松作业。

（4）病虫害防治

病虫害防治同常规玉米栽培。

（5）高留根茬

秋季收获的时候，要高留根茬，留茬高度在 30～40 cm。

6.1.5.3　技术优势及应用效果

玉米秸秆覆盖与深松技术相结合，可使土壤含水量提高 3～5 个百分点。2013—2014 年在吉林省白城地区进行示范推广 250 hm²，产量平均增加 11.1%。以玉米每千克 1.6 元计算，增收 432 433.8 元。

6.1.6　吉林玉米宽窄行覆膜抗旱抗低温技术

6.1.6.1　技术适用范围

本技术模式适用于吉林省年降水量在 250～400 mm 半干旱地区，玉米采用降解地膜进行覆盖。

6.1.6.2　技术模式及要点

（1）播前准备

选地：选择地势平坦、地力较高，有井灌条件的连片田块。

灭茬、整地：秋收后或春季播种前采用机械灭茬。灭茬深度≥15 cm，碎茬长度 < 5 cm，漏茬率≤2%。灭茬后采用三犁川打垄，按垄距 60～65 cm 常规起垄，再隔垄沟深耕一犁，如采用"二比空"模式可隔两垄沟深耕一犁，犁尖至垄台深度应达到 35 cm。在春播干旱年份，对垄沟进行苗床补墒，一般灌水量 400～600 m³·hm⁻²。待水分下渗后，将有机肥 40 m³·hm⁻²，化学肥料施入垄沟，以施肥沟（肥带）为大垄中心，打成垄底宽 120～130 cm、垄顶宽 80～90 cm 的大垄，如采用"二比空"模式隔 1 条闲置垄打成大垄，打垄后及时镇压。

（2）播　　种

品种选择

选用通过国家或省农作物品种审定委员会审定的优质、高产、抗逆性强的玉米杂交种，以筛选出的中晚熟、晚熟耐密型玉米品种为主。玉米种子纯度≥96.0%，净度≥98%，发芽率≥95%，含水量≤16.0%。

种子处理

去杂：购种后，及时做发芽率试验。播前 3～5 d 精选种子，确保籽粒均匀一致，没有虫霉粒、杂物。

晒种：将种子摊开在阳光下翻晒 1～2 d，可采用等离子体种子处理机处理种子，以 1.0A 剂量处理 2～3 次，处理后 5～12 d 播种。

种子包衣：选择通过国家批准登记的含有丁硫克百威、烯唑醇、三唑醇和戊唑醇等成分的高效低毒无公害多功能种衣剂进行种子包衣，种子包衣按照说明书进行。

播种要求

时间：5 cm 土层温度稳定通过 10 ℃即可播种，一般年份为 4 月 27 日—5 月 10 日之间。

密度：适宜种植密度为 6.5 万~7.0 万株·hm^{-2}，如采用"二比空"模式（种 2 垄闲置 1 垄），可将 3 垄播种量播种到 2 垄播种垄上，即播种垄株距为均匀垄的 2/3，地力较高、水肥充足的地块可采用种植密度的上限，地力低的地块可种植密度的下限。

种植方式：采用大垄双行（垄宽 120~130 cm，垄上双行间距 40 cm）覆降解地膜的种植方式。在已做好的垄上豁两行深 10~12 cm、行距 30~40 cm 的播种沟；采用机械播种，播深控制在 3~4 cm。播后及时覆土、镇压、喷施除草剂、覆膜。

（3）化学除草

一般选择乙草胺 675 g（a.i.）·hm^{-2}+莠去津 855 g（a.i.）·hm^{-2}+2, 4 D 丁酯 216 g（a.i.）·hm^{-2}复配剂防治。土壤有机质含量高的地块，需要适当增加用药量。除草剂要在覆膜前均匀喷施，进行土壤封闭；喷药后要及时覆膜。

（4）覆　膜

选膜：薄膜横纵拉力强、透明度好、可降解；幅宽在 110~120 cm，厚度 0.008 mm 左右为宜。

覆膜方式：用覆膜机在大垄两侧开沟，沟深 8~10 cm，然后把膜放到大垄上铺平拉紧，膜两边放在大垄两侧沟内，并将两边用土封严压实，垄上地膜外露宽度 55~60 cm；每隔 1~1.5 m 用半锹土压实。覆膜时，选在无风天或早、晚风较小时进行。

（5）施　肥

根据目标产量与土壤肥力测试结果，确定肥料施用量。一般化肥用量：N—P$_2$O$_5$—K$_2$O 为 210~240—90~110—100~120 kg·hm^{-2}；中微量元素 S—Mg—Zn—B—Mn 为 40—8—20—8—8 kg·hm^{-2}；有机肥 40 m^3·hm^{-2}。90% 磷肥、钾肥、中微量元素、有机肥及 40% 氮肥做底肥；10% 磷肥作口肥；60% 氮肥作追施。口肥播种时随水施入；追肥在拔节前进行垄沟深施，施肥深度 ≥12 cm。如采用"二比空"模式（种 2 垄闲置 1 垄），可将 3 垄用肥量分施到 2 垄播种垄上，即播种垄用肥量为均匀垄的 1.5 倍，闲置垄不施肥。

（6）灌　水

灌水次数与灌水量依据玉米需水规律及灌前土壤含水量及降水情况确定。根据土壤墒情确定灌溉定额，保证灌水用量与玉米生长季内降水量总和达 500 mm 以上。播种前苗床补墒 400~600 m^3·hm^{-2}；播种时坐水 90~120 m^3·hm^{-2}；玉米拔节期、孕穗期、灌浆期根据土壤墒情可灌水 2~3 次，每次灌水量 300 m³·hm⁻²左右。

（7）田间管理

当玉米第一片真叶展开后要及时破膜引苗，防止捂苗、烧苗，注意用土封严苗孔。玉米 5 叶~6 叶期及时去除分蘖，去除分蘖时避免损伤主茎。玉米生长季内，及时喷施化控制剂防止倒伏，严格按照产品使用说明书喷药。

播种后经常查看田间出苗情况，如发现地膜破损或垄台两侧土压不实的，及时用土封盖，防止被风吹开。及时清除田间弱苗、病株、无效株及田间地头杂草。

（8）病虫害防治

6 月中旬至 8 月上旬，百株玉米有粘虫 3 头以上时，用 4.5% 高效氯氟氰菊酯乳液 800 倍液喷雾，消灭粘虫在三龄之前。在 5 月上中旬，如发现有越冬玉米螟幼虫爬出秸秆垛活动时，用白僵菌菌粉封垛。在玉米秸秆垛的茬口面，每隔 1m 左右用木棍向垛内捣洞 20 cm 深，将机动喷粉器的喷管插入洞中进行喷粉，待秸秆垛对面或上面冒出白烟（菌粉飞出）时即可停止喷粉，如此反复，直到全垛封完为止。在 7 月上中旬，玉米大喇叭口期，将白僵菌菌粉（7.5 kg·hm⁻²）与细沙（60 kg·hm⁻²）混拌均匀，撒于玉米心叶中，每株用量为 1g 左右。

在 7 月上中旬，玉米螟卵孵化之前，第一次释放赤眼蜂（10.5 万头·hm⁻²），间隔 5~7 d 后再释放第二次（12.0 万头·hm⁻²）。

玉米大、小斑病防治要在发病初期，采用 10% 苯醚甲环唑（世高）、50% 异菌脲（扑海因）或 70% 代森锰锌等杀菌剂喷雾，间隔 7~10 d，连续施药 2~3 次。后期叶斑病可使用高秆作物喷药机喷施。

6.1.6.3 技术优势及应用效果

该技术模式可有效提高生育前期表层地温 3.9~4.4 ℃；干旱时段土壤含水量提高 3%~5%，抗旱抗低温效果比较明显。2014—2015 年在吉林省白城地区示范推广 38 hm²，产量平均增加 10.85%。以玉米 1.6 元/kg 计算，增加收入 64 249.5 元。

6.1.7 吉林水稻肥水调控耐低温综合防控技术

6.1.7.1 技术适用范围

本项技术适用于吉林省延边、通化、白山等易发生冷害的水稻种植区，该项技术可有效减少低温条件下水稻产量损失。

6.1.7.2 技术模式及要点

（1）品种选择

选用适于本地区种植的耐冷性中熟或中早熟水稻品种，包括延粳 25、松粳 16、合江21、松粳15、松粳12、九稻12和松粘1号，其中，延粳25适于种植在吉林省东部冷凉地区，其他6个品种则适于在四平、长春、吉林、通化、辽源、延边等中熟稻区种植。

（2）培育壮秧

为了实现早插秧争抢有效积温，提高水稻结实率和成熟度，保障水稻高产优质，采用标准大棚（高2m以上，宽6~7m的钢骨架大棚）提早育苗。

水稻壮秧标准

形态指标：株高15~18 cm、根数13~20条、根毛多而粗壮、苗整齐。

生态指标：秧龄30~40 d、叶龄3.5~4.5片。

生理指标：叶色绿而不浓，植株有弹性；根吸收力强，发根快，白根多；无病、虫害；4片叶以上壮秧应以长出分蘖为标准。

种子处理

处理时间：4月1日前后选择晴好天气在干燥平坦地上平铺席子或在水泥场摊开种子，厚度3 cm，晒种2~3 d，以打破种子休眠，提高种子活力。

去杂：用盐水选种，去除瘪粒和杂质。

浸种：盐水选后用清水淘净，再用浸种灵300~400倍液浸种5~7 d，保证种子充分吸水利于发芽。

催芽温度：在28~32 ℃温度条件下催芽，亦可用催芽器催芽，以培育壮秧和提高成苗率。

苗床准备

根据棚的规格和大棚走向，做两个置床，中间为30 cm宽的走道，精细整地做床，四周挖排水沟，置床要求浅翻8~10 cm，每平方米施腐熟农家肥15 kg，搂平，浇透底水；每公顷水田需育秧面积100~120 m²，渐塑钵盘500~550个，机插秧需衬盘500~600个。

配制营养土

用充分腐熟的农家肥，捣细过5目筛，与客土（有机质含量高，养分齐全，无病菌虫卵、无盐碱、无草籽），按1：（2~3）的比例配制成营养土，加壮秧剂使肥、土混合均匀。

播种要求

时间：综合考虑品种熟期、插秧时间等确定，一般气温稳定通过10 ℃时较为适宜。

播种量：简塑钵盘育苗钵内装3/4的营养土，用精量播种器播种或钵盘播种机播种，每孔播 2~3 粒种子，每盘播种 50 g，镇压后摆盘、覆土、浇水、施除草剂，最后覆盖地膜。

苗期管理

播种—出苗期：密封保温，确保出苗所需水分和温度条件，棚内温度控制在 30 ℃左右，超过 35 ℃时要透风降温，出苗后立即撤去地膜，以免烧苗。漏水地适当补水；低洼地和灌水过多地块揭膜晒床；出现青苔是因播种时湿度过大坏种、种子腐烂后引起的或施入未腐熟农肥长期蓄水引起的，严重的可用草木灰水浇床面处理解决；有除草剂药害的灌水洗床、喷施微肥。

出苗—移栽期：对低温的抵抗能力强，注意床土不能过湿，否则影响根系生长，尽量少浇水，温度控制在 20~25 ℃，高温晴天要通风降温，防止烧苗。1 叶 1 心—3 叶期为立枯病和青枯病的易发期，也是培养壮秧关键时期，此时期对水分最不敏感，抗低温能力强，此时要保持床面干燥，床土水分控制在旱田状态，当床土干裂秧苗叶尖早晨没有水珠时浇水，以促进根系发达，幼苗健壮，棚内温度控制在 20~25 ℃，高温晴天及时通风炼苗，防止秧苗徒长。在 2.5 叶时追一次离乳肥，每平方米追施硫酸胺 30g，施后用清水冲洗一次，以免烧苗。3 叶到移栽期这一阶段秧苗需水量较大，要及时浇水。插秧前掀棚练苗 3~5 d，促进插秧快速返青，提高成活率。移栽前 1 d 做好秧苗"三带"：一带送嫁肥（每平方米施磷酸二铵 2~3 两）；二带药（用 70% 的艾美乐，每 100 平方米 4~6g 对水 6~7 kg 喷雾处理，预防潜叶蝇等）；三带增产菌等，壮苗促蘖。

（3）本田整地

实行秋翻秋整地，耕深 15~18 cm，采用耕翻、旋耕、深松及耙耕相结合的耕作方法，一般耕翻一年，松旋耙二年。旱整地与水整地相结合，畦面较平的旋耕田进行水整地，旱整地要旱耙、旱平、整平堑沟。水整地在插秧前 3~5 d 进行。整地时间和进度要与移栽时间及进度相吻合，整地质量要整平耙细、做到高低不差寸，寸水不露泥，肥力不外流。

（4）全层配方施肥

结合整地采用全层配方深施肥，翻地前全部钾肥和磷肥、90% 的氮肥作为基肥全层施入；剩余 10% 氮肥返青期施入。氮磷钾比例为 120：60：60 kg·hm^{-2}。

（5）适时移栽、合理稀植

适时移栽要考虑的因素

气温：气温稳定通过 13~14 ℃时为移栽始期，过早移栽外界气温低，影响成活返青。

秧龄：适龄移栽，秧苗形成壮苗后，抢时栽插，不插老秧。老秧发根力弱，叶面积大，蒸腾量大。若移栽推迟，相对缩短了本田营养生长期，延迟了分蘖期，低位分蘖和分蘖数都减少，导致株矮穗少。

整地质量：整地要求必须达到耙烂耙透，不窝坷垃，地平如镜，沉浆良好，田面软硬适度，栽后不漂秧、不下沉的程度。达不到上述标准而免强移栽，轻者缓苗不良，重者僵苗死苗，影响水稻正常生长发育。

合理稀植

原则：一看地力，"肥田靠发，瘦田靠插"；二看苗情，秧苗健壮可适当稀植，秧苗较弱则应适当增加插秧密度；三看管理水平，管理水平高，应适当稀植，肥、水管理技术落后则密植。

插秧要求

壮秧带土移栽，利于秧苗早返青。手插秧要做到"五插"和"五不插"，即浅插、稀插、插直、插匀、插齐；不插"拳头秧"、不插"烟斗秧"、不插"窝根秧"、不插"脚迹秧"、不插"6 月秧"。

（6）水层管理

水层管理是本项技术的关键，为了降低水稻低温冷害危害，适时采取深层灌水。

护苗水：花达水插秧，插秧后返青前灌溉，维持水层深度为苗高的 2/3，扶苗护苗。

分蘖水：有效分蘖期灌溉，维持 3 cm 浅水层，利用薄水层增温促蘖。

晒田：有效分蘖终止期前 2 ~ 3 d 排水晒田，晒田 3 ~ 5 d 后恢复正常水层。

护胎水：孕穗至抽穗前，灌 4 ~ 6 cm 活水，花粉母细胞期和减数分裂期若有低温天气，则灌 15 cm 深水护胎。

扬花灌浆水：抽穗后采取间歇灌溉，水层灌至 5 ~ 7 cm，自然落平后再灌水，后水不见前水，干干湿湿，以湿为主。

排水：黄熟末期开始排水，洼地可适当提早排水，正常田块和漏水田可适当晚排，做到以水养根，以根保叶，增加后期光合产物，提高稻谷品质。

灌溉：禁止使用城市污水和有污染水灌溉。

6.1.7.3　技术优势及应用效果

2012—2013 年，利用延粳 25 等综合性状良好的耐冷性品种，结合施氮量为 120 kg·hm^{-2}，施肥方法为翻前 90% + 返青 10% 及遭受低温时水深 15 cm 的水肥调控技术，相比于常规水稻种植，可有效提高水稻在低温条件下结实率，降低遭受低温冷害时的产量损失，降低产量损失 44.1%。该项技术 2013—2014 年在吉林省延吉冷凉地区应用 10 hm^2，平均每公顷增产 645.75 kg，按照稻谷每千克 6 元计算，可增收 19 372.5元。

6.2 西北地区主要作物抗旱抗低温技术模式

针对西北地区作物生长季内干旱常态化以及低温灾害频发特点，集成了 4 种针对该地区小麦和玉米不同生育期干旱和低温灾害防灾减灾技术，分别为：甘肃夏休闲覆膜秋播冬小麦抗旱栽培技术、甘肃秋覆膜春播玉米防旱栽培技术、甘肃玉米全膜双垄沟播抗旱技术和内蒙古半干旱冷凉地区玉米促早聚水增效综合技术，各项技术模式图如表 6.8 ~ 表 6.11。

6.2.1 甘肃夏休闲覆膜秋播冬小麦抗旱栽培技术

夏休闲覆膜秋播冬小麦技术模式是指冬小麦收获后深耕晒垡，雨后条带施肥覆膜，秋季播种时不揭膜直接在膜上穴播小麦，直到次年收获为止。该项技术模式最大特点是可充分蓄保夏休闲期降水，有效解决西北地区旱地冬小麦干旱问题。

6.2.1.1 技术适用范围

该项技术主要适用于降水量集中在 7—9 月的旱作冬麦区。

6.2.1.2 技术模式及要点

（1）地块要求

夏季作物收获后，选择地势平坦、土层深厚、肥力较高、保水保肥性能好、坡度 15°以下的地块进行深耕晒垡，陡坡地、石砾地、重盐碱等瘠薄地块不宜采用该项技术。

（2）整地施肥

雨后及时深耕灭茬，耕后耙实土壤，要求地面平整、无坷垃。肥料在深耕前撒施，随耕地翻入土壤，一般较常规施肥量增加15%以上，有机肥和化肥作为基肥一次性施入，每公顷施 150 kg N 和 90 kg P$_2$O$_5$，化肥以控释肥为宜。

（3）土壤消毒

地下害虫严重田块，可用 3% 辛硫磷颗粒剂均匀撒施于地面，随耕地将其翻入土中，进行土壤消毒。

（4）种子处理

选用抗寒耐旱的中矮秆丰产品种，做发芽试验。药剂拌种或种子包衣，防治地下害虫。

（5）覆膜方法

在整地和施肥后，选用幅宽 120 cm，厚 0.008～0.01 mm 地膜，立即覆膜，膜面宽 100 cm，地膜之间留 20 cm 宽的露地。梯田和小块地采用人工覆膜，地势平坦的大面积地块可采用机械覆膜。

（6）适期播种

较当地露地最佳播期推迟 7～10 d，一般控制在 9 月 22 日—25 日播种。采用地膜穴播机播种，播种量为 105～120 kg·hm^{-2}，播深 3～5 cm，基本苗 300～375 万株·hm^{-2}，田边地头种满种严。

（7）田间管理

苗期管理：地膜小麦采用穴播，如有穴苗错位膜下压苗，应及时放苗封口。覆膜后有少量杂草钻出地膜，需人工除草。麦苗出土后，做好田间查苗补苗，缺苗断垄 20 cm 以上的行段需采用同一品种催芽补种，过稠的苗要进行疏苗。

中后期管理：结合病虫害防治，用磷酸二氢钾、多元微肥及尿素等进行叶面追肥，补充营养，拔节初期喷 15% 多效唑可湿性粉剂和矮壮素，防止倒伏，增强抗旱能力。扬花期、灌浆期，用磷酸二氢钾、尿素兑水进行叶面追肥，补充营养，促进灌浆，增加粒重。

（8）病虫害防治

小麦病虫害常年发生，危害面广，要及时防治。小麦条锈病：每亩可用 12.5% 禾果利可湿性粉剂 30～35 g，25% 丙环唑乳油（科惠）8～9 g 或 20% 粉锈宁乳油 45～60 ml 进行喷雾防治。小麦白粉病：每亩用 15% 粉锈宁可湿性粉剂有效成分 8～10 g 或 50% 粉锈宁胶悬剂 100 g 对水喷雾。麦蚜：可用 50% 抗蚜威可湿性粉剂 4 000 倍液、10% 吡虫啉 1 000 倍液、50% 辛硫磷乳油 2 000 倍液兑水喷雾。麦红蜘蛛：可用 20% 哒螨灵可湿性粉剂 1 000～1 500 倍液或 50% 马拉硫磷 2 000 倍液喷雾。

（9）适时收获

当小麦进入乳熟期籽粒变硬，及时收获，确保颗粒归仓。

（10）农膜回收

小麦收获后，及时清除废膜。

6.2.1.3　技术优势及应用效果

夏休闲期覆膜使更多的降水贮存于土壤中，冬小麦播前 2m 土壤有效贮水平均达到 130 mm，较休闲期裸露地块增加近 1 倍，相当于每亩增加 40 m^3 的土壤有效贮水，使夏季休闲期降水保蓄效率平均达到 70.8%，较露地条播小麦产量增加 67.3%。该技术

3 年应用面积 440 hm^2，减少损失 1 095 kg · hm^{-2}，增收 2 400 元 · hm^{-2}。

6.2.2　甘肃秋覆膜春播玉米防旱栽培技术

秋覆膜春播玉米防旱栽培技术是指秋收作物收获后，于当年秋末冬初按下一年春播玉米播种要求整地施肥，并及时覆盖地膜，到春季播种时不揭膜直接在膜上播种，直到秋季收获。该技术有效抑制冬闲期土壤蒸发，春播前土壤有效水分明显增加，实现秋雨春用，是变被动抗旱为主动抗旱，防旱减灾有效途径。

6.2.2.1　技术适用范围

该技术主要适用于西北春旱频繁发生的春玉米种植区。

6.2.2.2　技术模式及要点

（1）整　地

地块要求：选择土层深厚、土壤疏松通气、有机质含量高、中上等肥力、坡度 15°以下的地块，前茬作物为小麦、马铃薯、油菜、大豆、糜子等。

精细整地、施足基肥：秋季作物收获后及时施肥、深翻、耙磨。肥料结合整地一并施入，每公顷施入有机肥 45 t，纯 N 112.5 ～ 135 kg 及 P$_5$O$_2$ 112.5 kg 做为基肥；用拖拉机翻耕，耕深 30 ～ 35 cm；耙磨的要求是土地平整、无土块、无根茬。

（2）种子处理

精选种子：以抗逆性强、增产潜力大紧凑型玉米杂交种为主，如先玉 335，陇单 9 号，吉祥 1 号。海拔高度 900 ～ 1 200 m，应选用中晚熟品种，海拔 1 200 ～ 1 400 m，应选用中熟品种；海拔在 1 400 m 以上，应选用早熟品种。种子要求纯度在 99% 以上，净度 99% 以上，发芽率 95% 以上，且籽粒饱满均匀，无破损粒和病粒。

种子处理：原则上统一使用包衣种子，对于少数未经包衣处理的种子，播前必须进行药剂拌种。用 50% 辛硫磷乳油按种子重量的 0.1% ～ 0.2% 拌种，防治地下害虫；用 50% 福美双可湿性粉剂，按种子重量 0.2% 的药量拌种；或 25% 三唑酮可湿性粉剂，按种子重量 0.3% 的用药量拌种；或 2% 戊唑醇湿拌种剂用 10 克药，对少量水成糊状，拌玉米种子 3 ～ 3.5 kg 等防治瘤黑粉病。

（3）土壤消毒

地下害虫为害严重的地块，整地时每亩用 40% 辛硫磷乳油 0.5 kg 加细沙土 30 kg，拌成毒土撒施，或兑水 50 kg 喷施。每喷完 1 次覆盖后再喷一带，以提高药效。杂草危害严重的地块，覆膜前用 50% 乙草胺乳油 100 g 兑水 50 kg 全地面喷雾，然后覆盖地膜。兑药剂或喷药时，需戴橡胶手套及口罩。

（4）覆　膜

采用宽幅为 120 cm、厚度 0.008 mm 的白色地膜，于上年度秋末冬初（10 月下旬）采用人工或机械进行条带覆膜，净膜面宽 100 cm，膜间留 20 cm 的空隙，每隔 200 cm 横压一条土腰带（防止冬春风大吹走地膜）。覆膜前喷施 33% 施田补乳油以防止次年春季杂草顶膜。覆膜时地膜一定要拉紧、拉展、铺平、铺匀。

（5）播　种

4 月中下旬播种，用玉米穴播器在地膜上直接穴播。每条地膜带播种 2 行，采用宽窄行播种方式，宽行 70 cm，窄行 40 cm，膜内播种，每穴播 2 粒，播种深度 3 ~ 4 cm，半紧凑、大穗型品种的适宜留苗密度为 6 万株·hm^{-2}，紧凑、耐密型品种为 7.5 万株·hm^{-2}。

（6）田间管理

放苗：放苗后要及时用土将幼苗基部薄膜压实，既能严防漏气、跑墒，又能抑制杂草生长。

定苗：幼苗长至 4 ~ 5 片叶时，及早按密度要求间苗定株，保留整齐一致的壮苗，每穴 1 株，拔弱留壮，遇缺穴邻穴留双株。

去蘖：地膜玉米生长旺盛，易产生分蘖（杈），消耗养分和水分，生产中应在拔节期之前及时彻底去除（打杈）。

及时追肥：拔节—大喇叭口期追施氮肥，每公顷施纯 N112.5 ~ 135 kg。

（7）病虫害防治

注意观察粘虫、红蜘蛛、大斑病、玉米螟等病虫害的发生情况，发现病情及时防治。防治粘虫用 20% 速灭杀丁 2 000 ~ 3 000 倍液喷雾，在大喇叭口期用辛硫磷拌毒砂防治玉米螟，防治红蜘蛛用 40% 乐果或 73% 克螨特 1 000 倍液喷雾，防治玉米大小斑病用 40% 克瘟散乳剂 500 ~ 1 000 倍液，或 50% 甲基托布声 500 ~ 800 倍液，叶面喷洒。

（8）适时收获

成熟期收获，玉米成熟的标志为籽粒乳线基本消失，黑色层出现。果穗收获后及时晾晒脱粒。

（9）农膜回收

玉米收获后，及时清除废膜。

6.2.2.3　技术优势及应用效果

该项技术实现秋雨春用，提高了玉米播前土壤水分，有效解决了春旱玉米保全苗问题。实现了不均匀降水时空调配利用，使玉米播前 1 m 土壤多贮水 35 mm，每公顷增加土壤有效水分 345 m³；在干旱年，秋覆盖玉米产量较春覆盖玉米增产 73.2%。该技术 3 年应用面积 800 hm²，减少因灾损失 1 395 kg·hm⁻²，增收 2 925元·hm⁻²。

6.2.3 甘肃玉米全膜双垄沟播抗旱技术

玉米全膜双垄沟播栽培技术是在田间地表用人工或机械起垄，大垄宽 70 cm、高 10 cm，小垄宽 40 cm、高 15 cm，大小垄相间排列，然后用地膜全地面覆盖，沟内播种玉米的种植技术。该技术把"覆盖抑蒸、膜面集雨、垄沟种植"3 项技术有机地融合为一体，从而实现了雨水富集叠加、就地入渗、蓄墒保墒的效果，保障了玉米生长发育对水分的需求，大幅度提高了旱地玉米的产量，从而达到抗旱减灾的目的。

6.2.3.1 技术适用范围

该技术适用于西北地区海拔 2 400 m 以下，年降水量 300～550 mm 的半干旱和半湿润偏旱区。

6.2.3.2 技术模式及要点

（1）整　地

选地。选择土层深厚、土壤疏松通气、有机质含量高、中上等肥力、坡度 15°以下的地块，前茬作物为小麦、马铃薯、油菜、大豆、糜子等。

整地施肥。一般在耕作层解冻后进行施肥、深翻、耙磨。肥料结合整地施入。其中：每公顷施入有机肥 45 t，纯 N112.5～135 kg 及 P₂O₅ 112.5 kg 做为基肥；深翻是用拖拉机深耕 30～35 cm；耙磨要做到土地平整、无土块、无根茬。

（2）种子处理

精选种子：种子纯度 99% 以上，净度 99% 以上，发芽率 95% 以上，且发芽势强，籽粒饱满均匀，无破损粒和病粒的种子。

种子处理：原则上要求统一使用包衣种子，对于少数未经包衣处理的，播前必须进行药剂拌种。用 50% 辛硫磷乳油按种子重量的 0.1%～0.2% 拌种，防治地下害虫；用 50% 福美双可湿性粉剂，按种子重量 0.2% 的药量拌种；或 25% 三唑酮可湿性粉剂，按种子重量 0.3% 的用药量拌种；或 2% 戊唑醇湿拌种剂用 10 g 药，对少量水成糊状，拌玉米种子 3～3.5 kg 等防治瘤黑粉病。

（3）土壤消毒

地下害虫为害严重的地块，整地起垄时每亩用 40% 辛硫磷乳油 0.5 kg 加细沙土 30 kg，拌成毒土撒施，或兑水 50 kg 喷施。每喷完 1 次覆盖后再喷一带，以提高药效。杂草危害严重的地块，整地起垄后用 50% 乙草胺乳油 100 g 兑水 50 kg 全地面喷雾，然后覆盖地膜。兑药剂或喷药时，要戴橡胶手套、口罩。

（4）地膜覆盖

耕作层解冻后进行起垄覆膜，起垄前精细整地，采用人工或机械起垄覆膜，大垄宽70 cm、高10 cm，小垄宽40 cm、高15 cm，大小垄相间排列。用120 cm宽的超薄强力薄膜全地面覆盖，两幅膜在大垄中间相接并覆土压膜，拉紧压实，每隔2~3m横压土腰带，遇雨可在垄沟内按种植密度的株距先打孔，使雨水入渗。

（5）播　种

4月中下旬，用电动地膜玉米精量播种机在沟内播种，播种深度3~4 cm，每穴播2~3粒，播深3~5 cm，点播后随即踩压播种孔，使种子与土壤紧密结合，或用细砂土、牲畜圈粪等疏松物封严播种孔。年降水量300~350 mm地区播种密度以4.95~5.70万株·hm^{-2}为宜，年降水量350~450 mm地区以5.70~6.75万株·hm^{-2}为宜，年降水量450 mm以上地区以6.75~7.50万株·hm^{-2}为宜。肥力较高的地块可适当加大种植密度。

（6）田间管理

放苗：放苗后要及时用土将幼苗基部薄膜压实，既能严防漏气、跑墒，又能抑制杂草生长。

定苗：幼苗长至4~5片叶时，及早间苗定株。定苗应拔弱留壮，遇缺穴时邻穴留双株，每穴1株按密度要求定苗，保留整齐一致的壮苗。

去蘖：地膜玉米生长旺盛，易产生分蘖（杈），消耗养分和水分，生产中应在拔节期之前及时彻底去除（打杈）。

及时追肥：拔节—大喇叭口期追施氮肥，每公顷112.5~135 kg纯N。

（7）病虫害防治

注意观察粘虫、红蜘蛛、大斑病、玉米螟等病虫害的发生情况，发现病情及时防治。防治粘虫用20%速灭杀丁2 000~3 000倍液喷雾，在大喇叭口期用辛硫磷拌毒砂防治玉米螟，防治红蜘蛛用40%乐果或73%克螨特1 000倍液喷雾，防治玉米大小斑病用40%克瘟散乳剂500~1 000倍液，或50%甲基托布声500~800倍液，叶面喷洒。

（8）适时收获

成熟期收获，玉米成熟的标志为籽粒乳线基本消失，黑色层出现。果穗收获后及时晾晒脱粒。

（9）农膜回收

玉米收获后，及时清除废膜。

6.2.3.3 技术优势和应用效果

该技术将"覆盖抑蒸、膜面集雨、垄沟种植"三项技术有机地融合为一体，从而实现了雨水富集叠加、就地入渗、蓄墒保墒的效果，保障了玉米生长发育对水分的需求，大幅度提高了旱地玉米的产量，从而达到抗旱减灾的目的。较半膜覆盖玉米栽培技术增产 20% ~ 30%，目前，该技术 3 年应用面积 1 000 hm²，减少损失 1 575 kg·hm⁻²，增收 3 300元·hm⁻²。

6.2.4 内蒙古半干旱冷凉地区玉米促早聚水增效综合技术

6.2.4.1 技术适用范围

该技术适用于西北地区热量条件受限、霜冻灾害频发、水分条件受限制的干旱、半干旱冷凉地区。

6.2.4.2 技术模式及要点

（1）播前准备

整地：在前茬作物收获后，秋季进行深耕。

覆膜、施肥：选用透明度好、幅宽 70 cm、厚度 0.008 mm 薄膜；利用人工或者机械进行平地半覆膜，在平地间隔50~60 cm 处开沟，将膜拉平后膜两侧放在沟中并覆土压膜填平，带宽 1m，覆膜前在膜中间位置施足化肥或农家肥。在半干旱区如有机械和劳动力条件，可采用双垄沟全膜覆盖，即40 cm 和 60 cm 宽窄行沟植，行间起垄覆盖地膜用于集雨，见图 6.1。

（2）播 种

品种选择：选择稳产、优质、抗逆性强的适合当地种植的早熟或极早熟品种。

种子处理：剔除种子破瓣、虫蚀粒、秕粒和杂质。利用种衣剂对种子进行包衣。

播种：当地气温稳定通过 8 ℃时播种，在膜上距膜两边等距离以 40 cm 为行距，30 cm的株距进行穴播，每穴下籽 2~3 粒，播深 5 cm 左右，播后封孔。在底墒不好年份，播种前浇透水、坐水播种或播后适量补灌，增加土壤水分，有利于出苗，保证出苗率。

（3）田间管理

放苗：及时放苗，防止捂苗、烧苗。出苗后，若有缺苗现象应及时补栽。从一穴多苗处选取生长条件好的幼苗移栽，在雨后或雨前移栽，若无降水应尽快浇水。

定苗：玉米 3~4 叶期，人工间苗，每穴留 1 株，每公顷 6.75 万株，及时去除分蘖，保证幼苗正常生长发育。

地膜维护：地膜破损及时用土填盖。

病虫草害防治：雨后大田杂草较多，正常生长季内除草 2 次，或喷施除草剂。注意观察蚜虫、玉米螟等病虫害的发生情况，发现病情及时防治。

（4）适时收获

成熟期收获，玉米成熟的标志为籽粒乳线基本消失，黑色层出现。果穗收获后及时晾晒脱粒。

（5）农膜回收

玉米收获后，及时清除废膜。

玉米覆膜技术示意见下图。

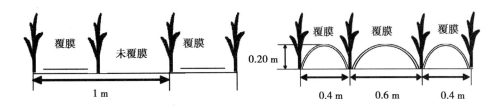

图　玉米覆膜技术示意图（左为平地覆盖，右为双垄沟覆膜沟植）

6.2.4.3　技术优势及应用效果

该技术以极早熟品种和地膜覆盖为核心，通过早期增温、减蒸，将降水聚于根区，实现促进早熟和提高水分生产率的目标。覆膜可改善玉米田间小气候，提高耕层温度，改善土壤墒情，促进玉米生长发育，对玉米防御延迟性冷害和避开后期霜冻、减轻半干旱区生育前期干旱灾害具有较好的效果。采用双垄沟覆膜沟种除早期增温外，集雨聚水效果好，更适合冷凉半干旱区使用。

覆膜处理下早熟玉米品种（冀承单三号）水分利用效率提高 71.7%，产量提高 63.4%；在遭遇霜冻时，极早熟玉米品种（九丰早熟一号）的减产率显著低于早熟品种，极早熟玉米品种具有更好的避霜稳产效果。在冷凉和干旱频发的地区，采用极早熟品种和地膜覆盖结合的半干旱冷凉地区玉米促早聚水增效综合技术，是防御干旱与低温灾害的高效实用综合技术。

该项技术 2015 年在内蒙古武川县进行示范应用，采用极早熟品种双垄沟覆膜沟植，比常规早熟品种露地种植减少损失 65%，增收效果明显。

6.3 华北地区主要作物抗旱抗低温技术模式

围绕华北地区作物生长季内干旱以及低温灾害的特点，在防灾减灾单项技术研发的基础上，项目综合集成了 2 项针对冬小麦夏玉米不同生育期干旱和低温灾害的防灾减灾技术：华北地区冬小麦夏玉米抗旱栽培综合管理技术、华北地区冬小麦低温灾害综合防控技术，各项技术的适应区域、技术优势、抗逆品种选择的标准、技术要点及具体的技术措施详见表 6.12 ~ 表 6.13。

6.3.1 华北地区冬小麦夏玉米抗旱栽培综合管理技术

6.3.1.1 技术适用范围

华北地区冬小麦夏玉米抗旱栽培综合技术适用于黄淮海平原、汾渭谷地等冬小麦夏玉米一年两季作物栽培地区，该地区热量资源较丰可供一年两熟作物生长，光资源丰富，增产潜力较大。年降水季节分配很不均匀，常发生春旱、春夏连旱等，加之地下水过度开采，造成该区域冬小麦夏玉米一年两作农作系统极易出现旱情。

6.3.1.2 技术模式及要点

（1）培肥地力

在深松前施用有机肥，随耕作翻入耕作层。有机肥包括农家肥、绿肥、秸秆还田等，可以起到改良土壤，增加土壤的团粒结构，增强土壤肥力，从而增大田间持水量，增强土壤的保水能力，这是防旱的重要措施。

（2）深松蓄水

采取增加降水入渗率的蓄水耕作和保护耕作制度。玉米收获后，采用深松 + 旋耕的方法疏松耕作层。深松耕作可以提高土壤接纳雨水、蓄水及保水的能力。

（3）品种选择

选择耗水量少的品种种植，选择适合本地区气候特点的抗旱农作物品种，培育导入抗旱基因技术的抗旱品种，引种推广耐旱抗旱型的小麦及玉米品种。研究表明：不同类型的小麦对灌溉制度的响应不同。高产高水分利用效率（WUE）类型在本试验年灌溉 60 mm，产量可达到 7 415 kg·hm^{-2}，水分利用效率可达 15.91 kg·mm^{-1}·hm^{-2}。在华北平原适于种植石家庄 8 号（董宝娣等，2007）、良星 77、良星 99、烟农 836 等高产高水分利用效率型小麦，其在不降低产量和水分利用效率的情况下，具有明显的抗旱节水增产效益。

（4）抗旱播种

在夏秋降水不足的干旱年份，小麦播种要采取抢墒、造墒、提墒、等雨播种等技术措施。为增强抗旱性播前采取浸种、催芽、种子包衣、药物拌种等种子处理技术。春夏连旱时期，玉米播种要采用灌溉造墒，保证播种质量。

（5）中耕保墒

在来年搞好早春镇压、耙耱、苗期中耕等提墒、保墒等传统抗旱增产措施。在干旱季节，采取镇压、耙、耱和中耕的方法可有效地减少水分蒸散，保持土壤墒情。

（6）适时灌溉

科学的灌溉技术是提高水分利用率，合理使用有限水资源的根本性措施。在冬季大地封冻前灌小麦越冬水，可使土壤表层结冻，减少耕作层水分损失，同时使深层移来的水分保持在冻土层和冻土层下方，这一措施有利于防止春旱。

玉米季充分利用自然降雨，在播种时，水分不充足时，适时灌溉。

（7）采用节水灌溉技术

目前我国节水技术应用范围不广。农田大水漫灌还比较普遍，农业灌溉水利用率只有国际先进水平的60%。因此，应根据农作物的不同类型、不同发育期及需水关键期和需水量，推广管道灌溉、喷灌、滴灌、雾灌和渗灌等节水灌溉方法。在有条件的地区，可以采用滴灌技术。滴灌技术在水定额条件下仍能保证田间灌水均匀度，可以根据冬小麦的需水规律，将有限的灌溉用水分解在灌浆期补充适量水分，缓解后期叶片早衰，达到扩源、强源的目的。

（8）秸秆还田

小麦、玉米收获时，秸秆粉碎还田。秸秆覆盖或还田不仅具有培养地力的作用，而且具有良好的增温保墒作用，可防止作物附近的水分蒸发，显著增强小麦、玉米等作物抵抗旱灾的能力。

6.3.1.3 技术优势和应用效果

华北地区冬小麦夏玉米抗旱栽培综合技术可以保证小麦玉米出苗苗全苗齐，增强作物营养生长时期免受干旱危害，为作物生殖生长储存必要的营养物质；提高作物全年抗旱能力，保证冬小麦夏玉米一年两熟作物系统旱灾不减产，丰水少灌溉，减少产量损失，提高经济效益。该技术可实现减少损失 $2\,000 \sim 3\,000\ kg \cdot hm^{-2}$，增收 $3\,500 \sim 5\,500$ 元 $\cdot hm^{-2}$。

6.3.2 华北地区冬小麦低温灾害综合防控技术

冬小麦低温综合防控技术最大特点是有效规避冬小麦越冬期冻害和春季霜冻害

的影响。

6.3.2.1 技术适用范围

该项技术适用于华北北部冬小麦生长季冻害和霜冻害易发生地区。

6.3.2.2 技术模式及要点

（1）播前准备

深耕：3 年左右进行土壤深松耕，深松深度 23～30 cm，可加深土壤耕作层，改善土壤结构，增强蓄水保墒能力，利于小麦根系发育生长和培育冬前壮苗。

精细整地：要求地平、土细、墒好。填平耕地过程中形成的小沟或地垄，达到地平无坷垃。旋耕的地块要旋耕 2～3 次，旋耕深度达到 15 cm 以上，防止秸秆堆积影响出苗，旋耕过浅因冻死苗率增加。

合理施用底肥：促进小麦发育壮苗。施足底肥是培育壮苗的关键措施，播种前施有机肥 60～70 t·hm^{-2}、尿素 300～400 kg·hm^{-2}、磷肥 650～900 kg·hm^{-2}，且随耕地一次性施入。

浇足底墒水：播种前浇好底墒水，每亩 40 m^{3}左右，使 10～30 cm 土壤相对含水量达 85%，灌溉要均匀，防止落浇或者田间出现干湿花片；雨季降水量充沛地区和年份，可抢墒播种。

（2）播 种

品种选择：选择抗寒性品种，冀中北地区农大 211、农大 212、冀麦 5265 品种为宜，冀中南地区冀麦 585、石优 20、DH155、农大 3432 和济麦 22 品种为宜。

种子精选：选用籽粒饱满，大小均匀的种子，进行晒种和种子发芽试验，确保种子发芽率大于 95%。

种子处理：用含有甲基异硫磷药剂拌种，提高了小麦抗逆能力，保证小麦安全越冬。

适时播种：适时、适量、适深播种，河北省北部地区一般在 10 月 1—10 日，中南部地区一般在 10 月 5—15 日。播量每亩 10～15 kg，播种深度 3～5 cm，过深过浅都不利于抗寒越冬。

（3）田间管理

镇压：播种后和春季拔节前镇压，播种后镇压可踏实土壤，提高土壤表面容重，增加小麦根层含水量。

控旺苗促弱苗：出现旺长趋势麦田，可喷施植物生长延缓剂，延缓麦苗生长，抑制麦苗旺长。出现小弱苗、独脚苗、渍害苗、药害苗等麦田，冬前结合灌溉追施氮磷钾复合肥 150 ~ 225 kg·hm^{-2}，促进分蘖和根系生长。

适时灌溉（冬灌原则）：一是气温，以气温 4 ℃时浇水为宜，气温低于 4 ℃时冬灌则有冻害发生的危险；二是土壤墒情，耕层土壤相对含水量低于 50% 可以进行冬灌；三是苗情，对于冻前麦苗小于 3 个叶片的麦田不宜冬灌，如果苗小并且土壤干旱需灌溉，灌水量每亩 20 m^3 左右，防止大水漫灌。

早春应变管理：早春返青期—拔节期是倒春寒和霜冻害的关键时期。一是要根据气候 – 墒情 – 苗情采取不同措施，小麦返青期使用锄划耙进行锄划，同时镇压，也可使用镇压—锄划—喷药一体机作业，二是要根据苗情进行灌溉防冻，对于壮苗适当推迟灌溉时间至拔节期，每亩茎数小于 60 万的麦田可提前至起身期灌溉，灌水量每亩 40 m^3 以下，同时可配合灌溉每亩追施尿素 10 kg，小麦群体小于 20 万弱苗麦田，不宜灌溉，做好镇压提墒增温，促进壮苗转化。对于旺苗小麦群体在 120 万以上，早春重点镇压防止过旺生长。

（4）冻害发生后补救措施

加强水肥管理：麦苗基部叶片变黄、叶尖枯萎的麦田，应抢早浇水，防止幼穗脱水致死，对于幼穗已受冻，需及时追施速效氮肥，施尿素 150 kg·hm^{-2} 或碳酸氢铵 300 ~ 450 kg·hm^{-2}，并结合浇水促使受冻麦苗恢复生长。

中耕镇压保墒，提高地温：受冻害麦田及时进行中耕松土，蓄水提温，促进小麦生长发育，弥补冻害损失。对冻害较轻，群体过大偏旺麦田，在小麦起身前进行镇压控旺，注意早上有霜冻、露水和土壤湿度较大时不可镇压。

喷洒肥料或激素：及时喷施肥料或激素，对霜冻害有一定的补救效果。

病虫害防治：发生冻害的小麦，长势较差，抗病能力下降，易受病菌侵染。及时防治病虫害，减少损失。

6.3.2.3　技术优势及应用效果

该技术可以保证小麦适时晚播、适量施肥可以保证冬小麦苗全苗壮，避免小麦旺长受到冻害的影响；同时采用物理方法镇压等，或化学的方法喷施营养液和生长调节剂可以保证苗齐苗壮，抑制或促进小麦的生长保证小麦安全越冬；如果遭遇严重冻害，及时补救减少损失。该技术可实现减少损失 1 000 ~ 2 000 kg·hm^{-2}，增收 1 500 ~ 2 700元·hm^{-2}。

6.4　小　结

本章在前面北方地区低温冷害、冻害和干旱灾害特征分析及防灾减灾单项技术研究基础上，综合集成了主要作物抗旱抗低温技术模式 13 项，明确了各项技术适用范围和技术优势，提出了各防灾减灾模式技术要点，评估了各项技术应用效果。

参考文献

董宝娣，张正斌，刘孟雨，等 . 2007. 小麦不同品种的水分利用特性及对灌溉制度的响应 [J]. 农业工程学报，23（9）：27 - 33.

胡新 . 2001. 霜冻灾害与防御技术 [M]. 北京：中国农业科技出版社：81 - 82.

刘慧涛，等 . 2013. 吉林省地方标准（DB22/T 1778—2013）. 半干旱地区玉米降解地膜覆盖高产高效栽培技术规程 .

任德超，胡新，黄绍华，等 . 2008. 黄淮麦区不同类型小麦品种抗晚霜冻害研究 [J]. 安徽农业科学（14）：5 819 - 5 820.

表 6.1　黑龙江玉米育苗移栽抗旱抗寒技术模式图

适宜区域	黑龙江省偏冷凉的北部地区、东北部三江平原低湿、西北部半干旱地区

技术优势	育苗移栽能够提早晚熟品种在当地成熟日期，解决秋季低温早霜不能安全成熟问题，躲避大田春季干旱和低温，且移栽前蹲苗和炼苗均有利于移栽后玉米大田抗旱能力提高

品种	适合大庆地区玉米移栽的品种有郑单 958、先玉 335 和哲单 37

	育苗前工作准备	育苗方式选择、保证播种质量	做好苗床管理、培育壮苗	移栽
技术要点				
技术措施	1. **晒种**：促进种子的活性，增强种子的吸水能力，提高种子的发芽率。播种前晴天连续晒种 2~3 d。 2. **消毒或包衣**：包衣种子可直接进行播种，没有包衣的种子消毒后播种。 3. **苗床选择**：选择水源方便的塑料大棚或暖棚，畦面平整、无作物根茬等。苗床宽度视地块或覆盖膜宽度而定，苗床面积与大田比例对应比例为每 7~10 平方米对应 1 亩。 4. **营养土配置**：主要以过筛的田土和有机肥为主，适当加入化肥。田土与有机肥比例为 1:1~1:5，化肥的比例严格控制，混匀，以防烧苗。营养土配置比例本着"就地取材，养分足，不烧苗，低成本"的原则。可掺入适量比例草木灰、锯末、发酵后的菌渣、草炭等，以不影响根部成坨为宜。适当加入灭菌剂、杀虫剂预防病虫害。	1. **播种条件**：当地气温稳定通过 7 ℃时即可保温育苗。有棚室条件一般比移栽提前 15~30 d。 2. **塑料软盘育苗**：软盘育苗根部容易形成土坨，移栽时伤根少，缓苗快，搬运方便。选用 100 或 112 孔塑料软盘平铺在苗床上，盘内装入 3/4 的营养土。浇透水后，将种子芽嘴朝下放入孔内，每孔放 1 粒种子，用过筛细土覆于上部 1~2 cm，浇足水，盖上地膜，膜四周用细土压实压严。 3. **纸筒育苗**：用废旧书报糊成高 10~12 cm，直径 3~4 cm 的纸筒，或购买尺寸合适的塑料营养钵和塑料袋（高 9 cm，直径 5 cm，无底无缝）营养土先喷湿，以手握成团，落地即散即可装筒，装至纸筒 2/3 为宜，蹲实。每筒放种子 1~2 粒，上面覆土，撒一层细砂，厚度 1.5 cm，放入苗床，立即洒水，水要浇足浇透，最后覆膜。	1. **高温高湿促出苗**：播种时浇透水，出苗前以增温为主，密封薄膜，一般不补水，以泥土不发白为准，若发现干燥缺水，应及时揭膜浇水。 2. **苗齐后蹲苗**：方法一，控制水分和温度。当出苗率达 1/3 时，地膜全部揭开。出苗后一般 2 d 浇水一次，忌大水浇灌，遇大雨及时排水防涝。二叶后如秧苗较弱，在移栽前 4~5 d 可随水追施硫酸铵。若苗徒长，可使用化控矮化技术，促进苗粗、苗壮。方法二，施用化控剂。幼苗 2~3 叶时，喷施"多效唑"或"复合化控剂"一次，或者在基质中拌入壮苗剂（含化控成分）。 3. **幼苗二叶一心时开始炼苗**：移栽前在接近大田条件下炼苗 2~3 d。具体操作为：晴天中午揭开大棚两侧或拱棚两头塑料降温，下午 4—5 时盖回塑料。	1. **移栽大田准备**：整地起垄，施足底肥。 2. **移栽时间**：水浇地只要温度适宜，随时可移栽。无灌溉条件地区等雨移栽。移栽时间以阴雨天最好，若是晴天则在上午 10：00 前和下午 16：00 后进行。 3. **规范种植**：合理密植，掌握"土肥宜密，土瘦宜稀；肥多宜密，肥少宜稀"的原则。一般与直播密度相同或每亩多 500~1 000 株。选壮苗定向移栽。移栽后，尽快浇接根水。有条件的可再浇一遍缓苗水，栽后发现缺苗应及时补栽。 4. **移栽方法**：先开沟（或刨埯、打眼），移栽时进行等距定向，玉米第一片真叶一律向外且叶片与行向垂直，有条件亦可采用机器移栽。

应用效果	该项技术可增加有效积温 200~250 ℃·d，明显降低秃尖长度，提高玉米籽粒中蛋白质、赖氨酸含量；较受灾条件下增产 5%~10%，每公顷增收 350~700 元。

表 6.2　黑龙江水稻综合防抗低温冷害技术模式图

| 适宜区域 | 黑龙江省三江平原灌溉地区水稻种植区，包括佳木斯市、双鸭山市、鹤岗市和虎林市等地 |||||||

| 技术优势 | 耐（抗）低温品种、化控与灌水技术相结合，抗低温优势显著，能够及时有效的预防或减轻冷害对水稻生产的影响，减损效果显著 |||||||

| 品种 | 选用黑龙江省耐（抗）低温水稻品种，如龙粳31、垦鉴90-31、垦稻17、垦稻12和垦05-1075等 |||||||

	育苗前后准备			本田管理技术				
	置床与播种	苗床管理	本田准备工作	插秧	分蘖期管理技术	生育转换期技术	长穗期管理技术	结实管理与收获技术
技术要点								
技术措施	1. **秧田置床**：苗床地要做到二秋三常年，床面达到平、直、实，置床pH值为4.5～5.5。床土采用沃土3份、腐熟有机肥1份，粉碎过筛后与壮秧剂拌匀。 2. **浸种催芽**：浸种温度11～12℃，时间7～8 d。催芽温度为25～28℃，时间18～20 h。 3. **摆盘**：整平苗床，盘间紧靠并整齐。装满盘土，浇水后盘土厚度不低于2 cm。 4. **苗床播种**：气温稳定通过5℃，置床温度12℃时即可播种。芽率90%以上，每盘播芽种4 400粒左右，覆土0.5～0.7 cm。	1. **温度管理**：种子根发育期为7～9 d（棚内温度28～32℃）；第一完全叶伸长期为5～7 d（棚温22～25℃）。注意通风练苗；2叶露尖到3叶展开需10～14 d，2叶期22～25℃，3叶期20～22℃之间；移栽前准备期为3～4 d，以昼夜通风为主。 2. **水分管理**：种子根发育期一般不浇水；第1叶期少浇或不浇水；在2叶至3叶期如果床土发白、早晚心叶尖不吐水或午间心叶卷曲，则在早晨八时左右浇水，一次浇透；移栽前在保证秧苗不萎蔫的情况下不浇水。 3. **注意追肥、防病、灭草以及防冻害**。	1. **泡田整地**：4月上中旬泡田，中下旬水整地；井灌区4月下旬泡田、水整地。直收稻田采用打浆平地机进行水整地，确保整地和插秧质量。 2. **施基肥**：采用全层施肥，全生育期化肥用量为25～30 kg·667m⁻²，其中尿素10～15 kg，磷酸二铵5～8 kg，硫酸钾5～7 kg，氮磷钾比为2∶1∶（0.8～1）。基肥量占全生育期总量的比例为：氮肥40%、磷肥100%、钾肥60%～70%。 3. **封闭除草**：插前5～7 d，用毒土法或甩喷法，水层3～5 cm，保水5～7 d。	1. **插秧时期**：日平均气温稳定通过12～13℃时开始插秧。高产插期为5月15～25日。 2. **插秧规格**：行穴距30 cm×12～14 cm，每穴3～5株，壮苗稀插弱苗密插。 3. **基本苗**：每平方米100～120苗，穴数在25～30穴·m⁻²。 4. **插秧质量**：插秧深2 cm左右，插直，行穴距规整，每穴苗数均匀，做到浅、直、匀、齐。 5. **灌好护苗水**。	1. **施分蘖肥**：返青后即施分蘖肥，若分两次追施蘖肥，第二次蘖肥最晚在6叶期前施用，追施氮肥量为全生育期氮肥总量的30%。 2. **灭草**：水稻5～6叶期根据苗情、草情进行第二次灭草。喷施千金防稻稗、喷施爱美乐、敌杀死进行防虫。 3. **水层管理**：花达水（1 cm）移栽，深水（5～6 cm）扶苗，浅水（3 cm）增温促蘖。	1. **晒田控蘖**：11叶品种7叶期开始晒田控蘖。晒至大面积无水，地表出现微裂，复水后再进行第二次晒田。 2. **施调节肥**：酌情施氮肥，不超过全生育期施氮量的10%。 3. **病虫害防治**：搞好负泥虫及田间杂草防治，同时根据稻瘟病预报，选用2%的加收米1 200～1 500 mL·hm⁻²，及时防治。注意对细菌性褐斑病、胡麻斑病的及时防治。	1. **施穗肥**：11叶品种10叶前半叶为施穗肥时期，施用尿素总量20%及硫酸钾总量30%～40%。 2. **冷害防御**：在水稻低温最敏感时期（减数分裂期和小孢子初期，即倒一叶与倒二叶叶耳距在±10 cm期间为减数分裂期，叶耳间距正负5 cm时为小孢子初期），即抽穗前8～14 d范围内，田间水层应保持在16 cm以上，防御障碍型冷害；也可以在该时期的前一周通过叶面喷施植物生长调节剂BYND-A（黑龙江八一农垦大学研制）来防御水稻低温冷害。 3. **病虫害防治**：注意叶鞘腐败病的防治。	1. **管理目标**：养根、保叶、防早衰，保持结实期旺盛的物质生产和运输能力，确保安全成熟，提高稻谷品质和产量。 2. **间歇灌溉**：灌3～5cm浅水，自然落干至地表无水再行补水，如此反复，至腊熟末期停灌，黄熟初期排干。 3. **收割标准**：95%以上的粒颖壳变黄，三分之二以上穗轴变黄，95%的小穗轴和副护颖变黄，即黄化完熟率达95%为收割适期。 4. **入库贮藏**：最晚在结冻前完成，防止冰冻、雪捂，降低品质。库房室内温度控制在10℃以下，空气湿度控制在70%左右。籽粒水分降到14.5%。

| 应用效果 | 2014—2015年该技术在黑龙江八五六农场推广167 hm²，平均减损12.4%；在黑龙江军川农场推广159 hm²，平均减损9.7%。两年累计推广326 hm²，每公顷平均减损750 kg，以每斤水稻1.4元计算，减少损失50余万元。 |||||||

表 6.3 黑龙江中西部旱区玉米播种至苗期干旱低温灾害综合防御技术模式图

适宜区域	黑龙江省中西部齐齐哈尔市区及龙江、甘南、泰来三县以及大庆市区及杜蒙、林甸二县等常遇春旱且春季低温频发地区
技术优势	坐水种能够解决播种至苗期的干旱问题，地膜覆盖可有效防御苗期低温灾害，将两者结合，能够避免玉米苗期遭遇低温干旱危害
品种	根据当地积温情况，选择比当地裸种品种多 100~150 ℃·d 积温，通过国家、黑龙江省或吉林省审定的非转基因、高产、优质、适应性及抗病虫性强的优良品种。

	选地与整地	品种要求及种子处理	坐水种与地膜覆盖		田间管理、病虫害防治与收获
技术要点					
技术措施	1. **选地**：选择地势平坦，便于覆膜的地块。 2. **选茬**：选择前茬未使用长残性除草剂的大豆、小麦、马铃薯或玉米等肥沃的茬口。 3. **耕翻整地**：实施以深松为基础，松、翻、耙相结合的土壤耕作制，三年深翻一次。 3.1 **伏、秋翻整地**：耕翻深度 20~25 cm，做到无漏耕、无立垡、无坷垃。翻后耙耢，按种植要求的垄距及时起垄或夹肥起垄镇压。 3.2 **耙茬、深松整地**：适用于土壤墒情较好的大豆、马铃薯等软茬，先灭茬深松垄台，后耢平起垄镇压，严防跑墒。深松整地，先松原垄沟，再破原垄合成新垄，及时镇压。	1. **品种要求** 1.1 **品种选择**：根据当地积温情况，选择比当地裸种品种多 100~150 ℃·d 积温，通过国家、黑龙江省或吉林省审定的高产、优质、适应性及抗病虫性强的优良品种。 1.2 **种子质量**：种子纯度不低于 96%，净度不低于 99%，发芽率不低于 85%，含水量不高于 16%。 2. **种子处理** 2.1 **晒种**：播种前 15 d 晒种 2~3d，2~3 h 翻动一次。 2.2 **试芽**：播种前 15 d 进行发芽试验。 2.3 **催芽**：将种子放在 28~30 ℃水中浸泡 8~12 h，然后捞出置于 20~25 ℃室温条件下进行催芽。每隔 2~3 h 将种子翻动一次。催芽的种子露出胚根（即刚 "拧嘴" 时），将种子置于阴凉干燥处炼芽 6h 后进行拌种或包衣，待播种。 2.4 **药剂处理种子** 2.4.1 地下害虫重、玉米丝黑穗病轻（田间自然发病率小于 5%）的地区，干籽播种：可选用 35% 的多克福种衣剂，按药种比 1:70 进行种子包衣；催芽坐水种，按药种比 1:75~80 进行种子包衣。 2.4.2 地下害虫重、玉米丝黑穗病也重（田间自然发病率大于 5%）的地区，采用 2% 戊唑醇按种子重量的 0.4% 拌种，播种时再用辛硫磷颗粒剂 30~45 kg·hm⁻² 随种肥下地。 2.4.3 地下害虫轻、玉米丝黑穗病重的地区，干籽种播种：可选择的药剂有 2% 戊唑醇拌种剂或 25% 三唑酮可湿性粉剂，或 12.5% 烯唑醇可湿性粉剂，按种子量的 0.3%~0.4% 拌种；催芽坐水播种，用 2% 戊唑醇按种子量的 0.3% 拌种。	1. **依据**：播种前测定土壤 5~10 cm 田间水分含量，当土壤水分小于田间持水量 60%，且播种后几天内无有效降雨。 2. **播种**：5~10 cm 地温稳定通过 7~8 ℃时抢墒播种，一般比裸地种植品种早播种 5~8 d，第一积温带 4 月 20 日~4 月 25 日播种为宜；第二积温带、第三积温带 4 月 25 日~4 月 30 日播种为宜。 3. **坐水量**：依据土壤干湿程度和干土层的厚度确定，一般水量可接底墒即可。 4. **播种方法**：拖拉机牵引水车，在开沟的同时向沟中注水，待水渗入土中之后，利用精播种机进行播种、施肥和覆土等作业。 5. **播种量**：耐密型品种：确保 5.5 万~6.5 万株·hm⁻²；稀植品种：确保 4.5 万~5 万株·hm⁻²。按种子发芽率和种植密度确定播种量。	1. **封闭除草**：对于杂草基数大的地块应该采用播后覆膜前除草。选择药剂有乙草胺（禾耐斯）、莠去津、异丙草胺、精异丙甲草胺、唑嘧磺草胺、2，4-D 异辛酯、噻吩磺隆、嗪草酮（限土壤有机质含量大于 2% 的土壤）。 2. **覆膜**：封闭除草后，采用机械铺膜，人工压土方式覆膜，利用铺膜机将地膜平整地铺到 2 条长垄上，人力从垄沟取土，压好地膜，要求盖膜压实，在中间的有膜垄沟也要进行隔段镇压，以防大风。	1. **放苗**：苗基本出齐时，及时开口放苗。放苗时要掌握放大不放小，放绿不放黄，阴天突击放，晴天避中午，大风不放苗的原则。一般每穴只放一株壮苗，苗孔以一寸为宜。苗孔出膜后，应随时用细湿土加适量的草木灰混合把放苗口封严。 2. **查田补栽或移栽**：出苗后如缺苗，要利用预备苗或田间多余苗及时坐水补栽或移栽。3~4 片叶时，一次等距定苗。 3. **中耕及揭膜**：进行两次中耕，玉米 3~4 叶期，进行垄沟中耕，中耕深松垄沟的同时，可用小护翼铲向膜上覆土。第二次在玉米田封垄前进行，可以揭膜，也可以带膜中耕。 4. **站秆扒皮晾晒**：玉米蜡熟末期扒开玉米果穗苞叶晾晒。 5. **病虫害防治** 5.1 **丝黑穗病**：见品种要求及种子处理中的 2.4。 5.2 **黏虫**：6 月中下旬用菊酯类农药防治，用量 300~450 mL·hm⁻²，对水 300~450 kg·hm⁻²；8 月上旬发生的三代粘虫要进行人工捕杀。 5.3 **玉米螟**：每公顷用 50% 锐劲特乳剂 450 mL 兑细沙 30 kg 放入 "喇叭口" 内点心防治；或每公顷用白僵菌粉剂 300 g 兑细沙 30 kg 点心防治。 6. **追肥**：玉米 7~9 叶期或拔节前进行，每公顷追施总氮肥量的 60%~70%，可在没有膜覆盖的垄沟追肥，深度 8~10 cm。 7. **收获**：完熟期后收获，并要适时晚收。收获后的玉米要进行晾晒，有条件的地方可进行烘干。籽粒含水量达到 25% 以下时脱粒。玉米收获后，农膜清除干净。

应用效果	2013 年，黑龙江龙江县推广 140 hm²，减损 26.70%；2014 年，推广 40 hm²，减损 13.25%。两年累计推广 180 hm²，以每斤玉米 1.0 元计算，可减少损失 106 余万元。

表 6.4 黑龙江中北部大豆低温干旱灾害防御技术模式图

适宜区域	该项技术适用于黑龙江省中北部非灌溉地区大豆种植区，包括黑河市、北安市、和五大连池市等地				
技术优势	保护性耕作、化控技术与机械化相结合，综合防御低温干旱灾害，同时提高生产效率				
品种	选用通过审定推广的高产、优质、抗病、适应性强、适合于机械化栽培的大豆品种				
技术要点	播前准备	种子处理与播种	田间管理		
			出苗至始花期阶段	开花结荚期	鼓粒至成熟收获

技术措施

播前准备

1. **轮作换茬**：有条件的地块实行三年轮作，做到不重茬、不迎茬，前茬不能为向日葵。
2. **秸秆还田**：将前作小麦、玉米茎秆粉碎，均匀抛撒于田间，茎秆长度不超过 5 cm。
3. **土壤耕作**：浅翻、深松作业宜在伏秋季进行，深松深度 35～40 cm。无法进行秋整地时，可春季整地，春季深松深度不超过 30 cm。浅翻深松主要用于麦茬，间隔 2～3 年翻一次，耕翻深度 18 cm 左右，深松深度 35～40 cm；耙茬深松，深松后先用重耙交叉耙 2 遍，再用轻耙耙 1～2 遍，达到地表平整；旋耕深松，适宜土壤有机质含量高，土质疏松的土壤，深松后旋 1～2 遍；原垄卡用于有深松基础的玉米茬，保持原垄，翌年春在垄上播种大豆。
4. **秋施除草剂**：喷雾机与拖拉机联结在一起进行喷洒作业，根据喷雾压力和拖拉机行走速度设计喷液量。根据杂草群落情况，有针对性的选择安全、杀草谱广、持效期适中的除草剂，2～3 种除草剂混用。特别要注意对后作的影响，禁止使用普施特、豆磺隆等长残效期的除草剂。
5. **起垄**：用起垄机进行，垄距 60～65 cm，垄台高度秋起垄 25 cm，不镇压翌年早春化冻时耢成方头垄，春起垄镇压后垄高度 15～20 cm；同时分层施底肥，底肥量占总施肥量的 2/3。第一层施在种下 7～9 cm，占底肥的 2/3，第二层施在种下 12～14 cm，施肥量占底肥的 1/3。

种子处理与播种

1. **种子精选**：播前进行机械精选，剔除破瓣、病斑粒、虫蚀粒、青秕粒及其他杂质。精选后的种子应达二级良种以上，纯度 98%，发芽率 97% 以上，含水量不高于 13.5%。
2. **拌种**：用种衣剂拌种，防治潜根蝇、第一代孢囊线虫、蚜虫、根腐病、蓟马和二条叶甲。
3. **播期**：以 5 cm 土壤温度稳定通过 6～7 ℃ 为始限。中熟品种早播，中早和早熟品种晚播，一般在 5 月上旬至 5 月中旬播种。
4. **种植密度**：遵循播种"早宜稀，晚宜密"和土壤"肥宜稀，瘦宜密"的原则。一般中早熟品种稀播为 31.5 万～34.5 万株·hm^{-2}，密播为 34.5 万～37.5 万株·hm^{-2}，中熟品种稀播为 28.5 万～31.5 万株·hm^{-2}，密播为 31.5 万～34.5 万株·hm^{-2}（以上为收获株数）。
5. **播种机具调整**：根据垄的高度调整好支撑轮的位置并固定；根据播量的要求，确定传动比，选择主动链轮和被动链轮的齿数；调整好施肥量，按垄距要求调整好行距；检查排种器挡种板间隙是否符合说明书要求；调整好施肥杆齿的深度，并安装精确，保证种肥施肥深度一致，施肥位置精确调整排种器安装位置，使方向伸缩传动轴在工作状态下传动角度不大于 20°以防增加阻力损坏部件和保证双苗带中心线对准垄中心；调好开沟器位置，开沟圆盘下缘在同一水平面上，保证播深一致，又不破坏垄形；调整好覆土铲两翼的开角，保证覆土严密，垄开采标准。

田间管理 — 出苗至始花期阶段

1. **中耕**：用精密耕播机进行中耕。两次中耕，第一次在幼苗出土至真叶展开之间，只用杆齿，不翻动土壤，护苗带宽 8～12 cm，中间杆齿深松 22～25 cm，苗带两侧杆齿入土 10～12 cm。第二次中耕在 3 片复叶时进行，只用杆齿，护苗带 10～12 cm，深松 12～14 cm。有苗眼草可带双鸭掌铲"拥土"，形成碰头土。
2. **化控**：用豆业丰和壮丰安在初花期结合叶面施肥叶面喷施，每公顷用量 375～450 mL。
3. **喷叶面肥**：开花始期喷第一次叶面肥。可选商品液肥或每公顷磷酸二氢钾 2 250 g + 尿素 4 500 g + 米醋 1 500 g。
4. **除草**：用旋转锄进行三遍除草。第一遍在大豆出苗前，子叶距地表 2～3 cm，旋转锄入土深度 1.5～2.0 cm；第二遍在大豆子叶期，旋转锄入土深度 2～3 cm 为宜；第三遍在大豆 2～3 片复叶时进行，旋转锄入土深度 4～5 cm。

田间管理 — 开花结荚期

1. **中耕**：在 7 月上旬，大豆封垄前进行第三次中耕，用鸭掌铲或培土铲进行覆土，覆土高度在子叶痕以上，真叶以下。
2. **施叶面肥**：结荚期喷施第二次叶面肥大豆已封垄，用飞机航化作业。可选商品液肥或每亩磷酸二氢钾 150 g + 尿素 150 g + 米醋 100 g。
3. **防治病虫害**：大豆初荚期，每公顷用 80% 多菌灵微粒剂 750 g 或 50% 多菌灵可湿性粉剂 1.5 kg 或 40% 多菌灵悬胶剂 1.5 L 喷雾，防治灰斑病。用药每公顷 2.5% 敌杀死乳油 375～450 mL，或 2.5% 功夫乳油 300 mL，或 20% 速灭杀丁乳油 375～450 mL 喷雾，防治食心虫。

鼓粒至成熟收获

1. **喷叶面肥**：鼓粒期航喷第三遍叶面肥。可选商品液肥或每公顷磷酸二氢钾 2 250 g + 尿素 2 250 g + 米醋 1 500 g。
2. **收获**：当大豆叶片全部脱落，籽粒呈现本品种色泽，含水量低于 20%，用挠性割台大豆联合收割机进行直收。

应用效果	2013—2014 年，黑龙江省七星泡农场推广 272 hm^2，减损 4.83%～12.42%，以大豆每公斤 3.8 元计算，可减少损失 30 余万元。

表 6.5 吉林玉米秸秆覆盖深松抗旱配套技术模式图

适宜区域	东北三省及内蒙古自治区等光热资源充足、半干旱地区的春玉米种植区			
技术优势	秸秆覆盖、保水剂、深松均有利于减少耕层土壤水分蒸发，起到"雨时蓄水、旱时放水"作用			
品种	选用适合于当地种植的高产、优质、抗逆性强的耐密品种			
技术要点	秋季整地 	种子处理、适时播种 	田间管理 	技术示范推广注意事项
技术措施	1. **第一年**：采用宽窄行栽培的，对地块进行全面的灭茬旋耕，整地须在秋季进行，有条件的可以施入农家肥。耕整地的同时，根据土壤肥力，一次施入适量的底肥。 2. **第二年**：只需对宽行也就是头一年的休耕带进行旋耕。整地后，当表土有 1 cm 左右干土层时，使用双列 V 型镇压器进行镇压。	1. **种子筛选**：选择生育期适合当地种植、高产、稳产、优质、抗病抗虫、抗逆性强及商品性好的耐密品种。播前筛选种子，去除破、秕、霉病及杂粒等杂质。 2. **种子处理**：播种前 5~7 d 晒种，把种子摊放在干燥向阳处晾晒，并且经常翻动，晚上收回，防止受潮，连续晾晒 2d。用合适的种衣剂进行包衣，放置干燥处阴干。 3. **播种条件**：当 10 cm 土壤温度通过 10 ℃ 时即可播种。 4. **播种**：在秋翻地基础上将原有 60 cm 的均匀行距改 40 cm 的窄苗带和 80 cm 的宽行空白带，用双行精播机实施 40 cm 窄行带精密点播或精确半株距加密播种。	1. **镇压**：播种后，当土壤出现 1 cm 左右干土层时，用苗带重镇压器对苗带进行重镇压，较干旱的地块，播种后立即镇压。 2. **除草**：播种后，及时选用高效、低残留的除草剂对土壤进行苗前封闭除草。 3. **深松追肥**：在 6 月中下旬雨季到来之前，用深松追肥机在 80 cm 宽行带实施 30~40 cm 深松追肥，采用一次性施肥的地块，只进行深松作业。 4. **病虫害防治**：病虫害防治同常规玉米栽培。 5. **粉碎秸秆**：秋季收获时，选用带有碎刀的玉米收获机收玉米，秸秆粉碎长度 5~10 cm。 6. **高留根茬**：秋季收获的时候，要高留根茬，留茬高度在 30~40 cm。	1. **播种机选型**：选择行距可调的免耕播种机。 2. **机型改进**：为了进行宽窄行播种，将播种机的开沟、施肥、排种部分改为行距 40 cm。 3. **种子播种位置**：在不做任何地表处理的情况下，种子播在垄沟的两侧位置最合适。
应用效果	玉米秸秆覆盖与深松技术相结合，可使土壤含水量提高 3%~5%。2013—2014 年在吉林省白城地区进行示范推广 250 hm²，产量平均增加 11.1%。以玉米每千克 1.6 元计算，增收 432 433.8 元。			

表 6.6 吉林玉米宽窄行覆膜抗旱抗低温技术模式图

适宜区域	适用于吉林省年降水量 250~400 mm 半干旱地区			
技术优势	可有效提高玉米苗期的地温，防御苗期低温且具有很好保墒效果			
品种	选用优质、高产、抗逆性强的中晚熟或晚熟耐密型玉米品种			
技术要点	品种筛选、整地	地膜选择、播种	覆膜、灌溉	引苗、管理
技术措施	1. **品种选择**：选用通过国审或省审的优质、高产、抗逆性强的玉米杂交种，以中晚熟、晚熟耐密型玉米品种为主。 2. **选地与整地**：选择地势平坦、地力较高，有井灌条件的连片田块。灭茬、整地可在秋收后或春季播种前采用机械进行。灭茬深度≥15 cm，碎茬长度<5 cm，漏茬率≤2%。灭茬后采用三犁川打垄，按垄距 60~65 cm 常规起垄，再隔垄沟深耕一犁，如采用"二比空"模式可隔两垄沟深耕一犁，犁尖至垄台深度应达到 35 cm。在春播干旱年份，对该垄沟进行苗床补墒，一般灌溉量要 400~600 $m^3 \cdot hm^{-2}$。待该垄沟水下渗后，将有机肥 40 $m^3 \cdot hm^{-2}$、化学肥料施入该沟，以该施肥沟（肥带）为大垄中心，打成垄底宽 120~130 cm、垄顶宽 80~90 cm 的大垄，如采用"二比空"模式隔 1 条闲置垄打成大垄，打垄后及时镇压。	1. **地膜的选择**：选用横纵拉力强、透明度好、可降解，幅宽 110~120 cm，厚度 0.008 mm 左右薄膜为宜。 2. **播种**：玉米种子纯度≥96.0%，净度≥98.0%，发芽率≥95%，含水量≤16.0%。购种后，做发芽率试验。播前 3~5 d 精选种子，确保种子中没有虫霉粒、杂物，籽粒均匀一致。未包衣的种子，将种子摊开在阳光下翻晒 1~2 d，采用等离子体种子处理机处理种子，以 1.0A 剂量处理 2~3 次，处理后 5~12 d 播种。 3. **种子包衣**：选择高效低毒无公害多功能种衣剂进行种子包衣，种子包衣按照说明书进行。 4. **播种要求**：5 cm 土层温度稳定通过 10℃以上即可播种，一般年份在 4 月 27 日~5 月 10 日。适宜的种植密度为 6.5 万~7.0 万株·hm^{-2}，如采用"二比空"模式（种 2 垄闲置 1 垄），可将 3 垄播种量播种到 2 垄种植垄上，即播种垄株距为均匀垄的 2/3，地力较高、水肥充足的地块可采用种植密度的上限，地力低的地块可种植密度的下限。采用大垄双行（垄宽 120~130cm，垄上双行间距 40cm）覆降解地膜的种植方式。垄上豁两行深 10~12 cm、行距 30~40 cm 的播种沟；机械播种，播深控制在 3~4 cm。播后及时覆土、镇压、喷施除草剂、覆膜。	1. **化学除草**：一般选择乙草胺 675 g（a.i.）·hm^{-2} + 莠去津 855 g（a.i.）·hm^{-2} + 2,4D 丁酯 216 g（a.i.）·hm^{-2} 复配剂防治。土壤有机质含量高的地块，需要适当增加用药量。覆膜前均匀喷施除草剂，喷药后及时覆膜。 2. **覆膜**：用覆膜机在大垄两侧开沟，沟深 8~10 cm，然后把膜放到大垄上铺平拉紧，膜两边放在大垄两侧沟内，并将两边用土封严压实，垄上地膜外露宽度 55~60 cm；每隔 1~1.5 m 用土压实。选在无风天或早、晚风较小时进行覆膜。 3. **施肥**：根据目标产量与土壤肥力测试结果确定施肥量。化肥用量：$N-P_2O_5-K_2O$ 为 210~240—90~110—100~120 kg·hm^{-2}；中微量元素 S—Mg—Zn—B—Mn 为 40—8—20—8—8kg·hm^{-2}。有机肥 40m^3·hm^{-2}、90%磷肥、钾肥、中微量元素、有机肥及 40%氮肥做底肥；10%磷肥作口肥；60%氮肥作追肥。口肥播种时随水施入；追肥在拔节前进行垄沟深施，施肥深度≥12 cm。如采用"二比空"模式（种 2 垄闲置 1 垄），可将 3 垄肥量分施到 2 垄播种垄上，即种植垄用肥量为均匀垄的 1.5 倍，闲置垄不施肥。 4. **灌溉**：灌水次数与灌水量依据玉米需水规律及灌前土壤含水量及降水情况确定。根据土壤墒情确定灌溉定额，保证灌水用量与玉米生育期内降水量总和要达到 500 mm 以上。播种前苗床补墒 400~600 m^3·hm^{-2}；播种时坐水 90~120 m^3·hm^{-2}；玉米拔节期、孕穗期、灌浆期根据土壤墒情可灌水 2~3 次，每次灌溉量 300 m^3·hm^{-2} 左右。	1. **田间管理**：当玉米第一片真叶展开后要及时破膜引苗，防止捂苗、烧苗，注意用土封严苗孔。玉米 5 叶~6 叶期及时去除分蘖，去除分蘖时避免损伤主茎。玉米生长季内，及时喷施化控剂防止倒伏，严格按照产品使用说明书喷药。 2. **病虫害防治** 2.1 **黏虫**：6 月中旬至 8 月上旬，百株玉米有黏虫 3 头以上时，用 4.5%高效氯氟氰菊酯乳液 800 倍液喷雾，消灭黏虫。 2.2 **玉米螟**：5 月上中旬，发现越冬玉米螟幼虫爬出秸秆垛活动时，用白僵菌粉封垛。玉米秸秆垛的茬口面，每隔 1 m 左右用木棍向垛内捣洞 20 cm 深，将机动喷粉器喷管插入洞中喷粉，待秸秆垛对面或上面冒出白烟（菌粉飞出）时即可停止，如此反复，直到全垛封完为止。在 7 月上中旬，玉米大喇叭口期，将白僵菌粉（7.5 kg·hm^{-2}）与细沙（60 kg·hm^{-2}）混拌均匀，撒于玉米心叶中，每株用量为 1 g 左右。7 月上中旬，玉米螟卵孵化之前，第一次释放赤眼蜂（10.5 万头·hm^{-2}），间隔 5~7 d 后再释放第二次（12.0 万头·hm^{-2}）。 2.3 **大小斑病**：发病初期，用 10%苯醚甲环唑（世高）、50%异菌脲（扑海因）或 70%代森锰锌等杀菌剂喷雾，间隔 7~10 d，连续施药 2~3 次。生育后期后期叶斑病可使用高秆作物喷药机喷施。
应用效果	有效提高生育前期表层地温；干旱时土壤含水量提高 3%~5%，抗旱抗低温效果明显。2014—2015 年在吉林省白城地区示范推广 38 hm^2，产量平均增加 10.85%，以玉米每公斤 1.6 元计算，增加收入 64 249.5元。			

表 6.7 吉林水稻肥水调控耐低温综合防控技术模式图

适宜区域	吉林省延边、通化、白山等易发生冷害的水稻种植区			
技术优势	该技术模式相比于常规种植提高水稻结实率、颖花数和千粒重，有效防御水稻生长季冷害，达到稳产增产目的			
品种	延粳 25、松粳 16 等中熟或中早熟耐冷性水稻品种			
技术要点	选用综合性状良好的耐冷性品种	做好苗床管理、培育壮苗	本田插秧及施肥管理	水层管理
技术措施	1. **熟期**：中熟或中早熟耐冷性品种。 2. **推荐耐冷性品种**：延粳 25、松粳 16、合江 21、松粳 15、松粳 12、九稻 12、松粘 1 号。 3. **适宜地区**：延粳 25 为中早熟品种，适合种植吉林省东部冷凉地区；其他 6 个品种为中熟品种，适于吉林省四平、长春、吉林、通化、辽源、延边等中熟稻区种植。	1. **种子处理**：晒种 2～3 d，用盐水进行选种后用清水淘净，再用浸种灵浸种 5～7 d 催芽。 2. **苗床准备**：精细整地，做床；四周挖排水沟；置床要浅翻 8～10 cm，每平方米施腐熟农家肥 15 kg，置床要搂平，浇透底水。 3. **配制营养土**：用充分腐熟的农家肥，捣细，过 5 目筛，与客土按 1：2～3 的比例配制成营养土，加壮秧剂使肥、土混合均匀。 4. **播期确定**：综合品种熟期、插秧时间等确定，一般气温稳定通过 10℃时较为适宜。 5. **苗期管理**：出苗—移栽期床土不能过湿，尽量少浇水。1 叶 1 心—3 叶时床土水分控制在一般旱田状态，保持床面干燥。床土干裂秧苗叶尖早晨没有水珠浇水，以促进根系发达，生长健壮，棚内温度控制在 20～25 ℃，高温晴天及时通风炼苗，防止秧苗徒长。	1. **本田整地**：实行秋翻秋整地，耕深 15～18 cm，采用耕翻、旋耕、深松及耙耕相结合的耕作方法，每年耕翻，两年松旋耙一次。 2. **适时移栽，合理稀植**：气温稳定通过 13～14℃时为移栽始期，根据地力、苗情和管理水平适当稀植。壮秧带土移栽，有利于秧苗早返青。手插秧要做到浅插、稀插、插直、插匀、插齐"五插"；还应做到"五不插"。 3. **合理施肥**：氮磷钾比例为 120：60：60 kg·hm^{-2}，翻地前全部钾肥和磷肥、90% 的氮肥做底肥施入；10% 氮肥在返青期以追肥施入。	1. **护苗水**：花达水插秧，插秧后返青前灌溉，维持水层深度为苗高的 2/3，扶苗护苗。 2. **分蘖水**：有效分蘖期灌溉，维持 3cm 浅水层，利用薄水层增温促蘖。 3. **晒田**：有效分蘖终止期前 2～3 d 排水晒田 3～5 d，晒后恢复正常水层。 4. **护胎水**：孕穗至抽穗前，灌 4～6 cm 活水，花粉母细胞期和减数分裂期若遇低温天气则灌 15 cm 深水护胎。 5. **扬花灌浆水**：抽穗后采用间歇灌溉，将水层灌至 5～7 cm，自然落平后再灌水，后水不见前水，干干湿湿，以湿为主。 6. **排水**：黄熟末期开始排水，做到以水养根，以根保叶，增加后期光合产物，提高稻谷品质。灌溉禁止使用城市污水及有污染水。
应用效果	该技术模式显著降低了低温条件下的产量损失，可有效防御水稻低温冷害。2014—2015 年示范推广 15 hm²，低温冷害发生时减损 19.7%～44.1%，增收 19 372.5元。			

表6.8 甘肃夏休闲覆膜秋播冬小麦抗旱栽培技术模式图

适宜区域	该技术主要适用于降水量集中在7—9月三个月的西北地区旱作冬麦区		
技术优势	充分蓄保夏季休闲期的降水，有效解决西北地区旱地冬小麦在生产中遇到干旱问题		
品种	适用于该地区种植的抗寒耐旱的中矮秆丰产品种，如长6359，长6878，陇鉴386，陇鉴108等		
技术要点	播前准备 	精细播种 	田间管理
技术措施	1. **选地**：夏季作物收获后，选择地势平坦、土层深厚、肥力较高、保水保肥性能好、坡度15°以下的地块。 2. **整地施肥**：遇大雨后，深耕灭茬，耕后耙实土壤，达到地面平整、无坷垃，肥料做基肥一次性施入，增施有机肥，每公顷施150 kgN和90 kgP$_2$O$_5$。 3. **土壤消毒**：地下害虫严重田块，用3%辛硫磷颗粒剂均匀撒施于地面，随耕地将其翻入土中，进行土壤消毒。 4. **种子处理**：选用抗寒耐旱的中矮秆丰产品种，做发芽试验。药剂拌种或种子包衣，防治地下害虫。 5. **地膜覆盖**：在整地和施肥后，选用幅宽120 cm，厚0.01 mm地膜，立即覆膜，膜面宽100 cm，地膜之间留20 cm宽的露地。梯田和小块地用人工覆膜，地势平坦的大面积地块采用机械覆膜。	1. **适期播种**：较当地露地最佳播期推迟7～10 d，一般为9月22—9月25日之间播种。 2. **播量控制**：采用地膜穴播机播种，播深3～5 cm，基本苗300万～375万株·hm^{-2}，田边地头要种满种严。	1. **查苗补苗**：及时放苗，出苗后及时查苗，发现缺苗断垄应及时补种，确保全苗。 2. **喷施叶面肥**：拔节初期喷施15%多效唑可湿性粉剂，防止倒伏，增强抗旱能力；扬花期和灌浆期，用磷酸二氢钾、尿素对水进行叶面追肥，补充营养，增加粒重，提高产量。 3. **病虫害防治**：注意观察蚜虫、白粉病、锈病发生情况，发现病情及时防治，做好一喷三防。 4. **适时收获**：防止穗发芽，避开烂场雨，确保丰产丰收，颗粒归仓。
应用效果	冬小麦播前2 m土壤有效贮水较休闲期裸露地土壤水分提高1倍，相当于每公顷土壤有效贮水增加600 m^3，夏季休闲期降雨保蓄效率平均达到70.8%。该项技术3年应用面积440 hm^2，减少损失1 095 kg·hm^{-2}，增收2 400元·hm^{-2}。		

表 6.9　甘肃秋覆膜春播玉米防旱栽培技术模式图

适宜区域	该技术主要适用于西北春旱频繁发生的春玉米种植区		
技术优势	实现秋雨春用，提高玉米播前土壤含水量，有效解决了春旱玉米保全苗问题		
品种	适用于当地种植的抗逆性品种，如先玉 335，陇单 9 号，吉祥 1 号等		

	播前准备	精细播种	田间管理
技术要点			
技术措施	1. **选地**：选择土层深厚、土壤疏松通气、有机质含量高、中上等肥力、坡度 15°以下的地块。 2. **整地施肥**：在秋季作物收获后及时施肥、深翻、耙磨。肥料结合整地一并施入，每公顷施入有机肥 45t、纯 N 112.5～135 kg 及 P_5O_2 112.5 kg。 3. **精选种子**：种子纯度 99% 以上，净度 99% 以上，发芽率 95% 以上，且籽粒饱满均匀，无破损粒和病粒。 4. **种子处理**：播前进行晒种、种子包衣或药剂拌种，防治丝黑穗病、瘤黑粉病及地老虎等地下害虫。 5. **地膜覆盖**：采用宽幅为 120 cm、厚度 0.01 mm 的白色地膜，于上年度秋末冬初（10 月下旬）用人工或机械进行条带覆膜，净膜面宽 100 cm，膜间留 20 cm 的空隙，每隔 200 cm 横压一条土腰带（防止冬春风大吹走地膜）。覆膜前喷施 33% 施田补乳油以防止次年春季杂草顶膜。覆膜时地膜要拉紧、拉展、铺平、铺匀。	1. **播种**：4 月中下旬，用玉米穴播器在地膜上直接穴播。每条地膜带播种 2 行，采用宽窄行播种方式，宽行 70 cm，窄行 40 cm，膜内播种，每穴 2 粒，播种深度 3～4 cm。 2. **密度**：半紧凑、大穗型品种的适宜留苗密度为每公顷 6 万株，紧凑、耐密型品种为每公顷 7.5 万株。	1. **放苗**：放苗后及时用土将幼苗基部薄膜压实，既能严防漏气、跑墒，又能抑制杂草生长。 2. **定苗**：幼苗长至 4～5 片叶时，及早按密度要求间苗定株，保留整齐一致的壮苗，每穴 1 株，拔弱留壮，遇缺穴邻穴留双株。 3. **去蘖**：地膜玉米生长旺盛，易产生分蘖（杈），消耗养分和水分，生产中应在拔节期之前及时彻底去除（打杈）。 4. **及时追肥**：拔节—大喇叭口期追施 N 肥，每公顷 112.5～135 kg 纯 N。 5. **病虫害防治**：注意观察蚜虫、粘虫、地老虎、大斑病、玉米螟、瘤黑粉病等病虫害的发生情况，发现病情及时防治。 6. **适时收获**：玉米籽粒乳线基本消失，黑色层出现时收获，果穗收获后及时晾晒脱粒。 7. **农膜回收**：玉米收获后，及时清除废膜。

| 应用效果 | 实现了不均匀降水时空调配利用，使玉米播前 1 m 土壤多贮水 35 mm，每公顷增加 345 m³ 土壤有效水分；该技术 3 年应用面积 800 hm²，减少产量损失 1 395 kg·hm⁻²，增收 2 925 元·hm⁻²。 | | |

表 6.10　甘肃玉米全膜双垄沟播抗旱技术模式图

适宜区域	主要应用于海拔 2 400 m 以下，年降水量 300～550 mm 半干旱和半湿润偏旱区		
技术优势	有机融合"覆盖抑蒸、膜面集雨、垄沟种植"三项技术，实现了雨水富集叠加、就地入渗、蓄墒保墒的效果，保证了玉米生长发育对水分的需求		
品种	适宜当地种植的抗逆性品种，如先玉 335，陇单 9 号，吉祥 1 号，酒单 4 号（早熟）等		
技术要点	播前准备 	精细播种 	田间管理
技术措施	1. **选地**：选择土层深厚、土壤疏松通气、有机质含量高、中上等肥力、坡度 15°以下的地块。 2. **整地施肥**：在耕作层解冻后进行施肥、深翻、耙磨。肥料结合整地施入。 3. **精选种子**：精选发芽势强，籽粒饱满均匀，无破损粒和病粒。 4. **种子处理**：播前进行晒种、种子包衣或药剂拌种，防治丝黑穗病、瘤黑粉病及地老虎等地下害虫。 5. **地膜覆盖**：整地后用人工或机械起垄覆膜，大小垄相间排列。用 120 cm 宽的超薄强力薄膜全地面覆盖，两幅膜在大垄中间相接并覆土压膜，拉紧压实，每隔 2～3 m 横压土腰带，遇雨可在垄沟内按种植密度的株距先打孔，使雨水入渗。	1. **播种**：4 月中下旬，用电动地膜玉米精量播种机在沟内播种，播种深度 3～4 cm。点播后随即踩压播种孔，使种子与土壤紧密结合，或用细砂土、牲畜圈粪等疏松物封严播种孔。 2. **密度**：年降水量 300～350 mm 地区种植密度以 4.95 万～5.7 万株·hm^{-2} 为宜，年降水量 350～450 mm 地区以 5.7 万～6.75 万株·hm^{-2} 为宜，年降水量 450 mm 以上地区以 6.75 万～7.5 万株·hm^{-2} 为宜。	1. **放苗**：放苗后及时用土将幼苗基部薄膜压实，既能严防漏气、跑墒，又能抑制杂草生长。 2. **定苗**：幼苗长至 4～5 片叶时，及早间苗定株。定苗应拔弱留壮，每穴 1 株按密度要求定苗，遇缺穴时邻穴留双株，保留整齐一致的壮苗。 3. **去蘖**：地膜玉米生长旺盛，易产生分蘖（杈），消耗养分和水分，生产中应在拔节期之前及时彻底去除（打杈）。 4. **病虫害防治**：注意观察蚜虫、粘虫、地老虎、大斑病、玉米螟、瘤黑粉病等病虫害的发生情况，发现病情及时防治。 5. **适时收获**：成熟期收获，玉米成熟的标志为籽粒乳线基本消失，黑色层出现。果穗收获后及时晾晒脱粒。
应用效果	最大限度地保蓄自然降水，特别对早春小于 10 mm 的微小甚至无效降雨能够有效拦截，集中入渗于作物根部，被作物有效利用。较半膜覆盖玉米栽培技术播前土壤水分增加 20 mm。该技术 3 年应用面积 1 000 hm^2，减少损失 1 575 kg·hm^{-2}，增收 3 300元·hm^{-2}。		

表 6.11　内蒙古半干旱冷凉地区玉米促早聚水增效综合技术模式图

适宜区域	该技术适用于热量条件受限、霜冻灾害频发、水分条件受限制的西北干旱、半干旱冷凉地区		
技术优势	覆膜改善玉米田间小气候，增加耕作层地温，改善土壤墒情，促进玉米生长发育，对玉米防御延迟性冷害和霜冻、干旱灾害具有较好的效果		
品种	适合内蒙后山地区玉米早熟品种，如冀承单三号、九丰早熟一号		
技术要点	播前准备 	播种 	田间管理
技术措施	1. **整地**：前作收获后秋季进行深耕。 2. **选种**：选择适合当地种植的稳产、优质、抗逆性好的早熟或极早熟品种，提前进行种子包衣。 3. **覆膜、施肥**：选用透明度好、幅宽 70 cm、厚度 0.008 mm 左右的薄膜；利用人工或者机械进行平地半覆膜，在平地间隔 50～60 cm 处开沟，将膜拉平后膜两侧放在沟并覆土压膜填平，带宽一米，覆膜前在膜中间位置施足化肥或农家肥。机械和劳力充足条件下采用双垄沟全膜覆盖，即 40 cm 和 60 cm 宽窄行沟植，行间起垄覆盖地膜用于集雨。	1. **播种时间**：当地气温稳定通过 8℃ 时即可播种。 2. **播种**：在膜上距膜两边等距离以 40～50 cm 为行距，30 cm 的株距进行穴播，每穴下籽 2～3 粒，播深 5 cm 左右，播后封孔。 3. **适量灌溉**：在底墒不好年份，播种前浇透水、坐水播种或播后适宜补灌，增加土壤水分，利于出苗，保证出苗率。	1. **放苗**：及时放苗，防止捂苗、烧苗。 2. **缺苗移栽**：出苗完成后，若发现大面积缺苗及时补栽。从一穴多苗处选取生长好的幼苗移栽，在雨后或雨前移栽，若无降水应尽快浇水。 3. **苗齐后间苗**：3～4 叶时期，人工间苗，每穴留苗 1 株，每公顷保留幼苗 67 500 株左右，及时去除分蘖，保证幼苗正常生长发育。 4. **地膜维护**：发现有地膜破损及时用土填盖，防止进一步破损。 5. **除草**：雨后大田杂草较多，正常生育期间除草 2 次，或喷施除草剂。 6. **病虫害防治**：注意观察粘虫、玉米螟等病虫害的发生情况，发现病情及时防治。
应用效果	该技术避霜稳产和防御干旱效果明显，覆膜条件下早熟玉米产量提高 63.4%；在遭遇霜冻时，较平作减产率降低 27.6%。2015 年在内蒙古武川县进行示范应用，采用极早熟品种双垄沟覆膜沟植，比常规早熟品种露地种植减少损失 65%，增收效果明显。		

表 6.12 华北地区冬小麦夏玉米抗旱栽培综合管理技术模式图

适宜区域	华北地区			
技术优势	抗旱栽培综合管理技术在干旱年份能够减少小麦玉米产量损失,正常年份能够增产,提高水分利用率,培肥土壤地力			
品种	选择石家庄 8 号、良星 77、良星 99、烟农 836 等高产高水分利用效率的小麦品种			
技术要点	耕作整地与土壤培肥 	品种选择与抗旱播种 	适时灌溉与节水灌溉 	地表覆盖技术
技术措施	1. **培肥地力**:在深松前通过施用农家肥、绿肥和秸秆还田等方式施用有机肥。有机肥可以起到改良土壤,增加土壤的团粒结构,增强土壤肥力,从而增大田间持水量,增强土壤的保水能力,这是防旱的重要措施。 2. **深松蓄水**:采取增加降水入渗率的蓄水耕作和保护耕作制度。玉米收获后,采用深松+旋耕的方法疏松耕作层。深松耕作可以提高土壤接纳雨水、蓄水及保水的能力。	1. **品种选择**:在华北平原适于种植石家庄 8 号,良星 77,良星 99,烟农 836 等高产高 WUE 型小麦,其在不降低产量和水分利用效率的情况下,具有明显的抗旱节水增产效益。品种实验表明:这些高产高水分利用效率型小麦在本试验年灌溉 60 mm,产量可达到 7 415 kg·hm^{-2},水分利用效率可达 15.91 kg·mm^{-1}·hm^{-2}。 2. **抗旱播种**:夏秋降水不足的干旱年份,小麦播种要采取抢墒、造墒、提墒、等雨播种等技术措施,播前可采取浸种、催芽、种子包衣、药物拌种等种子处理技术。春夏连旱时期,玉米播种要采用灌溉造墒,保证播种质量。	1. **适时灌溉**:在冬季大地封冻前灌小麦越冬水,越冬水能使土壤表层结冻,减少耕作层水分损失,同时使深层移来的水分保持在冻土层和冻土层下方,这一措施有利于防止春旱。玉米苗期保持适当干旱以蹲苗,孕穗开花期保证水分供给防止秃尖缺粒。 2. **节水灌溉**:根据农作物的不同类型、不同发育期及需水关键期和需水量,推广管道灌溉、喷灌、滴灌、雾灌和渗灌等节水灌溉方法。在有条件的地区,可以采用滴灌技术。	**秸秆还田**:小麦、玉米收获时,秸秆粉碎还田。秸秆覆盖或还田不仅具有培养地力的作用,而且具有良好的增温保墒作用,可防止作物附近的水分蒸发,显著增强小麦、玉米等作物抵抗旱灾的能力。
应用效果	该技术可实现减少损失 2 000 ~ 3 000 kg·hm^{-2},增收 3 500 ~ 5 500 元·hm^{-2}。			

表 6.13 华北地区冬小麦低温灾害综合防控技术模式图

适宜区域	华北北部冬小麦生长季冻害和霜冻害易发生地区			
技术优势	冬小麦突发低温灾害防控技术能够有效防止冻害发生，在冻害发生后能尽量降低损失			
品种	冀中北地区农大211、农大212、冀麦5265品种为宜，冀中南地区冀麦585、石优20、DH155、农大3432和济麦22品种为宜			
技术要点	播前准备 	播种 	田间管理 	冻害发生后补救措施
技术措施	1. **深耕**：3年左右进行土壤深松耕，深松深度23～30 cm，可加深土壤耕作层，改善土壤结构，增强蓄水保墒能力，利于小麦根系发育生长和培育冬前壮苗。 2. **精细整地**：要求地平、土细、墒好。填平耕地过程中形成的小沟或地垄，达到地平无坷垃。旋耕的地块要旋耕2～3次，旋耕深度达到15 cm以上，防止秸秆堆积影响出苗，旋耕过浅因冻死苗率增加。 3. **合理施用底肥**：促进小麦发育壮苗。施足底肥是培育壮苗的关键措施，播种前施有机肥60～70 t·hm^{-2}、尿素300～400 kg·hm^{-2}、磷肥650～900 kg·hm^{-2}，且随耕地一次性施入。 4. **浇足底墒水**：播种前浇好底墒水，每亩40 m³左右，使10～30 cm土壤相对含水量达85%，灌溉要均匀，防止落浇或者田间出现干湿花片；雨季降水量充沛地区和年份，可抢墒播种。	1. **种子精选**：选用籽粒饱满，大小均匀的种子，进行晒种和种子发芽试验，确保种子发芽率大于95%。 2. **种子处理**：用含有甲基异硫磷药剂拌种，提高了小麦抗逆能力，保证小麦安全越冬。 3. **适时播种**：适时、适量、适深播种，河北省北部地区一般在10月1日—10日，中南部地区一般在10月5日—15日。播种每亩10～15 kg，播种深度3～5 cm，过深过浅都不利于抗寒越冬。	1. **镇压**：播种后和春季拔节前镇压，播种后镇压可踏实土壤，提高土壤表面容重，增加小麦根层含水量。 2. **控旺苗促弱苗**：出现旺长趋势麦田，可喷施植物生长延缓剂，延缓麦苗生长，抑制麦苗旺长。出现小弱苗、独脚苗、渍害苗、药害苗等麦田，冬前结合灌溉追施氮磷钾复合肥150～225 kg·hm^{-2}，促进分蘖和根系生长。 3. **适时灌溉**：冬灌原则：一是气温，以气温4℃时浇水为宜；二是土壤墒情，耕层土壤相对含水量低于50%可以进行冬灌；三是苗情，对于冬前麦苗小于3个叶片的麦田不宜冬灌，如果苗小并且土壤干旱需灌溉，灌水量每亩20 m³左右。 4. **早春应变管理**：早春返青期 - 拔节期是倒春寒和霜冻害的关键时期，根据气候 - 墒情 - 苗情采取不同措施，小麦返青期使用锄划耙进行锄划，同时镇压，也可使用镇压 - 锄划 - 喷药一体机作业，二是根据苗情进行灌溉防冻。	1. **加强水肥管理**：麦苗基部叶片变黄、叶尖枯萎的麦田，应抢早浇水，防止幼穗脱水致死，对于幼穗已受冻，需及时追施速效氮肥，施尿素150 kg·hm^{-2}或碳酸氢铵300～450 kg·hm^{-2}，并结合浇水促使受冻麦苗恢复生长。 2. **中耕镇压保墒，提高地温**：受冻害麦田及时进行中耕松土，蓄水提温，促进小麦生长发育，弥补冻害损失。对冻害较轻，群体过大偏旺麦田，在小麦起身前进行镇压控旺，注意早上有霜冻、露水和土壤湿度较大时不可镇压。 3. **喷洒肥料或激素**：及时喷施肥料或激素，对霜冻害有一定的补救效果。 4. **病虫害防治**：发生冻害的小麦，长势较差，抗病能力下降，易受病菌侵染。及时防治病虫害，减少损失。
应用效果	该技术可实现减少损失1 000～2 000 kg·hm^{-2}，增收1 500～2 700元·hm^{-2}。